普通高等教育智能飞行器系列教材

天基空间目标智能探测与感知

张艳宁　李军智　孙瑾秋　朱　宇　编著

科学出版社

北　京

内 容 简 介

本书内容涵盖航天工程、计算机科学等多学科领域，旨在介绍天基空间目标探测与感知基础知识、核心技术和最新进展。内容从基础定义到实际应用，包括绪论、天基影像成像和压缩、天基影像的重建、空间目标的姿态估计及空间目标的天基探测处理技术。本书特色在于理论与实践相结合；提供实际案例和实验指导；介绍最新探测技术，如深度学习应用；配备丰富的教学资源。学习后，学生将掌握关键技术，为未来学术或职业生涯打下坚实基础，本书将是其不可或缺的学习资源。

本书适合普通高等学校航天、计算机等相关专业的本科生及研究生参考阅读，也适合从事天基空间目标探测与感知相关领域工作的研究人员学习参考。

图书在版编目（CIP）数据

天基空间目标智能探测与感知 / 张艳宁等编著. -- 北京 : 科学出版社, 2024. 12. --(普通高等教育智能飞行器系列教材). --ISBN 978-7-03-080867-7

Ⅰ. V476

中国国家版本馆 CIP 数据核字第 2024RJ9901 号

责任编辑：潘斯斯　滕　云 / 责任校对：王　瑞
责任印制：师艳茹 / 封面设计：蓝正设计

科 学 出 版 社 出版
北京东黄城根北街 16 号
邮政编码：100717
http://www.sciencep.com

北京天宇星印刷厂印刷

科学出版社发行　各地新华书店经销

*

2024 年 12 月第　一　版　开本：787×1092　1/16
2024 年 12 月第一次印刷　印张：14 1/2
字数：338 000

定价：80.00 元

（如有印装质量问题，我社负责调换）

序

星河瑰丽，宇宙浩瀚。从辽阔的天空到广袤的宇宙，人类对飞行、对未知的探索从未停歇。一路走来，探索的路上充满了好奇、勇气和创新。航空航天技术广泛融入了人类生活，成为了推动社会发展、提升国家竞争力的关键力量。面向“航空强国”“航天强国”的战略需求，如何培养优秀的拔尖人才十分关键。

“普通高等教育智能飞行器系列教材”的编写是一项非常具有前瞻性和战略意义的工作，旨在适应新时代航空航天领域与智能技术融合发展的趋势，发挥教材在人才培养中的关键作用，牵引带动航空航天领域的核心课程、实践项目、高水平教学团队建设，与新兴智能领域接轨，革新传统航空航天专业学科，加快培养航空航天领域新时代卓越工程科技人才。

该系列教材坚持目标导向、问题导向和效果导向，按照“国防军工精神铸魂、智能飞行器领域优势高校共融、校企协同共建、高层次人才最新科研成果进教材”的思路，构建“工程单位提需求创背景、学校筑基础拔创新、协同提升质量”的教材建设新机制，联合国内航空航天领域著名高校和科研院所成体系规划和建设。系列教材建设团队成功入选了教育部“战略性新兴领域‘十四五’高等教育教材体系建设团队”。

在教材建设过程中，持续深化国防军工特色文化内涵，建立了智能航空航天专业知识和课程思政育人同向同行的教材体系；以系列教材的校企共建模式为牵引，全面带动校企课程、实践实训基地建设，加大实验实践设计内容，将实际工程案例纳入教材，指导学生解决实际工程问题、增强动手能力，打通“从专业理论知识到工程实际应用问题解决方案、再到产品落地”的卓越工程师人才培养全流程，有力推动了航空航天教育体系的革新与升级。

希望该系列教材的出版，能够全面引领和促进我国智能飞行器领域的人才培养工作，为该领域的发展注入新的动力和活力，为我国国防科技和航空航天事业发展作出重要贡献！

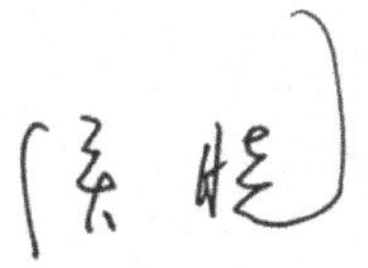

中国工程院院士　侯晓

前　言

当前太空空间已成为世界各国关注的焦点，太空竞争日趋激烈。党的二十大报告指出："强化国家安全工作协调机制，完善国家安全法治体系、战略体系、政策体系、风险监测预警体系、国家应急管理体系，完善重点领域安全保障体系和重要专项协调指挥体系，强化经济、重大基础设施、金融、网络、数据、生物、资源、核、太空、海洋等安全保障体系建设。"太空安全作为航天安全的基石，是国家安全的重要组成部分，其中空间目标探测与感知系统发挥着关键性作用，先进的空间目标探测与感知系统不仅能够对在轨航天器和空间碎片等进行实时监视，还能完成对上述目标的跟踪与识别，及时发现可能发生的危险事件，从而为后续决策提供关键数据支持。因此，空间目标智能探测与感知系统的发展是维护国家太空活动安全的重要手段，也是确保国家在全球太空竞争中占据领先地位的关键。

近年来，作者长期从事天基空间目标智能探测与感知领域的课程教学与科学研究，并结合教学实践编写了相关参考讲义，后将讲义进行整理、扩充，编成本书。

本书内容主要介绍天基空间目标探测与感知领域的最新技术和应用。首先，介绍天基空间目标探测与感知的定义、发展历程以及典型的天基传感器和数据类型，同时探讨空间碎片规避、航天器状态监测和非合作目标监视等应用领域，为后续内容奠定了基础。其次，详细讲解图像处理的基础知识，包括数学变换、图像增强、复原和压缩技术，帮助读者掌握处理天基影像所需的核心技术。再次，讨论天基影像的成像原理和重建技术，涵盖航天轨道动力学、相机模型及成像原理，并深入解析二维光学和三维结构的重建方法及多维光谱重建技术。然后，探讨空间目标的姿态估计，包括基于三维参考模型和非参考模型的目标姿态估计，并通过丰富的算法介绍和实践练习提高读者的理解与应用能力。最后，详细讨论天基目标的探测处理技术，包括传统的天基目标探测技术、基于深度学习的星图匹配技术和目标关联技术，为该领域的实际应用提供技术基础。由于本学科内容发展与更新迅速，它所涉及的概念和方法十分广泛，而且还在不断扩充。本书试图在有限的篇幅内，选材尽可能充实、丰富，在用作教材时，可以灵活选取所需内容。

为了更好地学习本书中的内容，读者应具有一定的数学基础。书中涉及的数学内容主要包括线性代数、微积分、概率与统计、信号处理基础及优化理论等，需要学习的前置课程有信号与系统、数字图像处理、计算机视觉和航天工程基础等，掌握上述数学基础和前置课程可以帮助读者更好地理解和应用本书中的内容。

希望通过学习本书，学生能够激发起对天基空间目标智能探测与感知领域的学习志趣和热情，使他们有信心也有能力逐步适应这一领域日新月异的发展需要。同时，期望本书对于科研人员和工程技术人员的自学与知识更新能产生一定的积极作用。

本书由张艳宁、李军智、孙瑾秋、朱宇编著，杨佳琪、闫庆森、张磊、齐召帅、程承等参与了编写工作。本书的内容包含作者所在实验室的老师和在读研究生的研究成果，感谢常文友、曹文祺、范铭楷、何玖妹、郝以凤、胡瑞、靳浩、刘子寒、刘亚婷、骆嘉颖、牛阿茜、牛远卓、聂孟洋、王珮、王海深、谢添、朱煜、张景程、赵晨园、周雨石、郑周一、陈昊哲、贺雅楠、葛素宁等研究生参与本书的资料搜集工作，他们为本书的顺利出版付出了巨大的努力。

最后，还要感谢科学出版社的编辑，感谢他们为本书的出版所做的具体指导和辛苦付出。

限于作者水平，加之时间仓促，书中难免仍存在疏漏之处，恳请读者批评指正。

作　者
2024年6月
于西北工业大学计算机学院

目　录

第 1 章

绪 论

1.1 天基空间目标探测与感知的定义与发展

微课

天基空间目标探测与感知技术的研究对于维护空间安全、促进空间科学发展以及保障国家战略利益至关重要。随着空间活动的日益频繁，空间碎片、卫星碰撞风险以及对空间环境的监测需求不断增加，该技术能够提供对空间目标的精确探测和识别能力，从而有效预防空间事故、保护关键资产，并为空间态势感知提供数据支持。此外，它还有助于推动空间科学的进步，通过观测和研究遥远的天体和空间现象，增进人类对宇宙的认知。因此，天基空间目标探测与感知技术的研究不仅具有军事和安全上的重要性，也具有深远的科学和经济价值。

1.1.1 天基空间目标探测与感知的定义

天基空间目标探测与感知是指通过部署在太空平台上的先进探测设备，利用多种探测技术和手段，获取空间目标的运动轨迹、物理属性等参数，进而实现对空间环境中的卫星或碎片等目标的高灵敏度探测、高稳定性跟踪和高准确率识别，最终掌握空间环境中的各种态势状态。该过程不仅涉及对空间物体的探测发现和数据分析，还包括对潜在威胁的预警，旨在保障人类在太空中的各项活动以及空间财产的安全。通过天基探测与感知技术，人类可以更好地了解和管理太空环境，及时发现潜在的冲突和危险，确保人类对太空的资源利用和科学探索的顺利进行。

1.1.2 天基空间目标探测与感知的发展

在空间目标探测与感知系统发展的初期，各国主要利用地基平台进行空间目标的探测与感知。然而，地基系统无法探测处于地球阴影区的物体，并且云层、雨、雾等因素都会对光学探测器的探测能力产生影响。另外，地基探测器与空间目标的距离较远，这也限制了地基探测器的能力，导致地基探测与感知系统存在一定的局限性。为弥补地基系统的不足，提升对空间目标的探测与感知能力，一些国家开始发展天基空间目标探测与感知技术。通过天基系统与地基系统的结合，实现了优势互补，大幅提升了对空间目标的全面监测和精确感知能力。

1. 美国空间目标探测与感知的发展

20 世纪 60 年代，美国建立了一套遍布全球的地基空间监视网(space surveillance network，SSN)。SSN 的地面探测网络不仅包括 2 个光学观测站、3 个雷达站，而且还配备了更为先进的探测系统，其中包含 3 个高功率雷达发射站、5 个光电探测点和 6 个接收站。雷达和光学探测器优势互补：雷达主要用于探测低轨道目标，而光学探测器因其高敏感度和宽阔的视野，专门用于监测高轨道目标。这两者共同组成了一个高效的地面空间目标监控系统，该系统的探测范围超过 36000km，能够记录 24000 个目标，其中空间碎片大约有 15000 个。SSN 通过综合利用雷达和光学探测器，确保对不同轨道高度的空间目标进行精准探测和跟踪，为空间安全提供可靠保障。

2005 年，美国空军提出“太空篱笆”系统建设项目，该系统包括夸贾林环礁的 1 号站以及澳大利亚的 2 号站，采用收发分置的大型相控阵雷达体制，并以全数字化运行，波束合成灵活、准确，覆盖的空域更广、探测精度更高，同时具备搜索、跟踪能力。根据设计要求，“太空篱笆”系统能探测跟踪超过 20 万个直径大于 5cm 的太空目标。美国相关机构明确该系统主要任务是：首先，发现空间目标，进而对其进行跟踪并对该目标进行准确识别。其次，威胁预警评估。对空间目标进行行为预测并对各种攻击进行分类，且可以监视空间目标发生的不同类型异动。再次，收集各国目前已有的空间目标的攻击系统的性能和特征。最后，在美国联合空间作战中心任务系统的领导下，“太空篱笆”项目将汇集多种数据源，生成综合态势图，帮助决策者做出实时判断。新系统的数据处理需求将非常庞大，显著超出现有系统的能力。

美国“太空篱笆”项目不仅大幅提升了空间探测能力，还通过多层次的任务使命，为美国提供了更全面的空间态势感知和防护能力。

针对天基态势感知，美国政府于 20 世纪 90 年代提出了天基可视计划，此计划的目标是以天基空间目标探测与感知对地基进行补充，从而构建全球性的天地基一体化空间目标探测与感知系统。经过多次更新换代，该系统已经具备覆盖全轨道高度的空间目标探测与感知能力，其中天基空间目标探测与感知系统中的主要探测卫星，如表 1-1 所示。其中，“中段空间实验”(midcourse space experiment，MSX)卫星于 1998 年开始正式执行任务，并于在轨工作十年之后停止运行。该卫星搭载了天基可见光(space-based visible，SBV)传感器和紫外线及可见光相机。MSX 卫星的任务验证了初期天基平台使用的探测设备与技术，这些关键技术随后被新一代的天基监视系统继承。

表 1-1 美国天基空间目标探测卫星

卫星名称	发射时间/年	运行轨道	主要任务
MSX	1996	低地球轨道	对地球静止轨道目标进行完全监测
XSS10	2003	低地球轨道	半自动运行和近距离空间目标监测
XSS11	2005	低地球轨道	
STARE1	2012	低地球轨道	主动监测近距离危险交会目标，提高危险交会目标的轨道精度
STARE2	2013		
ORS5	2017	低地球轨道	快速、连续、无指令的同步轨道带搜索与识别
GSSAP1/2	2014	地球静止轨道区域	对地球静止轨道卫星进行连续监视、抵近侦察，为美国太空作战提供所需的态势感知能力
GSSAP3/4	2016		
GSSAP5/6	2020		

美国于 2002 年正式启动了天基空间监视(space-based space surveillance，SBSS)系统项目。该系统的卫星负责监测和跟踪多种太空目标，包括卫星和空间碎片。其主要任务包括：①搜索深空中错过或未知的目标；②确定目标位置信息并识别其类型；③提供全天候、近实时的空间态势感知能力。该系统分为五颗卫星，研发阶段分为两步骤。在第一阶段，美国发射了一颗用于替换 MSX 卫星的新卫星。在第二阶段，美国于 2022 年完成了 4 颗卫星的部署。SBSS 系统具备许多优势：①天气情况对其影响微乎其微；②具备优秀的深空探测能力，能够在进行广视野监视的同时保证高探测精度；③能够实现多目标的同时监视；④提供高精度的轨道确定能力；⑤迅速更新空间目标目录。通过结合 SBSS 系统与地面空间监测系统，实现了空间监测系统的天地协同互补一体化，监视范围能够覆盖低、中地球轨道，并且结合后的系统能力已经达到对目标直径超过 1cm 的空间目标的有效探测。除此之外，系统的空间目标目录更新频率方面也大大提高，其周期从 5 天缩短至 2 天。

在 2012 年和 2013 年，美国分别发射了 STARE1(star experiment 1)和 STARE2(star experiment 2)技术验证卫星，这些小型卫星搭载了可操作精化星历表天基望远镜。2017 年，美国又成功发射了一颗名为 ORS5(operationally responsive space 5)的低轨道赤道观测卫星，此卫星的任务是对太空中的各类空间目标以及各种空间碎片进行监视。ORS5 卫星在赤道低轨道运行，通过其面向前方的探测器，定位并监控地球静止轨道(GEO)的目标。为了确保恒星在视野中保持静止，卫星的运动方向和探测器的视线形成了一个特殊的角度，称为“魔力角”。这个角度使得卫星和目标在垂直视线方向上的速度同步，从而使目标在传感器中的位置保持不变，延长了轨迹跟踪的时间，积累了更多的目标数据。通过结合新型飞行模式和时间延迟积分技术，ORS5 实现了对 GEO 目标的连续成像，极大提升了数据收集的效率和精准度。这种优化设计不仅提高了目标的识别和跟踪能力，还增强了卫星在空间目标观测中的稳定性和准确性。

美国在利用微小卫星进行天基空间目标探测与感知的研制方面也从未停止。这些微小卫星具有很多独有的技术优势，包括成本低、研制与发射周期短，可快速响应完成紧急任务。美国可应用于空间目标监视中的微小卫星包括“近场自主评估防御钠星”、“试验卫星系统”(experimental satellite system，EXSS)以及“小型轨道碎片探测、捕获、跟踪(small orbital debris detection, arrest, and tracking，SODDAT)卫星”等。美国为实现导弹防御而研制的“空间跟踪监视系统”(space tracking and surveillance system，STSS)以及“天基红外系统”(space-based infrared system，SBIRS)也具备强大的天基空间监视能力。针对 36000km 的地球同步轨道的天基空间目标探测与感知，“微型卫星技术试验(microsatellite technology experiment，MiTEx)卫星”和“地球同步空间态势感知项目(geosynchronous space situational awareness program，GSSAP)卫星”被先后被送入太空，建立起了对地球同步轨道目标的监视系统。MiTEx 卫星具备近距离监视地球同步轨道空间目标的能力，即在其自身工作轨道与被观测对象工作轨道进行交会时接近被观测对象，从而有效地为空间对抗打下坚实基础。GSSAP 卫星在同步轨道工作，美国分别于 2014 年、2016 年、2022 年发射 GSSAP1/2 卫星、GSSAP3/4 卫星以及 GSSAP5/6 卫星，完成六星组网，并且美国军方已经又向诺斯罗普·格鲁曼公司订购了两颗 GSSAP 卫星，分别是 GSSAP7 和 GSSAP8。GSSAP 系列卫星不仅用于探测、跟踪地球同步轨道目标，还能抵近侦察空间目标并提取其清晰的形状特征。

根据隶属于俄罗斯科学院的国际科学光学监测网(International Scientific Optical Network，ISON)提供的数据，GSSAP 卫星自 2014 年开始执行任务以来，其机动次数达数百次，在地球同步轨道上以 10～15km 的距离靠近了 12 颗正在运行中的卫星或为接近它们实施变轨机动。这些卫星包括俄罗斯民用航天器“Ekspress-AM8”和“光线”，以及军方设备“钟声”(俄罗斯代号“宇宙-2520”)、“彩虹-1M3”号、“彩虹-1M2”号。综上所述，GSSAP 卫星对于天基空间目标探测与感知系统针对高轨空间目标的定位定轨能力和识别能力的提高具有重要意义。

美国为了进一步提升空间目标监视能力，开展了“国家防御性太空体系架构”(national defense space architecture，NDSA)和“黑杰克”低轨卫星星座计划。NDSA 由美国太空发展局(Space Development Agency，SDA)提出，旨在建立一个全覆盖、实时的信息获取和通信系统。通过该架构的系统化建设，可以有效优化天基资源分配，从而更好地管理空间目标和空间碎片。

NDSA 分为七个层次：支持层、监管层、传输层、跟踪层、威慑层、管理层和导航层。其中，通信、预警和控制主要依赖传输层、威慑层和管理层实现。传输层负责卫星间快速通信，通过星间激光链路(optical inter satellite link，OISL)系统实现；威慑层专注于探测和追踪空间物体，防止卫星碰撞，配备先进的传感器和星上数据处理能力；管理层具有自主任务规划能力，减少对地面控制的依赖。整个架构的任务和功能包括在轨运行管理、信息采集、自主信息处理和自主任务规划等。

美国国防高级研究计划局(Defense Advanced Research Projects Agency，DARPA)于 2018 年开展技术演示项目——“黑杰克”。该项目为一个由大量低轨卫星组成的星座，以实现多种空间目标和碎片的检测、识别及跟踪。每颗“黑杰克”卫星由 PitBoss 控制单元和多个有效载荷组成，平台设计为开放式架构，支持频繁技术升级。关键技术不仅包括先进的信息采集和处理，还具备自主规划任务与协同管理功能。美国期望通过这些技术手段，增强其空间监视与预警能力，从而进一步提升国家空间安全保障水平。

2. 加拿大空间目标探测与感知的发展

加拿大一直在积极发展其用于空间目标探测与感知的天基平台，如由一个小行星科学家小组与科技公司联合开发的近地空间监视(near earth space surveillance，NESS)系统，加拿大宇航局(Canadian Space Agency，CSA)及加拿大国防部主导的空间监视(surveillance of space，SoS)项目。NESS 系统监视类型包括各类近地空间目标，SoS 项目的首要目的是监视在地球同步轨道及其附近轨道上运行的执行各种任务的空间目标。

除此之外，加拿大在天基空间目标探测与感知方面还取得了多项重要进展。其主要项目包括“近地目标监视卫星”(near-earth object surveillance satellite，NEOSSat)、“恒星微振动(microvariability and oscillation of stars，MOST)观测卫星”以及“‘蓝宝石’(Sapphire)卫星”等。

加拿大于 2013 年 2 月成功发射了“近地目标监视卫星”，这标志着对该国以往天基空间目标探测与感知技术进行了进一步的提升。针对近地空间任务，这颗卫星配备了专用的光学相机，每天可采集 288 张空间图像，能够实现全天候近地轨道目标监视和轨迹确定。相比 MOST，NEOSSat 显著提升了目标探测性能。

同年，加拿大为了进一步提升军事态势感知能力还发射了“蓝宝石”卫星。“蓝宝石”卫星搭载了小体积的三反射光学望远镜，其视场角为1.4°，探测能力达到了最高15星等，每天最少能够完成对360个空间目标的有效监视。

3. 俄罗斯空间目标探测与感知的发展

俄罗斯目前建成的空间监视系统规模位列全世界第二，仅次于美国，其主要依赖地基雷达和光学系统进行空间目标的探测和管理，能够监视超过12000个空间目标。截至目前，公开的资料未能查询到有关俄罗斯天基空间目标监视系统的任何消息。

最初，俄罗斯的空间监视能力主要依赖于地基预警雷达网，这些雷达分布在俄罗斯及苏联加盟国境内。特别是位于北高加索地区的X频段专用雷达，这些雷达监视区域覆盖俄罗斯本土、美国、中国和北极地区的空间区域。然而，由于地面站点分布的限制，俄罗斯的监视能力在高轨道目标、小倾角低轨道目标以及南半球的中高轨道目标方面存在一定的不足，难以实现全天候、全天时的监视。

为了提升监视能力，俄罗斯又开发出了新一代的沃罗涅日雷达系统。这些新型雷达系统的各部件更加模块化，便于快速维护和升级。其中，沃罗涅日-VP雷达的工作频率为极高频(extremely high frequency，EHF)，一般分布在30～300GHz的区间内；沃罗涅日-SM雷达的工作频率为S～X频段，分布在2～12GHz的区间内，其对空间目标的探测能力更加强大。目前，新一代沃罗涅日雷达系统已逐渐取代旧系统，显著提升了俄罗斯的空间目标监视能力。

在光学监视方面，“窗口”系统是俄罗斯的主要平台。“窗口”系统是20世纪80年代开始进行建造的，在1992年停止工作。2004年，该系统的部分功能被俄罗斯政府恢复，并在此基础上不断进行升级。“窗口”系统建造在中亚国家塔吉克斯坦境内，矗立于雄伟的帕米尔高原，整套系统由10部光电望远镜构成，根据可探测距离分为短距离、一般距离及远距离望远镜，可实现对低地球轨道(low earth orbit，LEO)、中地球轨道和地球静止轨道工作的空间目标的探测，每一部望远镜都安装在一个可开合的银球形工作站内，如图1-1所示。“窗口”能够探测轨道高度分布在2000～40000km范围的空间目标，并且探

图1-1 “窗口”太空监视系统

测设备能够根据目标的高度对分辨率和探测视场进行自适应调整，对于低、中、高轨道目标均具有较强的探测、监视能力。“窗口”系统的数据处理能力强大，能够自主对无用信息进行有效清除，实现空间目标高精度定位和高准确率识别。为了进一步增强监视能力，俄罗斯开发的新型“窗口”——S 系统被部署在国家边境区域，能够探测空间中直径为 10cm 以下的小目标。

国际科学光学监测网(ISON)同样是俄罗斯重要的光学空间监视平台，由俄罗斯科学院管理，涵盖了俄罗斯、美国以及欧洲等共十几个国家和地区的 30 多个观测站。这些观测站配备了多种口径的望远镜，能够对 GEO 进行持续监测，并定期观测其他轨道区域。ISON 不仅监视人造空间目标，还进行小行星的天文观测。

另外，俄罗斯对“树冠”侦察系统进行了重新建设，进一步整合地基雷达和光学系统。该系统由位于北高加索地区和俄罗斯远东地区的两个部分组成，前者包括大型光学望远镜、激光定位雷达和多频段射频雷达，后者主要用于低地球轨道目标的监视。“树冠”系统的重建大大提高了俄罗斯对空间弱小目标的监视能力，能够更精确地定位和识别空间目标。

通过对上述系统的建设和改进，俄罗斯的空间目标探测和感知能力在全世界占据了重要地位，并仍在持续提升其技术能力，以应对日益复杂的空间环境。

4. 其他国家空间目标探测与感知的发展

欧洲各国也在不断提升空间目标探测与感知能力，目前，欧洲国家拥有地基、天基系统，并计划实现欧洲各国现有的空间监视感知系统的联网，从而建立更加完善、强大的欧洲空间目标监视联合系统。

欧洲的空间目标探测与感知系统(European space target detection and sensing system，ESSS)由多个国家的地基雷达和光学系统组成。ESSS 的地基雷达系统核心设备包括法国的空间监视广域网络雷达和德国的跟踪与成像雷达(tracking and imaging radar，TIRA)。此外，部署在法国蒙日跟踪船上的阿莫尔雷达和英国的奇尔波顿雷达等设备也为该系统提供了重要补充。

ESSS 的地基雷达系统的工作频率主要分布在低频范围，专注于对过境欧洲的低地球轨道目标进行探测和跟踪，能够探测 2cm 的空间目标。其中，TIRA 具备高频工作模式，能够更加细致地成像出空间目标并完成有效识别。法国的阿莫尔雷达利用高分辨率的角度和距离数据执行空间目标跟踪任务，具备全天候、不间断地探测和识别工作于低地球轨道和地球静止轨道目标的能力。英国奇尔波顿雷达的主要任务是研究地球电离层和大气层，在此基础上兼顾对轨道高度在 600km 的空间目标进行跟踪。西班牙的 Indra 公司开发了一款新型 S3TSR(Spanish space surveillance and tracking surveillance radar)空间监视雷达，部署在塞维利亚的 Morón 空军基地。该系统目前由西班牙空军和太空部队操作，能够检测并识别微小的轨道碎片，特别是在低地球轨道(LEO)范围内。这款雷达以其模块化和可扩展性著称，未来版本计划将其能力进一步提升，并增加导弹检测和跟踪模式。德国航空航天中心(Deutsches Zentrum für Luft-und Raumfahrt，DLR)研发了一款新型实验监视与跟踪雷达系统，名为德国实验空间监视与跟踪雷达(German experimental space surveillance and tracking radar，GESTRA)。此系统专为空间目标的监视与跟踪而设计，被集成于一个约 18m 长、4m 宽高的移动容器中，能够适应不同的环境需求。GESTRA 操作于 L 频段，具备极高的灵活性，可以探测 300～3000km 高度范围内的目标。该雷达采用大型相控阵天线，配备在能够快速调整方向的 3D 定位系统上，可在数毫秒内重新定位。通过数字多波束形成技术，它可以同时监测多个方向的目标。此外，GESTRA 具备跟踪特定空间目标的扫描能力，并且设计上可以扩展，以便在未来形成更为广泛的雷达监控网络。

在发展地基雷达系统的同时，地基光学系统的研究也同样如火如荼地进行着，从而共同提升对空间目标的识别与轨道确定的精度。这些系统包括多种类型的望远镜，如欧洲空间局的空间碎片望远镜、法国的天文观测设备、德国的 SMARTnet 系统、瑞士的 ZIMLAT 望远镜和英国的 PIMS 传感器，它们分布于欧洲、南美、澳大利亚等地。这些系统结合了大视场和高分辨率望远镜，主要用于监测地球同步轨道上的目标，分辨率高达 10cm。其中的部分设备能够进行激光探测，增强了在夜间对空间目标的监视能力。例如，设立在西班牙的欧洲空间局望远镜配备了 1m 口径的镜头，视场覆盖 0.7°，能够观测到地球同步轨道上较小的物体，并通过一次观测提取其轨道信息，从而补充轨道数据库的数据。法国 SPOC 和 TAROT 系统除了建设在本国，还在其他国家，如澳大利亚和智利进行建设。SPOC 望远镜的视场达到了极宽的 50°，如果天气条件较好，其探测到的空间目标数量能够达到 400 个。TAROT 系统则配备 0.25m 和 1m 口径的望远镜，视场角分别为 4°和 0.1°，焦距分别为 0.8m 和 8m。前者的任务是探测空间目标并进行跟踪；后者的任务是识别空间目标，具备高速(不低于 60°/s)、高精度指向空间任意目标的能力，每月实现 GEO 目标探测高于 17000 次。德国 SMARTnet 和瑞士 ZIMLAT 望远镜通过增加新的高性能光学传感器和改进现有设备的分辨率，增强了对空间目标的监视能力。ZIMLAT 望远镜聚焦于 GEO 目标的高精度跟踪。

除欧洲国家外，日本于 1984 年在长野中部建立了具有 64m 长天线的臼田宇宙空间观测所，其拥有 64m 长的天线，此外，在鹿儿岛的内之浦宇宙空间观测所拥有 34m 加 20m 两个较大直径的观测天线。印度在南部班加罗尔建立了一个 32m 天线以及一个 18m 天线，可以用于部分探测研究。

在天基空间目标探测与感知方面，英国萨里卫星技术公司在 2000 年设计和制造了萨里卫星应用平台(Surrey nanosatellite applications platform 1，SNAP1)实验微小卫星。该卫星装备了四台互补金属氧化物半导体(complementary metal oxide semiconductor，CMOS)相机，每台相机的分辨率为 350 像素×288 像素。其中三台相机的视场角为 90°，总共覆盖 270°的视场；第四台相机配备了长焦镜头，用于精细成像和测量。SNAP1 还具备微推进系统，使其能够实现一定的机动，以进行接近目标的观测。2013 年，德国研发了 AsteriodFinder，这是一种配备离轴三反消像散光学系统的微小卫星，具备 2°的视场，对抑制杂散光表现出色。该卫星的任务主要是对运行于 LEO 上的空间目标进行监视，相关研究人员已对此卫星的厘米级空间目标监视功能进行了可行性验证。意大利罗马大学的 GAUSS 团队正在研制主要用于民用科学实验的 UniSat-5 微小卫星，此卫星将被用于监测空间碎片。上述天基平台如表 1-2 所示。

表 1-2 欧洲国家天基空间目标探测卫星

卫星名称	发射时间/年	运行轨道	主要任务
SNAP1	2000	低地球轨道	4 台相机共同进行空间目标探测与成像，具备一定的抵近观察能力
AsteriodFinder	2013	低地球轨道	观测近地轨道目标
UniSat-5	2013	低地球轨道	民用实验，进行空间碎片监视

5. 中国空间目标探测与感知的发展

中国的空间目标探测与感知研究始于 20 世纪 70 年代，经过 50 多年的发展，已经取得了显著进展。20 世纪 80 年代，中国科学院紫金山天文台、光电技术研究所等机构开始进行空间目标观测技术相关的研究，中国科学院南京天文仪器有限公司设计的四轴跟踪式相机及经纬仪等设备有效支撑了空间目标的探测工作。随着国家高技术研究发展计划(863 计划)的启动，这些研究进一步深化，涵盖了空间目标的观测、轨道预报、定位和编目等工作。

进入 20 世纪 90 年代，在中国各大科研机构共同努力下，研发出了小型光电精密跟踪设备，从而支撑高精度的空间目标观测。1995 年，中国国家航天局成为国际空间碎片协调委员会的一员，标志着中国在国际空间碎片领域的合作与研究的进一步加强。

进入 21 世纪后，中国启动了全面的空间碎片研究规划，如 2000 年提出的“空间碎片行动计划”和 2004 年成立的“中国科学院空间目标与碎片观测研究中心”，进一步提升了空间碎片监测与跟踪能力。2008 年，神舟七号载人飞船圆满实现对空间碎片的监测。同年，我国成立了空间目标与碎片观测重点实验室，进一步推动了中国空间监视与预警系统的建设。2013 年，中国科学院长春光学精密机械与物理研究所成功研制出地基光电探测望远镜，该望远镜对工作于地球同步轨道附近的空间目标进行有效监视，监视的最小目标在 1m 以下。西北工业大学张艳宁教授带领团队在空间目标探测与感知方面耕耘十余年，研究内容包括空间目标检测跟踪、空间目标清晰化、空间目标三维重建等，多次获得国家级奖项，有力支撑了中国空间目标探测识别系统的发展。

中国在天基空间目标探测与感知领域的相关研究较欧美国家起步晚，但经过各科研单位中无数相关学者的不懈努力，目前已经取得了较大的进展。虽然整体与国际最高水平仍然具有差距，但也已经表现出迎头赶上的势头。

天基空间目标探测与感知相较于地基空间目标探测与感知，具有不受天气影响、全天候运行等显著优势，能够对地基探测与感知形成重要补充，从而实现对空间目标进行天地一体的全时段、全方位探测与感知，这也是当前的发展趋势。因此，深入研究天基空间目标探测与感知，对于显著提升国家整体空间态势感知能力、增强国家的空间安全保障至关重要。

1.2　典型天基传感器

天基传感器是一种安装在卫星上的在轨运行观测相机设备，用于监测和收集宇宙空间中的各种信息。这些传感器的设计目的是通过搭载先进的仪器和技术，实时获取地球和宇宙中的数据，以支持科学研究、气象预测、地质勘探、通信和军事应用等多个领域。

1.2.1　传感器介绍

目前，空间目标检测系统主要采用的传感器包括红外传感器、可见光传感器、微波雷达传感器和激光雷达传感器，不同传感器对应采集不同信号波长，如图 1-2 所示。

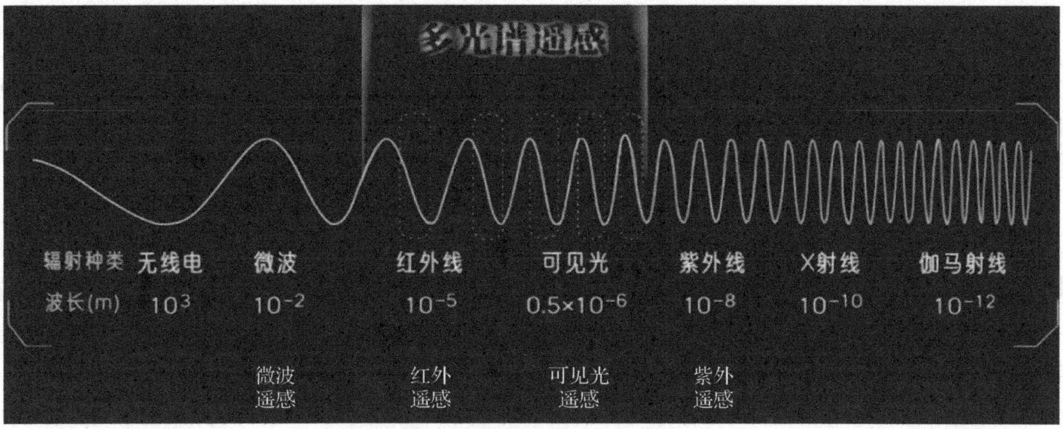

图 1-2　传感器不同波长示意图

1. 红外传感器

威廉・赫舍尔(William Herschel)在研究太阳的热光谱效应时，发现当太阳光被三棱镜折射后，在红光外面存在一部分隐藏波段，用水银温度计去测其热效应，发现其相对于可见光更加强烈，(赫舍尔将这种不可见的辐射命名为“红外线”(infrared radiation)。红外线的发现为后来红外技术的发展奠定了基础。如今，红外技术广泛应用于热成像、夜视设备、遥感探测、通信等多个领域。)本节将详细介绍红外传感器的基本原理、优势、构成要素。

1) 红外传感器的基本原理

根据普朗克定律，任何物体只要其温度高于 0K(−273.15℃)，就会发出红外辐射。首先由光学接收系统采集目标和一定范围内的红外辐射信息，经过光学系统后聚焦于红外探测器阵列上，其次在信息处理器中将光信号转变为电信号并放大，电信号处理模块负责将从探测器接收的电信号进行放大、滤波和转换，以产生数字化的图像数据，如图 1-3 所示。

图 1-3 红外传感器基本原理示意图

2) 红外传感器的优势

穿透力强：红外辐射能够穿透云层和大气层，对于地面观测和太空目标观测具有较高的适应性。

夜间观测能力：不依赖于日光的照射，适合进行 24h 连续观测。

目标识别能力：红外辐射能够显示目标的热分布特征，有助于识别和分析目标。

由于目标飞行速度越来越快和伪装干扰探测技术也在不断提升，如新隐身材料的不断应用、假目标的投放等，这严重影响探测结果。在此背景下，红外探测技术凭借其抗干扰能力强、可全天时工作的特点，成为人们着重发展的探测技术。相较于传统的雷达探测，红外探测技术有着自身独特的优势。首先，系统接收的红外辐射由目标自身产生，不需要像雷达探测那样主动发射信号，隐蔽性更高，不易被反侦察设备发觉，同时，在晚上和昏暗的环境中，在不添加外部光源的前提下，可实现对目标的探测。其次，在大气层中有 3 个波段(1～3μm、3～5μm、8～14μm)，在这些波段内，大气对红外辐射的吸收和散射很小，即在这 3 个波段内，红外辐射的大气透过率很高，大气衰减影响较小，这种特性使得红外探测技术被应用在更多领域，如信息传递、飞机导航、空间遥感和天文观测。

3) 红外传感器系统关键组件

光学系统：收集和聚焦目标发出的红外辐射，然后将辐射传递给探测器通常包括以下几个关键组件。①透镜或反射镜：用于收集和聚焦红外辐射。透镜通常用于近红外和中红外波段，而反射镜则更适合远红外波段。②滤光片：根据应用需求选择的滤光片，用于选择特定波段的红外辐射进入探测器。③光学机械结构：用于支撑和调整光学元件的位置和方向，确保辐射准确地传递到探测器。

探测器：负责将收集到的红外辐射转换成电信号。不同类型的探测器有不同的工作原理和特性。①热电偶探测器：常用于测量热辐射的强度和分布，适合低分辨率的应用。②热电探测器：如热电偶、铟铋阵列等，适合于中等分辨率的应用。③光电探测器：如铟镓砷(InGaAs)和砷化铟(InAs)等，具有较高的灵敏度和分辨率，通常用于高性能的红外成像系统。

电子学和信号处理：电子学和信号处理模块负责将从探测器接收到的电信号进行放大、滤波和转换，以产生数字化的图像数据。这部分包括：①前置放大器，增强探测器输出信号的幅度，提高信噪比。②模数转换器，负责将模拟信号转换为数字信号，以便计算机进行处理和分析。③数字信号处理器，负责处理和优化图像数据，进行图像增强和特征提取。

2. 可见光传感器

空间可见光传感器是专为在太空环境中进行目标探测、观测和成像而设计的高度复杂的光学仪器。这些相机不仅仅需要具备高分辨率和高灵敏度，还必须能够抵御极端的温度变化、辐射环境和真空条件。本节将详细介绍空间可见光传感器的工作原理、优势、构成要素。

1) 可见光传感器的基本原理

可见光传感器(如图 1-4 所示)利用可见光频谱进行成像，其基本原理包括以下几个关键步骤。首先，通过透镜或反射镜光学系统，将来自目标的可见光聚焦到探测器上。探测器通常采用电荷耦合器件(charge-coupled device，CCD)或互补金属氧化物半导体(CMOS)传感器，将收集到的光信号转换为电信号。随后，电子学部件如前置放大器和模数转换器对电信号进行处理和转换，最终生成数字图像数据。

图 1-4 可见光传感器

2) 可见光传感器的优势

可见光传感器在太空目标探测中具有显著优势。它利用可见光频谱进行成像，生成高分辨率图像，适用于识别小尺寸太空目标，如碎片或小型卫星。相比红外相机，可见光传感器成本相对较低，其在大范围应用中更具经济性。此外，可见光传感器利用日间自然光源进行实时监测，无须额外的热源，支持日常监测任务，其设计和工程成熟度高，能够在极端太空环境中保持稳定运行。总之，可见光传感器以其高清晰度、低成本、实时性和良好的环境适应性，成为太空探测中不可或缺的工具，尤其适用于需要频繁且对分辨率要求高的应用场景。

3) 可见光传感器系统关键组件

可见光传感器系统包括多个关键器件部分，每个部分都在高效目标探测和成像过程中发挥重要作用。

首先是光学系统。该系统包括镜头或反射镜，用于收集并聚焦来自目标的可见光；还包括滤光片，用于选择特定波长的光线以进行观测和成像；也包括光学机械结构，支持并调整光学元件的位置和方向，确保成像质量稳定。

其次是探测器部分，主要采用 CCD 或 CMOS 传感器，将光学信号转换为电信号，以便后续电子学处理。CCD 和 CMOS 是一种基于半导体材料(通常是硅)的光敏器件，其核心是一个二维的光敏像素阵列。

再次是在电子学和信号处理方面，可见光传感器系统包括：前置放大器，增强探测器输出信号的强度；模数转换器，负责将模拟信号转换为数字信号；数字信号处理器，负责处理和优化图像数据，包括增强对比度、去除噪声等。

最后是控制和接口模块，包括控制单元，负责协调光学系统、探测器和信号处理模块的工作，并与地面控制中心或其他设备进行通信和数据传输。

3. 微波雷达传感器

微波雷达传感器(图 1-5)利用微波信号进行探测和成像。本节将详细介绍微波雷达传感器的工作原理、优势、构成要素。

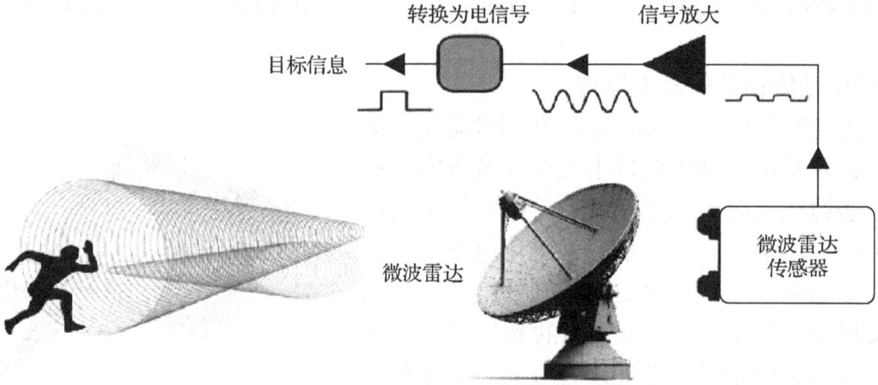

图 1-5　微波雷达传感器示意图

1) 微波雷达传感器的基本原理

首先，微波发射器产生并发射出特定频率的微波信号。这些信号通过天线系统发射到目标区域，并与目标物体相互作用。目标物体表面的特性会使微波信号发生反射、散射或吸收。

其次，接收器部分的天线接收反射回来的微波信号。接收到的信号经过放大和处理后转换为电信号。这些电信号包含与目标物体相互作用后的信息。

最后，信号处理和图像重建。通过对接收到的信号进行分析和处理，可以重建出目标物体的形状、大小、位置以及表面特性等信息。这一过程通常涉及复杂的信号处理算法，用于提取目标反射信号的特征并生成可视化的图像或数据。

微波雷达传感器相比于光学相机有着独特的优势，特别是在恶劣天气或夜间环境下，微波信号能够穿透云层和大气层，实现对目标的有效探测和成像。此外，微波波长相对较长，能够提供良好的空间分辨率，并对目标的表面特性具有高度敏感性，因此在雷达遥感和导航系统中有广泛应用。

2) 微波雷达传感器的优势

微波雷达传感器在气象监测、军事侦察、航空航天等领域发挥了关键作用，适应恶劣天气和夜间环境。微波信号具有较长的波长，能够穿透云层、雨雪等，在完全黑暗的夜晚进行有效探测。微波雷达在复杂的气象条件下，能够保持稳定的探测性能，提供比可见光相机更可靠的成像能力。其次，微波雷达具有很高的灵敏度。微波雷达通过发射高频微波信号，并接收微波与目标表面相互作用后的反射信号，能够精确地获取目标表面的细节特征。此外，微波雷达的多功能性也是其独特优势之一。它不仅适用于地面目标的探测，还广泛应用于航空监视、海洋导航、天气预报等领域。微波雷达可以监测飞行器、船只、气象等，提供全面的环境数据支持，助力各类应用场景的需求。

3) 微波雷达传感器系统关键组件

微波雷达传感器系统的关键组件包括雷达发射器和接收器、天线系统、数据处理和控制单元、高速数字信号处理器和专用算法、供电系统、机械支持系统。

雷达发射器和接收器：发射器负责产生和发射微波信号，通常采用高频率的微波发射源，如振荡器或集成电路，其主要功能是稳定地生成特定频率的电磁波。接收器利用敏感的微波接收天线和信号处理电路，将反射回来的微弱信号转换为数字数据，供后续信号处理和分析使用。

天线系统：天线是传输和接收微波信号的关键媒介，其设计和性能直接影响系统的灵敏度和探测距离。抛物面天线适用于长距离和大范围的探测任务，具有良好的全向性。相控阵天线具备高定向性和精确度，适合于目标追踪和高分辨率成像需求。

数据处理和控制单元：接收和处理从天线接收到的原始信号，进行信号处理、滤波和数据解码，以提取目标的位置、速度和特征信息。

高速数字信号处理器和专用算法：能够实时处理复杂的雷达数据，实现目标检测和跟踪功能。

供电系统：提供稳定的电力，确保各个组件能够正常运行。

机械支持系统：包括结构框架、姿态控制和热控制装置，用于保护和稳定雷达在各种操作环境下的性能。

4. 激光雷达传感器

激光雷达(laser radar)作为一种高精度测距和三维重建技术，在现代自动化和感知系统中扮演着重要角色。本节将详细介绍激光雷达传感器的基本原理、优势、构成要素。

1) 激光雷达传感器的基本原理

激光雷达传感器的基本原理涉及多个关键步骤，首先是激光的发射和接收。系统通过激光器产生脉冲激光束，经过光学系统聚焦后射向目标物体。这些激光束与目标物体表面交互，一部分能量被吸收，另一部分能量被散射或反射回激光雷达。接收器接收到反射回来的激光信号后，测量信号的强度和时间延迟。时间延迟反映了激光脉冲从发射到接收所需的时间，利用光速和延迟时间计算出目标物体的精确距离。此外，接收到的信号强度可以揭示目标的反射特性和表面特征，如粗糙度和反射率。激光雷达系统通常通过多激光束或机械扫描来实现对目标的方位和高度测量，从而实现三维空间中的精确定位和识别。这些数据经过信号处理单元的算法处理和分析，最终生成目标物体的三维模型或场景图像，如图 1-6 所示。

图 1-6　激光雷达生成目标物体的场景图像

2) 激光雷达传感器的优势

激光雷达传感器作为现代感知技术的重要组成部分，具有多方面的优势，其在各种应用领域中得到广泛应用。以下是其主要优势的详细讲述。

高精度测距能力：激光雷达传感器利用光速极高的特性，能够精确测量目标物体的距离。通过测量激光脉冲从发射到反射回接收器的时间延迟，可以实现亚毫米级别的距离测量精度，远远超过其他传感技术，如超声波或红外线。

快速响应时间：由于光速极高，激光雷达传感器能够在极短的时间内完成数据采集和处理。这使得它在高速运动环境下，如自动驾驶汽车或无人机导航中，能够实时感知周围环境并做出快速反应。

高分辨率的三维重建能力：激光雷达传感器不仅可以测量目标的距离，还能够获取目标的方位和高度信息。通过多激光束或扫描机制，可以生成高分辨率的三维空间模型或场景图像，为视觉感知提供了精准的数据支持。

适应复杂环境的能力：激光雷达传感器在各种环境条件下表现稳定，无论是在强光、低光或恶劣天气(如雨雪雾)中，都能保持高效的性能。这使得它在户外环境、工业场所和不可控制的自然环境中均能可靠运行。

多目标识别能力：基于高速的数据采集和处理能力，激光雷达传感器能够同时识别和跟踪多个目标物体，无论是静止的还是移动的。这种能力对于自动驾驶、智能交通系统和机器人导航尤为重要。

低功耗和长寿命：激光雷达传感器通常采用固态激光器和先进的光电探测器，具有低功耗和长寿命的优势。这不仅降低了设备运行的成本，还提高了系统的可靠性和稳定性。

安全性和隐私保护：激光雷达传感器使用的激光束在设计上能够局限于特定方向和范围，因此在应用中能够有效避免对周围环境和个人隐私的侵入，这使得其在安全监控和数据保护方面具有优势。

3) 激光雷达传感器系统关键组件

激光雷达传感器系统作为高精度测距和三维重建的关键技术，其性能和功能依赖于多个关键组件的协同作用。以下详细介绍激光雷达传感器系统的主要组成部分。

激光发射器：激光雷达的核心是激光发射器，它产生高强度、窄带宽的激光脉冲。常见的发射器包括固态激光器，如二氧化碳激光器或二极管激光器。这些激光器能够提供稳定的激光输出，并具有较长的使用寿命和较低的功耗。

光学系统：包括镜头、透镜和光学滤波器，用于调节和聚焦激光束。通过光学系统的精确设计，激光束能够形成窄束和高功率密度，以便在远距离精确照射目标，并确保接收器能够接收到清晰的反射信号。

接收器：用于接收从目标物体反射回来的激光信号。它通常包括光电探测器和接收光学系统，用于将接收到的光信号转换为电信号。接收器的设计影响系统的灵敏度和响应速度，直接影响测量精度和信号强度的获取。

时间测量单元：用于测量从激光脉冲发射到接收反射脉冲所需的时间延迟。由于光速极快，时间测量单元必须具备极高的时间分辨率，通常达到纳秒级别。这些精确的时间测量使得系统能够实现高精度的距离测量。

控制电子学：包括激光雷达的控制和数据处理单元。它负责管理激光发射的时序、接收信号的放大和滤波、时间测量的准确性控制，以及数据的采集、处理和传输。

机械部件：激光雷达系统包含引导激光发射的机械部件，如旋转扫描器或多束发射机制。这些机械部件通过旋转或多路径发射激光束，实现对目标物体的全方位扫描和测量。机械部件的设计和精度直接影响激光雷达的场景覆盖能力和测量精度。

数据处理与算法：激光雷达系统的数据处理单元负责接收、存储、处理和分析从接收器获得的信号数据。这些数据经过算法处理，用于生成三维模型、识别目标物体或实现环境感知。优化的算法能够提高系统的性能和响应速度，适应不同的应用需求。

1.2.2 探测方法

1. 红外探测方法

红外相机在宇宙空间中广泛应用于卫星的监测和观测任务，如图1-7所示，其独特的探测能力和高效的数据收集能力使其成为现代宇航工程中不可或缺的工具之一。

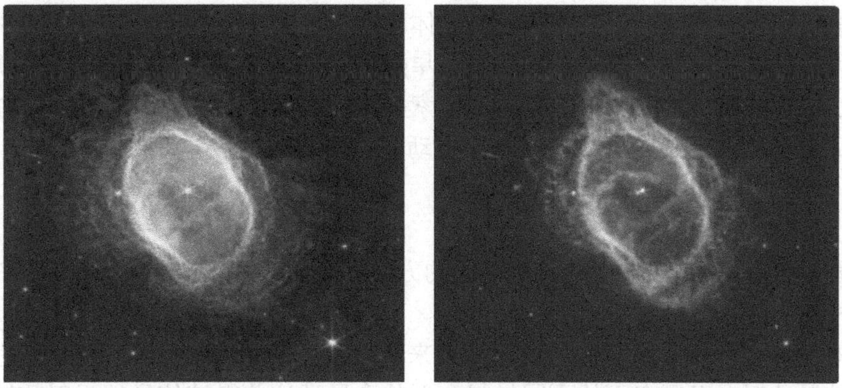

图1-7 韦布空间望远镜对南环星云的近红外光(左)和中红外光(右)观测结果

第一，红外相机利用目标卫星发出的红外辐射进行探测，所以可对空间阴影区目标进行检测。这些辐射是由卫星表面和内部热量的辐射产生的，因此红外相机能够捕捉到这些辐射，反映出卫星的热态和表面温度分布。通过分析不同波段的红外辐射，科学家可以推断卫星的热力学特性，例如，其表面材料的性质和热隔离效果，从而评估卫星的运行状态和健康状况。

第二，红外相机在监测卫星的热态变化和异常情况方面具有重要作用。例如，当卫星的电子设备出现故障或热管理系统失效时，可能导致局部温度升高，红外相机能够及时发现这些异常热点，帮助工程师进行故障诊断和修复。此外，红外相机还能够监测卫星表面的微小温度变化，这对于研究卫星的热辐射特性和热量分布非常重要。

第三，在技术上，红外相机需要具备高灵敏度和高分辨率，以便在宇宙空间中远距离探测卫星的微弱红外辐射。其光学系统通常由红外透镜和高灵敏度探测器组成，能够有效地捕捉到远处卫星发出的红外信号，并将这些信号转换为数字数据进行处理和分析，但是红外探测距离短，检测信号弱，易被背景噪声干扰，无法检测到目标的形状、纹理特征，故红外探测方法有其优势，也有一定的局限性。

2. 可见光探测方法

可见光相机在宇宙空间中是一种常用的探测工具，其通过捕捉可见光波段的电磁辐射来实现对目标卫星的观测和监测。首先，可见光相机利用其光学系统和探测器，捕捉目标卫星反射或自发的可见光辐射。这些光子被镜头集中并转换成电信号，通过探测器转化为数字图像。这些图像不仅显示卫星的外形和结构，还可以提供关于其表面特征和构造的重要信息。通过分析这些图像，科学家能够了解卫星的大小、形状、姿态及其可能的运动状态。其次，虽然可见光相机无法直接获得目标的距离、速度等运动特征，但可连续拍摄卫星，通过其在空间中的位置变化生成运动轨迹和速度等信息。这对于卫星导航、轨道调整以及与其他空间物体的相对位置关系非常关键，故可见光相机在监测卫星的轨道和位置变化方面具有重要作用。在技术上，可见光相机需要具备高分辨率和灵敏度，以捕捉远距离的卫星图像并使细节清晰。其光学设计和探测器的性能决定了图像的质量和数据的精确性。此外，数据处理算法对于从大量的图像数据中提取出有用信息也至关重要，包括图像增强、背景噪声去除和目标识别等技术。总体而言，可见光相机作为宇宙空间中常见的观测工具，为科学家和工程师提供了详尽的卫星数据和视觉信息。其广泛的应用领域涵盖了卫星监测、轨道跟踪、空间任务的导航和探索等多个方面。随着技术的进步和应用场景的扩展，可见光相机将继续发挥重要作用，推动宇宙空间的探索与研究。

3. 微波雷达探测方法

微波雷达在宇宙空间中探测目标卫星的方法是通过发射和接收微波信号来实现高精度的目标检测和跟踪。

其基本原理是利用微波信号的反射特性来获取目标卫星的信息。当微波雷达向目标卫星发射微波脉冲时，卫星表面的不同材料和形状会导致这些微波信号的反射和散射。雷达系统通过接收这些反射回来的微波信号，分析其强度、频率和时间延迟，从而确定卫星的位置、速度和轨迹。这种探测方法在宇宙空间中具有很大的优势，因为微波信号能够穿透大气和尘埃，适合于远距离和高精度的测量。

微波雷达可以在不同的频段工作，从而适应不同的探测需求。但微波雷达探测分辨率较低，无法做到精确检测目标的方位和特征，通常利用合成孔径雷达(synthetic aperture radar，SAR)技术通过微波信号的合成孔径来提高图像分辨率，能够提供卫星表面的详细图像。这些雷达系统常常配备先进的数据处理算法，能够从接收到的微波信号中提取出有关目标卫星的详细信息，如其表面的粗糙度、形状特征和运动状态。通过这些数据，科学家和工程师可以监测卫星的轨道变化、姿态调整以及与其他卫星或空间物体的相对位置关系。

微波雷达在宇宙空间中的应用还包括空间垃圾监测、卫星碰撞预警等，这些任务都需要高精度的探测能力和实时的数据分析。微波雷达系统必须具备高灵敏度和强大的数据处理能力，以应对宇宙环境中的复杂条件。总体来说，微波雷达作为一种关键的探测工具，在宇宙空间中的卫星监测和跟踪任务中发挥着重要作用，为科学研究和空间任务提供必要的技术支持和数据保障。

4. 激光雷达探测方法

激光雷达在宇宙空间中被广泛应用于目标卫星的探测和跟踪任务，其独特的探测原理和精准的测量能力使其成为现代航天工程中不可或缺的技术手段。首先，激光雷达利用激光脉冲发射器向目标卫星发射短脉冲的激光束。这些激光束在空间中传播并与卫星表面相互作用，一部分激光束被卫星表面反射回激光雷达接收器。通过测量激光脉冲的发射时间和接收时间之间的差异，激光雷达能够精确计算出激光束从发射到返回的时间延迟，进而确定卫星的距离。这种时间差测量技术可提供极高的距离测量精度，适用于远距离的卫星探测任务。其次，激光雷达通过分析返回的激光束的强度和反射特性来获取卫星表面的精细结构和形状信息，抗干扰能力强、测量精度高，能检测目标多种特征参数。卫星表面的不同材料和结构会导致激光束的反射率和散射特性不同，这些反射信号经过处理可以生成高分辨率的三维点云图像，显示出卫星的轮廓和表面细节。这些图像数据对于卫星的结构分析、姿态评估以及对潜在损伤的检测具有重要意义。在技术上，激光雷达系统需要具备高功率的激光发射器、高灵敏度的接收器以及精密的时间测量装置，所以效费比高。其激光束的频率和波长选择通常取决于具体的任务需求，以确保在宇宙环境中能够稳定运行并获得准确的测量结果。此外，先进的数据处理算法用于处理大量的激光返回数据，实现图像重建、目标识别和运动分析等功能，从而提供详尽的卫星信息和状态评估。总体而言，激光雷达作为一种高精度的探测工具，在宇宙空间中为卫星技术和空间任务提供关键的支持和数据支持。其能够实现对卫星位置、形状和结构的精确测量，为工程师和科学家提供重要的决策依据和技术保障。随着激光雷达技术的不断进步和应用场景的扩展，它将继续在航天领域发挥重要作用，推动宇宙探索的深入与发展。

1.2.3 关键技术

1. 红外探测技术

由于红外探测技术具有隐蔽性高、可全天工作等优势，在空间目标探测中逐步占据重要的地位。红外探测系统拍摄的空间目标，一般情况下距离探测系统很远，在探测器阵列上只占据 1～4 个像元，且无明显特征，因此又称为空间点目标。红外相机在太空空间目标观测中能够提供高灵敏度的图像数据，支持天文学研究、航天任务执行和太空探索等多个方面的应用需求。

2. 可见光探测技术

可见光相机在太空空间目标观测中采用多种先进技术，以实现高效、精确的成像和监测任务。这些技术涵盖光学设计、探测器技术、信号处理和数据传输、控制和接口模块等方面。

在光学设计方面，可见光相机采用精密的镜头或反射镜系统，确保将来自太空目标的可见光准确聚焦在探测器上。这些光学元件经过优化设计，以提供高分辨率和良好的光学性能，支持对小型和远距离目标的清晰成像。

在探测器技术方面，可见光相机通常选择 CCD 或 CMOS 传感器作为光电转换元件。这些传感器能够快速且精确地将光信号转换为电信号，并具备较高的灵敏度和低噪声特性，以提供高质量的图像数据。

信号处理和数据传输是实现实时监测和精确目标识别的关键步骤。电子学部件，如前置放大器和模数转换器，负责处理从传感器输出的电信号，并将其转换为数字图像数据。数字信号处理器通过应用图像处理算法，如去噪、增强对比度和目标特征提取，优化图像质量和提高识别精度。

控制和接口模块在系统中起着协调和管理的作用。控制单元负责调节光学系统和电子学部件的运行，确保其在复杂太空环境中稳定工作。接口模块则负责与地面控制中心或其他设备进行通信和数据传输，以实现数据的实时传输和远程操作控制。

总体而言，可见光相机通过其先进的光学设计、高效的探测器技术、精密的信号处理和智能化的软件系统，成为太空空间目标观测中不可或缺的重要工具。其能够实现高分辨率的成像、实时的监测响应，并在复杂的太空环境中稳定运行，为科学研究、太空探索和安全监测等领域提供关键支持。

3. 微波雷达探测技术

微波雷达在太空空间目标观测中以其穿透能力和高分辨率成为太空目标探测的理想选择。在太空中，微波信号能够穿透大气层和云层，直接与目标物体表面进行相互作用。这种特性使得微波雷达能够在复杂的大气条件下，如各种高度和温度变化下，有效地探测和跟踪太空目标。

微波雷达对目标形态和结构高度敏感，通过分析微波信号与目标表面的交互反射，微波雷达能够提供详细的目标形状、尺寸和结构特征。这对于识别和分类各种类型的太空目标非常关键，包括航天器、太空垃圾、行星表面特征等。

微波雷达在太空观测中展现出的实时监测和追踪能力对于管理和安全至关重要。微波雷达系统能够快速采集和处理大量的数据，实时地跟踪太空目标的位置、轨道和运动状态。这种能力对于卫星轨道的监视、太空作业的协调以及太空碰撞的预警具有重要意义，有助于保障航天器的安全运行和轨道的清洁维护。

4. 激光雷达在太空空间目标观测中的具体应用技术

激光雷达在太空空间目标观测中具有广泛应用，其主要优势在于精确的距离测量和高分辨率的三维成像能力。通过发射短脉冲的激光束并测量其返回时间，激光雷达能够以亚厘米级别的精度测量星体、卫星或空间器的距离，为确定它们的轨道、位置和速度提供关键数据支持。此外，激光雷达还能生成精细的三维地图和目标表面模型，帮助科学家深入研究天体的地形特征和结构，从而支持太空探测任务的目标导航、着陆和科学研究。

1.3 典型天基数据类型

天基数据类型是通过卫星和其他天基平台获取的各种数据，这些数据类型的广泛应用，推动了多个领域的发展和创新。天基数据具有全球覆盖、持续观测和高分辨率等特点，因此在环境监测、资源管理、灾害预警、城市规划和国防安全等多个领域发挥着至关重要的作用。

1.3.1 数据类型

天基系统中的图像数据是指通过卫星遥感技术从太空获取的图像数据。根据传感器类型和获取方式，天基图像数据主要分为可见光图像、红外图像、合成孔径雷达图像和高光谱图像。以下将详细介绍这些图像数据的来源、特点和数据形式。

1. 可见光图像数据

可见光图像是通过捕捉光线反射和吸收的不同特性来生成的，如图1-8所示。当光线照射到物体上时，物体会反射部分光线并吸收部分光线。相机的传感器接收这些反射光线，并将其转换为电子信号。通过处理这些信号，可以生成一幅包含颜色和亮度信息的图像。可见光图像数据主要来自安装在卫星上的光学传感器，卫星通常位于低地球轨道，以提供高分辨率的地表图像。可见光图像数据通常以多光谱图像的形式存在，它们包含了多个波段的光谱信息。常见的波段包括蓝光(455～492nm)、绿光(492～577nm)和红光(622～780nm)。

图1-8 空间目标可见光仿真图像

这些波段的数据可以单独查看，也可以组合起来形成彩色图像。图像数据通常以栅格数据格式存储，每个像素对应一个地理位置，并包含该位置在不同光谱波段的反射值。

可见光图像数据的特点如下。

(1) 高空间分辨率：可见光图像数据的分辨率从几十米到亚米级别，取决于传感器的设计。这使得其能够捕捉到地表细节，如建筑物、道路和植被等。

(2) 多光谱信息：由于包含多个光谱波段，可见光图像数据能够提供丰富的地表信息。例如，通过比较不同波段的反射值，可以区分不同类型的植被、土壤和水体。

(3) 直观性强：可见光图像数据与人类肉眼看到的图像相似，因此直观且易于理解。这使得其在许多应用中广受欢迎，如地图制作、环境监测和城市规划等。

2. 红外图像数据

红外图像通过探测物体发出的红外辐射来生成图像，如图 1-9 所示。所有物体只要温度高于 0K，都会以红外线的形式辐射热能。红外成像设备通过探测这些辐射，并将其转换为可见的图像。红外图像数据主要通过安装在卫星上的红外传感器获取，这些传感器捕捉地球表面或大气中物体辐射的红外线。根据波长的不同，红外可以分为近红外(0.75～1.4μm)、短波红外(1.4～3μm)、中波红外(3～8μm)和长波红外(8～14μm)。红外图像数据通常以光谱图像或热图像的形式存在。光谱图像包括不同波长红外线的反射值或辐射强度，而热图像主要显示物体的温度分布。数据以栅格格式存储，每个像素包含该位置在特定红外波段的辐射值或温度值。

(a) 点目标红外图像数据

(b) 空间目标红外仿真图像数据

图 1-9 红外图像数据

红外图像数据的特点如下。

(1) 捕捉热辐射信息：红外图像数据能够捕捉物体的热辐射信息，这在监测温度变化、火灾探测等方面具有重要作用。

(2) 全天候工作：红外传感器不依赖太阳光，因此可以在夜间或低光照条件下工作。这使得红外图像数据在各种天气和光照条件下都能获取。

(3) 穿透性强：红外线能够穿透云层、烟雾和薄雾，使得红外图像数据在恶劣天气条件下仍能提供清晰的地表图像。

3. 合成孔径雷达图像数据

合成孔径雷达是一种主动式微波成像技术，通过发射和接收微波信号来生成高分辨率的图像，如图 1-10 所示。SAR 的基本工作原理是利用雷达天线沿着搭载平台飞行路径运动，通过多个天线位置接收回波信号，并通过后处理技术合成一个“虚拟”大口径天线，以提高空间分辨率。这一技术克服了传统雷达在空间分辨率上的限制，实现了高分辨率成像。天基合成孔径雷达图像数据来自安装在卫星上的 SAR 传感器，这些传感器通过向目标发送微波信号，并接收其反射回波来生成图像。SAR 图像数据以微波反射信号的强度和相位信息形式存在。数据通常以复数形式存储，每个像素包含强度值和相位值。通过处理这些数据，可以生成不同类型的图像，如强度图像、干涉图像和极化图像。

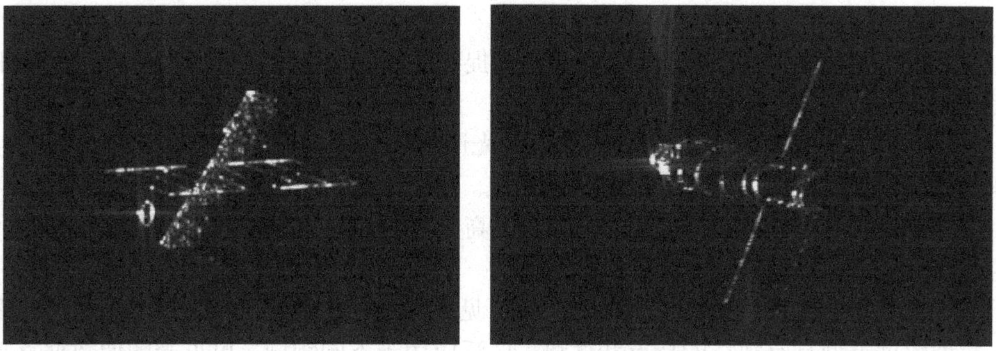

图 1-10 SAR 图像数据

合成孔径雷达图像数据的特点如下。

(1) 全天候、全天时工作：SAR 传感器使用微波进行成像，不受光照和天气条件的限制，能够在任何时间和任何天气条件下工作。

(2) 高分辨率：通过合成孔径技术，SAR 能够在较小的天线尺寸下实现高分辨率成像，提供详细的地表信息。

(3) 表面特征检测：SAR 对地表物质的粗糙度和电介质特性敏感，能够检测地表的细微变化，如地质形变和植被结构。

4. 高光谱图像数据

高光谱图像数据是一种通过捕捉物体在多个光谱波段上的信息来生成的图像数据，如图 1-11 所示。这种技术不仅可以捕捉到空间信息，还包括丰富的光谱信息，从而可以对物体进行详细的光谱分析。高光谱成像技术通过在不同波长上采集图像数据，从而生成包含丰富光谱信息的三维数据立方体(数据立方体的三个维度分别为空间的 X、Y 和光谱的 λ)。通过安装在卫星上的高光谱传感器获取高光谱图像数据。这些传感器能够捕捉从可见光到近红外范围内的数百个连续光谱波段的反射光谱信息。高光谱图像数据以光谱立方体的形式存在，每个立方体包含多个波段的光谱信息。每个像素对应一个地理位置，并包含该位置在不同光谱波段的反射值。数据通常以栅格格式存储，每个像素包含数百个波段的光谱数据。

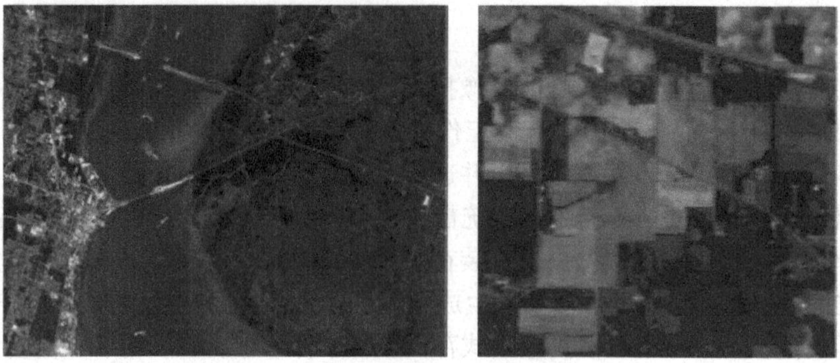

图 1-11　高光谱伪彩色数据

高光谱图像数据的特点如下。

(1) 高光谱分辨率：高光谱传感器能够捕捉到细微的光谱差异，有助于区分地表不同类型的物质，如矿物、植被和水体。

(2) 具有成分分析能力：通过分析物体的光谱特征，可以识别其化学成分和物理性质，如识别植物的健康状况、土壤类型和矿物组成。

(3) 数据量大：由于包含大量光谱波段，高光谱图像数据量较大，通常需要高效的数据存储和处理技术。

天基系统中的图像数据种类繁多，包括可见光、红外、合成孔径雷达和高光谱图像数据。每种数据类型具有独特的特点和优势，广泛应用于不同领域。可见光图像数据直观易懂，适用于土地覆盖分类、环境监测和农业管理。红外图像数据提供温度信息，适用于气象监测、火灾探测和工业监控。SAR 图像数据能够全天候、全天时工作，适用于地质灾害监测、农业监测和海冰监测。高光谱图像分辨率高，适用于农业管理、环境监测和矿产勘探。随着遥感技术的不断发展，天基系统中的图像数据类型和应用领域将不断扩展，进一步推动社会进步和科技创新。无论是科学研究、环境保护、资源管理还是安全监控，天基图像数据在未来都将发挥越来越重要的作用。

1.3.2　应用场景

不同的天基数据具有不同的特点，因此天基数据应用广泛，涵盖了从地球观测到环境监测、农业应用、灾害管理、城市规划、气象预报、军事和国防、海洋和极地观测等众多领域。以下是对这些领域中天基数据应用的详细概述。

1. 环境监测

森林监测：卫星遥感数据在全球森林监测中发挥着关键作用，尤其是在评估森林砍伐和森林火灾影响方面。例如，通过光学卫星和雷达卫星获取的数据，科学家可以精确追踪森林火灾的范围和严重程度。这些数据有助于分析火灾后的生态恢复情况以及制定相应的森林保护政策。雷达卫星，如合成孔径雷达，其信号能够穿透云层和植被，在全天候条件下提供高精度的地表信息，进一步提高森林监测的效率和准确性。

水资源管理：水资源是一个国家发展的重要基础，通过天基数据，水资源管理者可以监测河流、湖泊和地下水的变化，识别水资源短缺和污染源。高分辨率遥感图像能够帮助制定更有效的水资源调度和保护策略。例如，利用卫星影像可以识别干旱区域，评估水库水量，监测水质变化等。

空气质量监测：天基数据在空气质量监测方面具有独特的优势。卫星可以监测大气中的污染物，如二氧化氮、臭氧和细颗粒物，并提供全球范围内的空气质量数据。这些数据有助于相关机构研究污染源、污染物扩散路径和受影响区域，从而制定改善空气质量的政策和措施。

2. 农业应用

作物监测与预测：通过天基数据，农业领域的工作变得更加高效和精准。卫星遥感数据可以用于监测作物生长状况、预测收成和评估农作物健康。例如，高光谱和多光谱影像可以提供关于植被健康的详细信息，帮助农民及时采取措施应对病虫害，优化农业生产。

精准农业：利用卫星数据来提高农业生产的效率和质量。通过卫星影像，农民可以获取关于土壤湿度、养分分布和植被指数的信息，从而进行精准施肥、灌溉和病虫害防治。这种方法不仅提高了农作物的产量和质量，还减少了化肥和农药的使用，对环境保护具有重要意义。

3. 灾害管理

地震与地质灾害监测：合成孔径雷达数据在地震和地质灾害监测中具有重要应用。SAR 数据可以用于监测地震前后的地表形变，评估地震的影响，并预测潜在的地质灾害区域。例如，通过对比震前和震后的卫星影像，可以快速评估地震的破坏程度，帮助制定救援和恢复计划。

洪水监测与预警：洪水是全球频发的自然灾害之一，通过卫星遥感技术可以实时监测洪水发生的范围和动态变化。卫星数据能够提供洪水预警信息，帮助制定应急响应和救援措施，减少洪水灾害的影响。例如，使用雷达卫星可以在云层覆盖的情况下监测洪水，而光学卫星则可以提供高分辨率的洪水影像。

4. 城市规划

城市扩展与土地利用监测：天基数据在城市规划中的应用非常广泛。通过高分辨率卫星影像，城市规划者可以监测城市扩展和土地利用变化，识别城市化进程中的问题，如城市蔓延、土地利用不合理等。这些数据有助于制定科学合理的城市发展规划，优化城市空间布局。在快速城市化的过程中，许多城市面临土地资源紧张的问题。通过卫星数据，政府可以监测城市扩展的速度和方向，合理规划城市的发展，避免土地资源的浪费和城市蔓延的问题。

基础设施监测：卫星数据还可以用于监测城市基础设施的建设和维护，如道路、桥梁和建筑物的状况。通过定期监测，可以及时发现并解决基础设施中的潜在问题，确保城市运行的安全和效率。例如，利用 SAR 数据可以监测地面沉降情况，从而防止桥梁和建筑物的结构性损坏。

5. 气象预报

天气监测与预报：气象卫星可提供关于大气温度、湿度、风速和云层分布等的数据，广泛应用于天气监测和预报。通过实时的气象数据，气象学家可以准确预报天气变化，帮助公众做好应对极端天气的准备。例如，使用气象卫星数据可以预测台风路径、降雨量和温度变化，提供及时的预警信息。

气候变化研究：卫星遥感数据在气候变化研究中发挥着重要作用。科学家可以利用长时间序列的卫星数据，研究气候变化对全球气温、降水和冰川融化的影响，评估气候变化的趋势和潜在影响。例如，通过监测极地冰盖和冰川的变化，科学家可以评估气候变暖对海平面上升的影响。

6. 军事和国防

军事侦察与监视：天基遥感技术在军事侦察和监视任务中具有重要应用。通过高分辨率的光学和雷达卫星图像，军事机构可以监控敌对势力的活动、部署军事设施和评估战场环境。这些数据有助于制订军事行动计划，提高军事行动的精准性和有效性。

导航与定位：全球导航卫星系统，如全球定位系统和北斗卫星导航系统，为军事行动提供精确的定位和导航服务。通过卫星导航，军事指挥官可以精确定位部队和装备，确保军事行动取得有效协调和成功。在现代战争中，精确定位和导航是取得胜利的关键。通过卫星导航，部队可以在复杂地形中快速移动，确保作战任务的顺利完成。

7. 海洋和极地观测

海洋观测：卫星遥感技术在海洋观测中具有广泛应用。卫星可以监测海洋表面温度、海冰覆盖、海洋污染和海洋生物资源。例如，利用海洋观测卫星，可以实时监测海洋污染事件，如石油泄漏，并评估其影响范围和严重程度。

极地研究：天基数据在极地研究中发挥了重要作用。由于极地地区的环境条件恶劣，传统的地面观测方法难以实施，卫星遥感成为研究极地环境变化的主要手段。例如，通过监测极地冰盖和冰山的变化，科学家可以研究气候变化对极地生态系统的影响，为极地环境保护提供科学依据。

综上所述，天基数据在多个领域的广泛应用，不仅提高了各行业的工作效率和精确度，还为科学研究和决策制定提供了重要支持。随着遥感技术的不断发展，天基数据的应用前景将更加广阔和多样化，进一步推动各个领域的发展和进步。

1.4 应用领域

随着人类对太空探索和利用的深入，空间环境变得愈发复杂，多种多样的天基目标探测与感知需求也不断涌现。这些技术不仅对保障太空活动的安全性和有效性至关重要，还在国家安全、科学研究和商业应用等方面具有重要意义。本节将概述天基空间目标探测与感知的现实应用场景。

1.4.1 空间碎片规避

随着人类航天活动的不断增加，地球轨道上遗留了大量的空间碎片，如图 1-12 所示。这些碎片包括废弃的卫星、火箭第三级残骸以及其他小型碎片，数量庞大且分布广泛。据统计，直径大于 10cm 的空间碎片数量已超过 2 万块，这些碎片对在轨航天器构成了严重威胁。

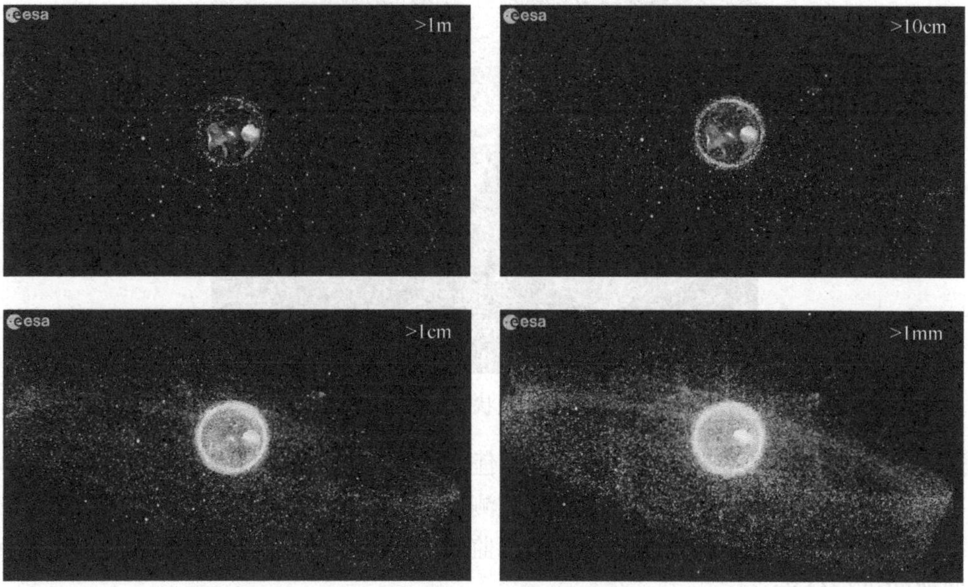

图 1-12 空间碎片数量及分布

为了保障航天器的安全运行，必须对空间碎片进行有效的探测与感知。目前，主要采用地基雷达和光学望远镜对空间碎片进行监测，但这些手段在探测精度和覆盖范围上存在局限性。天基探测系统则可以提供更为精确和及时的空间碎片信息。利用天基雷达、红外传感器等设备，能够实现对空间碎片的全天时、全天候监测，并通过数据处理与分析，预测碎片的轨道变化，为航天器规避碎片提供依据。当探测系统发现可能与航天器发生碰撞的空间碎片时，地面控制中心会根据预警信息制定规避策略。常见的规避方法是改变航天器的轨道高度或方向，使其避开碎片轨道。天基探测系统的高精度数据可以显著提高规避策略的准确性和及时性，从而有效降低碰撞风险。

天基探测系统的发展和应用大大增强了空间碎片规避的能力。例如，美国的空间监视网与欧洲的空间监视和跟踪计划都在利用天基探测设备对空间碎片进行实时监控。这些系统不仅可以提供精确的碎片位置和轨迹数据，还能够预测未来可能发生的碰撞事件，从而提前采取规避措施。

1.4.2 空间航天器状态监测

在轨航天器由于长期暴露在太空环境中，可能会面临各种故障和损坏，如太阳能电池板老化、姿态控制系统失效等。为了确保航天器的正常运行和延长其使用寿命，对在轨航天器进行状态监测和维护成为一种重要需求。卫星状态监测和维护如图 1-13 所示。天基状态监测技术主要依靠各类传感器和成像设备，这些设备可以实时监测航天器的健康状况和工作状态。利用红外成像、可见光成像、激光雷达等技术，可以获取航天器的表面温度、姿态变化、结构完整性等信息。此外，通过数据分析和处理技术，可以及时发现潜在的问题并进行预警。

图 1-13　卫星状态监测及维修

近年来，已有多次成功的在轨状态监测任务。例如，国际空间站利用各类传感器和机器人手臂对其结构和设备进行定期检查和监测，确保其长期运行的安全性和可靠性。此外，一些高价值的商业卫星也开始配备自主状态监测系统，通过天基传感器实时获取运行状态并传回地面进行分析。

1.4.3　非合作目标监视

非合作目标通常指那些未与监视方进行合作或无法获得其主动信息的航天器或空间物体。这些目标可能包括他国的军事卫星、商业卫星或废弃的空间设备。非合作目标监视对国家安全、太空态势感知等具有重要意义。对非合作目标的监视主要依靠高分辨率成像技术和多光谱传感器。利用天基光学望远镜、合成孔径雷达等设备，可以在不接触目标的情况下获取其外观、轨道、姿态等信息。此外，利用信号侦测技术还可以捕捉目标的通信和控制信号，从而推测其功能和状态。

在军事应用方面，天基监视技术被广泛用于监控他国的军事卫星活动。例如，利用高分辨率成像技术，可以识别和跟踪他国的间谍卫星，了解其轨道变化和任务情况，为进一步的军事行动提供情报支持。天基监视技术的应用极大地增强了对非合作目标的监视能力。例如，美国的“地平线计划”通过部署在地球静止轨道上的监视卫星，对广泛的空间区域进行实时监控，获取详细的目标信息。这些信息对制定太空安全策略和防范潜在威胁具有重要作用。

1.4.4　其他应用场景

1. 太空科学研究

天基空间目标探测与感知技术在太空科学研究中也发挥着重要作用。例如，通过对小行星、彗星等天体的探测，可以获取其组成、结构和轨道等信息，为研究太阳系的起源和演化提供数据支持。此外，利用天基望远镜对遥远星系和恒星进行观测，可以深入了解宇宙的结构和演化。

2. 空间资源利用

未来，人类将逐步迈向利用月球、火星等天体资源的阶段，天基探测技术在空间资源利用中的应用前景广阔。天基探测技术可以对这些天体的表面和地下资源进行详细勘探，为资源开发提供科学依据。例如，通过高光谱成像技术可以识别矿物成分，通过雷达探测技术可以了解地下结构和水冰分布。

3. 全球环境监测

天基探测技术在全球环境监测方面也有重要应用。例如，通过天基遥感卫星，可以监测全球气候变化、自然灾害、森林火灾等环境问题。利用高分辨率成像和多光谱数据，可以获取详细的地表和大气信息，为环境保护和灾害预防提供科学依据。

天基空间目标探测与感知技术在多个领域展现出巨大的应用潜力和重要价值。从保障航天器安全的空间碎片规避，到提高在轨航天器使用寿命的状态监测，再到增强国家安全的非合作目标监视，这些技术不仅提升了人类对太空的利用效率，也为未来的太空探索和开发奠定了坚实基础。随着技术的不断进步和应用场景的扩展，天基空间目标探测与感知将继续在推动太空事业发展中发挥关键作用。

本 章 小 结

本章介绍了天基空间目标探测与感知系统的发展与应用。天基空间目标探测与感知系统利用雷达、光电等多种传感器技术，实现对空间目标的全面监测与分析。在军事领域，这些系统是国防安全的基石，用于敌我态势感知和导弹预警，确保国家安全。在民用方面，它们支持气象预报、海洋和极地观测和灾害管理，通过实时获取空间数据帮助减少自然灾害带来的损失。此外，天基系统在资源管理中发挥关键作用，如农业应用和城市规划，通过高分辨率遥感图像提供精准的空间信息支持。在科学研究方面，这些系统为地球科学和气候变化研究提供宝贵数据，推动科学技术创新和发展，为我国空间态势感知和太空安全提供技术支持和保障。

1. 国内外天基空间目标探测与感知发展

天基空间目标探测与感知技术是现代航天领域的关键部分，实现对地球轨道及其周围空间的全面监测与管理。随着全球空间活动的增加和技术的进步，国内外在天基空间目标探测与感知方面取得了显著进展。

在国外，美国是天基空间目标探测技术的领导者之一。美国的空间监视网络是世界上最早建立的空间目标跟踪系统之一，通过地面和空间的多种传感器来监视和识别近地轨道中的卫星和太空碎片。此外，美国还通过先进的光学和雷达技术，实现了对不同轨道高度和速度的空间目标的精确探测与跟踪，为空间安全提供了重要支持。天基空间目标探测与感知的发展离不开先进的探测技术和数据处理能力。国际上，光学观测和雷达技术是主要手段之一。光学观测技术通过地面和空间望远镜，可以实现对地球轨道上目标的高分辨率成像与追踪；而雷达技术则能在复杂天气条件下实现全天候探测，对空间目标进行高精度定位和速度测量。

在国内，中国积极推动天基空间目标探测技术的发展。中国国家航天局与中国科学院等单位合作，建立了一系列天基探测系统，如长征系列火箭搭载的探测卫星和空间实验室。这些系统不仅应用于科学研究和资源探测中，还广泛应用于空间安全监测和导航服务。中国在天基空间目标探测技术方面也取得了显著进展。中国的探测卫星系统不断完善，能够通过多种传感器获取地球轨道及其周围空间的多源数据，为国家的资源管理、环境监测和国防安全提供支持。此外，中国还在推动探测技术与数据处理能力的结合，加强对空间目标的高效管理和利用。

综上所述，国内外在天基空间目标探测与感知领域的发展表明，探测技术的不断进步和应用领域的拓展将进一步促进航天活动的安全与可持续发展。随着技术的发展和国际合作的加强，未来天基空间目标探测与感知技术有望为全球空间治理和安全提供更加稳定和可靠的支持。

2. 典型天基传感器

目前，空间目标检测系统中主要采用的探测技术包括红外传感器、可见光传感器、微波传感器和激光雷达。红外传感器的优点是能够在夜间或低光照条件下工作，且对温度敏感，能够探测到热目标，但其缺点是对大气条件要求较高，雾、霾等会降低探测精度，且容易受到太阳光和人工光源的干扰。可见光传感器的优势在于能够提供直观的图像信息，便于对目标进行视觉识别，但其缺点是依赖自然光照，夜间或恶劣天气条件下性能受限。微波传感器的优点是具有高精度和高灵敏度，能够全天候工作，不受光照和恶劣天气影响；但其缺点是成本较高、能耗较大，且安装调试较为复杂。激光雷达则具有超高分辨率和三维成像能力，能够精确测量距离和速度，且不受光照条件影响；但其缺点是成本高昂，极端天气下性能会下降，且数据处理量大。这些技术为实现高效、精准的空间目标探测提供了多元化的技术手段，它们相互补充，满足了不同场景下的探测需求。

3. 典型天基数据类型

天基空间目标探测与感知是指，在空间环境中的天基卫星上利用多种探测器去获取空间目标的运动与属性信息，并对空间目标进行探测、跟踪和识别，最终了解、掌握和预判各目标出现的机动事件和状态变化。天基空间目标探测与感知的核心任务包括目标探测、目标识别、目标跟踪和威胁评估。目标探测涉及发现并定位地球轨道上的空间目标，目标识别是确定目标的类型、性质和状态，目标跟踪则是持续监测目标的运动轨迹和动态行为，威胁评估则是评估潜在威胁并制定防范措施。建设天基空间目标探测与感知系统的目标主要包括全覆盖监测、高精度识别、实时跟踪、综合评估和自主运行。全覆盖监测是实现对近地轨道、中低轨道和地球同步轨道的全面覆盖，确保所有潜在威胁目标都能被及时探测到；高精度识别通过先进的成像和数据处理技术提高目标识别的准确性和可靠性，能够区分不同类型的空间目标；实时跟踪是实现目标的实时监测和跟踪，提供持续的态势感知信息，支持空间交通管理和防碰撞预警；综合评估则结合多源数据对空间目标进行综合评估和威胁分析，为决策提供可靠依据；自主运行则是提高系统的自主性和智能化水平，减少对地面控制的依赖，增强系统的应急响应能力。天基空间目标探测与感知系统需要具备的主要技术功能包括探测与成像、数据处理与分析。天基空间目标探测与感知系统包括光学成像、雷达成像、红外成像和激光雷达技术，能全天候、高精度地获取目标信息。数据处理与分析通过机器学习和多传感器数据融合实现目标识别、轨道计算、威胁评估和预警。

天基空间目标探测与感知技术在确保空间资产安全和空间活动秩序方面具有重要意义。通过不断的技术创新和发展，未来的天基空间目标探测与感知系统将能够提供更加全面、准确和及时的空间态势感知信息，为我国空间安全和态势感知能力做出重要贡献。

4. *应用方式*

天基空间目标探测与感知技术的广泛应用涵盖了多个关键领域，从军事防御到商业运营，以及科学研究和国际合作。这些技术的应用不仅提升了对空间环境的管理和安全保障能力，还推动了科技创新的发展。首先，天基空间目标探测与感知在空间交通管理中发挥着重要作用。随着航天活动的增加，地球轨道上的空间碎片问题日益严重。天基探测系统能够通过高精度的监测和轨道计算技术，及时发现和跟踪这些碎片，预测可能的碰撞风险，并提供必要的预警信息，帮助避免卫星和航天器的损坏和损失。此外，天基技术也能够监控和管理商业和民用卫星的轨道位置，确保它们在复杂的轨道环境中安全运行，稳定提供通信、导航和地球观测服务。此外，天基空间目标探测与感知技术能够持续监测卫星状态和环境变化，及时发现和解决卫星运行中的问题，延长卫星的寿命和效益。在国家安全和防御方面，天基空间目标探测与感知技术被广泛应用于监测和分析潜在的敌对卫星活动。通过实时的目标识别和轨道预测，这些系统能够提供及时的情报支持，帮助军事部门制定有效的国防战略和应对措施，保护国家安全和主权。

天基空间目标探测与感知技术在军事、商用和民用领域都有广泛的应用场景，极大地保障了我国的安全与利益。这些应用不仅提升了我国对空间环境的管理能力，还推动了科技创新，为我国在太空领域的持续发展提供了坚实的技术支持和保障。

习 题

1. 目前空间目标检测系统主要采用的传感器包括＿＿＿＿＿＿＿＿。
2. 红外传感器采集信号波长范围为＿＿＿＿＿＿＿＿。
3. 数模转换器的功能为＿＿＿＿＿＿＿＿。
4. 可见光传感器主要分为哪两类?

5. 红外传感器有哪些优势?
6. 可见光传感器有哪些优势?
7. 微波雷达有哪些优势?
8. 简述激光雷达传感器的基本原理。
9. 激光雷达有哪些优势?

第 2 章 天基影像成像和压缩

2.1 航天轨道动力学基础

1. 轨道运动

航天动力学研究的运动包括航天器的质心运动，也称轨道运动，以天体力学中的轨道摄动理论(见航天器轨道摄动)为基础，用于在已知航天器所受的力的情况下确定航天器轨道运动的问题。轨道理论是轨道设计、轨道测定的基础。

轨道摄动理论中将航天器实际运动的轨道分成两部分。其中，一部分是已经完全解出的简化理论轨道。它与精确理论轨道十分接近。简化理论轨道一般取符合二体问题运动规律的开普勒轨道。另一部分是精确理论轨道与简化理论轨道的差，称为轨道摄动。轨道摄动是一个小量，只要解算出轨道摄动，就能精确求出航天器的轨道运动。

与天体力学中的情况相似，求解轨道摄动的方法也有两类：一类是数值计算方法，天体力学称为特别摄动法；另一类是分析方法，解出近似解析解，天体力学称为普遍摄动法。研究轨道摄动的另一个目的是通过与实测轨道的对比，研究分析轨道摄动的起因，为天体引力场、天体形状、天体周围气体层等研究提供信息。除了轨道摄动法外，直接用航天器的运动方程进行数值积分，也可得到精确的数值结果。降落轨道段轨道研究的重点是航天器在大气层内的高速运动。在制动推力和空气动力作用下，航天器的初始方位、速度方向、重量、外形和姿态运动规律决定了它的降落方式。它可能以弹道、滑翔或跳跃等方式降落在天体表面。

从基础的二体问题开始介绍。二体问题研究的对象是两个可以看成质点的物体，质量分别为 m_1、m_2，位置矢量分别为 $\boldsymbol{r}_1$、$\boldsymbol{r}_2$，它们之间的相互作用势 $V(\boldsymbol{r})=V(|\boldsymbol{r}_1-\boldsymbol{r}_2|)$，也就是说，相互作用势只和两者的距离有关。

用分析力学的方法来解决二体问题。设 $\boldsymbol{r}_c$ 为质心位置，设 $\boldsymbol{r}$ 为它们的相对位置，那么有式(2-1)。

$$\begin{cases} \boldsymbol{r}_c = \dfrac{m_1\boldsymbol{r}_1 + m_2\boldsymbol{r}_2}{m_1 + m_2} \\ \boldsymbol{r} = \boldsymbol{r}_2 - \boldsymbol{r}_1 \end{cases} \tag{2-1}$$

那么体系的动能为质心动能加上系统相对于质心参考系的动能。

$$\begin{aligned} T &= \frac{1}{2}m_1\boldsymbol{r}_1^2 + \frac{1}{2}m_2\boldsymbol{r}_2^2 \\ &= \frac{1}{2}(m_1+m_2)\boldsymbol{r}_c^2 + \frac{1}{2}\frac{m_1m_2}{m_1+m_2}\boldsymbol{r}^2 \\ &= \frac{1}{2}M\boldsymbol{r}_c^2 + \frac{1}{2}\mu\boldsymbol{r}^2 \end{aligned} \tag{2-2}$$

其中，M 为体系的总质量；μ 称作约化质量。

$$\begin{cases} M = m_1 + m_2 \\ \mu = \dfrac{m_1m_2}{m_1+m_2} \end{cases} \tag{2-3}$$

在无外界影响的情况下，$\boldsymbol{r}_c$=0。系统的势能为 $V(\boldsymbol{r})$。因此拉格朗日量为 $L=T(\boldsymbol{r})-V(\boldsymbol{r})$。两个物体一定在同一个平面内做运动，设 $\boldsymbol{r}$ 在该平面内转过的角度为ϕ，设$|\boldsymbol{r}|=\rho$。取广义坐标 ρ、ϕ，则有

$$T = \frac{1}{2}\mu\boldsymbol{r}^2 = \frac{1}{2}\mu\rho^2 + \frac{1}{2}\mu\rho^2\phi^2 \tag{2-4}$$

体系的拉格朗日量和哈密顿量为

$$\begin{aligned} L &= \frac{1}{2}\mu\rho^2 + \frac{1}{2}\mu\rho^2\phi^2 - V(\rho) \\ H &= T + V = \frac{1}{2}\mu\rho^2 + \frac{1}{2}\mu\rho^2\phi^2 + V(\rho) \end{aligned} \tag{2-5}$$

因此可以列出拉格朗日方程：

$$\begin{aligned} &\frac{\mathrm{d}}{\mathrm{d}t}\frac{\partial L}{\partial \rho} = \frac{\partial L}{\partial \rho} \\ &\Rightarrow \mu\rho - \mu\rho\phi^2 + \frac{\mathrm{d}V}{\mathrm{d}\rho} = 0 \end{aligned} \tag{2-6}$$

$$\begin{aligned} &\frac{\mathrm{d}}{\mathrm{d}t}\frac{\partial L}{\partial \phi} = \frac{\partial L}{\partial \phi} \\ &\Rightarrow \frac{\mathrm{d}p_\phi}{\mathrm{d}t} = \frac{\mathrm{d}}{\mathrm{d}t}(\mu\rho^2\phi) = 0 \\ &\Rightarrow p_\phi = \frac{\partial L}{\partial \phi} = \mu\rho^2\phi = \mathrm{const} = J \end{aligned} \tag{2-7}$$

式(2-6)与式(2-7)联立就可以得到二体问题的运动方程(两个方程和两个初始条件，就可以求解两个广义坐标的变化)，或者也可以简化方程组，将其中一个替换为能量守恒方程，联立得

$$\begin{cases}\frac{1}{2}\mu\left(\rho^2+\rho^2\phi^2\right)+V(\rho)=E\\ \mu\rho^2\phi=J\end{cases}\tag{2-8}$$
$$\Rightarrow\frac{1}{2}\mu\rho^2=E-V(\rho)-\frac{J^2}{2\mu\rho^2}=E-V_{\text{eff}}(\rho)$$

$V_{\text{eff}}(\rho)=V(\rho)+\dfrac{J^2}{2\mu\rho^2}$ 为有效势能。从有效势能与能量 E 的大小关系，可以判断体系处于束缚态还是散射态。

从运动方程(2-8)可以求解出 ρ 关于 t 的函数；然而具体要解出轨道形状，还需要知道 ϕ 关于 t 的函数，这就又需要借助角动量守恒方程。为了快速求出轨道形状，通常令 $u=1/\rho$ 并进行简化。

注意到 $u=-\rho/\rho^2=\mu\phi\rho/J$ ，所以 $\dfrac{\mathrm{d}u}{\mathrm{d}\phi}=u/\phi=\mu\rho/J$ ，式(2-8)可以改写为 u 与 ϕ 的方程：

$$\begin{aligned}\frac{J^2}{2\mu}\left(\frac{\mathrm{d}u}{\mathrm{d}\phi}\right)^2&=E-V(1/u)-\frac{J^2}{2\mu}u^2\\ \left(\frac{\mathrm{d}u}{\mathrm{d}\phi}\right)^2&=\frac{2\mu}{J^2}\left(E-V(1/u)\right)-u^2\end{aligned}\tag{2-9}$$

或将式(2-9)两侧对 ϕ 求导，得到二阶运动方程：

$$\begin{aligned}&\frac{\mathrm{d}^2u}{\mathrm{d}\phi^2}\frac{\mathrm{d}u}{\mathrm{d}\phi}+\frac{\mathrm{d}u}{\mathrm{d}\phi}u=\frac{\mu}{J^2}\frac{-\mathrm{d}V\left(1/u\right)}{\mathrm{d}\left(1/u\right)}\frac{\mathrm{d}\left(1/u\right)}{\mathrm{d}u}\frac{\mathrm{d}u}{\mathrm{d}\phi}\\ &\Rightarrow\frac{\mathrm{d}^2u}{\mathrm{d}\phi^2}+u=-\frac{\mu}{J^2u^2}F(1/u)\end{aligned}\tag{2-10}$$

式(2-9)与式(2-10)称为比内公式(Binet formula)。

2. *姿态运动*

航天器相对于自身质心的运动和各部分的相对运动，称为姿态运动。在研究航天器姿态运动时，航天器便不再看成是质点。航天器姿态运动可以分为整体绕质心的运动和航天器部件之间的相对运动。

姿态运动学研究如何描述姿态。它从坐标系开始研究，将物体相对自然空间的位置方向抽象为物体坐标系与自然坐标系之间的关系，并用方向余弦矩阵表示出来。方向余弦矩阵是姿态运动学的核心。物体旋转的基本描述以及更多方便计算的表示方法均由方向余弦矩阵导出。

更多方便计算的姿态表示方法包括欧拉角、主旋转矢量、欧拉四元数、吉布斯矢量、经典罗德里格斯参数和修正罗德里格斯参数等。它们统称为“姿态参量”，且各有优缺点。其中，许多表示方法最大的缺点是无法表示特定方位，即奇点问题。

欧拉角和欧拉四元数是在工程中最常使用的姿态参量。欧拉角一共有 12 种变化，而常用的是欧拉角序列 3-2-1(Euler angle sequence 3-2-1)和欧拉角序列 3-1-3。前者衍生出了偏航角、俯仰角和滚转角，后者则用于轨道力学中的轨道六根数与位置速度的转换。

欧拉角序列 3-2-1 属于 12 种欧拉角序列，且是常用的序列之一。它的方向余弦矩阵的表达式为

$$\boldsymbol{C}(\theta_1,\theta_2,\theta_3)=\boldsymbol{C}_1(\theta_3)\boldsymbol{C}_2(\theta_2)\boldsymbol{C}_3(\theta_1) \tag{2-11}$$

最终可得

$$\begin{aligned}&\boldsymbol{C}(\theta_1,\theta_2,\theta_3)\\&=\begin{bmatrix}\cos\theta_2\cos\theta_1 & \cos\theta_2\sin\theta_1 & -\sin\theta_2\\ \sin\theta_3\sin\theta_2\cos\theta_1-\cos\theta_3\sin\theta_1 & \sin\theta_3\sin\theta_2\sin\theta_1+\cos\theta_3\cos\theta_1 & \sin\theta_3\cos\theta_2\\ \cos\theta_3\sin\theta_2\cos\theta_1+\sin\theta_3\sin\theta_1 & \cos\theta_3\sin\theta_2\sin\theta_1-\sin\theta_3\cos\theta_1 & \cos\theta_3\cos\theta_2\end{bmatrix}\end{aligned} \tag{2-12}$$

由展开式可知，当 $\theta_2=\pi/2+n\pi, n\in\mathbf{Z}$ 时，θ_1 与 θ_3 不能唯一确定。该序列在此时出现奇点。该序列中($\theta_1, \theta_2, \theta_3$)又称为偏航角 $\varPsi$、俯仰角 θ、滚转角 φ。该序列也称为偏航-俯仰-滚动(yaw-pitch-roll)序列。

姿态参量间的转换可用方向余弦矩阵串联，有些也可用凯莱变换进行快速计算。

通过微分方程，姿态参量与角速度被连接起来。角速度在姿态动力学中也扮演了重要角色。

微课

2.2 相机模型

相机成像的过程实际上是将真实的三维空间中的三维点映射到成像平面(二维空间)上的过程，这个映射过程可以使用一个几何模型来描述，这个几何模型就是相机模型。

2.2.1 相机成像模型

1. 小孔成像模型

1) 坐标变换

首先需要了解如何使用数学工具来表示物体在坐标系中位姿(位置+姿态)的变换。在线性代数中，我们学习过矩阵与向量的乘法，其本质是对向量进行变换，如下述的旋转过程，向量 $\boldsymbol{v}$ 变换到向量 $\boldsymbol{v}'$，可以用矩阵来表示：

$$\begin{bmatrix}x'\\y'\end{bmatrix}=\begin{bmatrix}\cos\theta & -\sin\theta\\ \sin\theta & \cos\theta\end{bmatrix}*\begin{bmatrix}x\\y\end{bmatrix} \tag{2-13}$$

而平移则可以表示为

$$\begin{bmatrix}x'\\y'\end{bmatrix}=\begin{bmatrix}x\\y\end{bmatrix}+\begin{bmatrix}t_x\\t_y\end{bmatrix} \tag{2-14}$$

旋转和平移同时存在可以表示为

$$\begin{bmatrix} x' \\ y' \end{bmatrix} = \begin{bmatrix} \cos\theta & -\sin\theta \\ \sin\theta & \cos\theta \end{bmatrix} * \begin{bmatrix} x \\ y \end{bmatrix} + \begin{bmatrix} t_x \\ t_y \end{bmatrix} \tag{2-15}$$

整理后可得

$$\boldsymbol{v}' = \begin{bmatrix} \boldsymbol{R} & \boldsymbol{t} \\ 0 & 1 \end{bmatrix} * \boldsymbol{v} \tag{2-16}$$

为了再继续统一成一个整体的变换，可以使用齐次的表达式来表示，定义相机坐标系中向量 $\boldsymbol{X}_c$ 和世界坐标系中向量 $\boldsymbol{X}_w$，令

$$\boldsymbol{X}_c = \begin{bmatrix} x_c \\ y_c \\ z_c \end{bmatrix}, \quad \boldsymbol{X}_w = \begin{bmatrix} x_w \\ y_w \\ z_w \end{bmatrix} \tag{2-17}$$

$$\begin{bmatrix} \boldsymbol{X}_w \\ 1 \end{bmatrix} = \begin{bmatrix} \boldsymbol{R}^{\mathrm{T}} & -\boldsymbol{R}^{\mathrm{T}}\boldsymbol{t} \\ 0 & 1 \end{bmatrix} \begin{bmatrix} \boldsymbol{X}_c \\ 1 \end{bmatrix} \tag{2-18}$$

2) 从世界坐标系到相机坐标系

理解了坐标系内的变换，便可以使用数学工具来描述世界坐标系下的物体，在相机坐标系下的位置，本质上就是一个坐标系的变换：

$$\boldsymbol{X}_c = \begin{bmatrix} x_c \\ y_c \\ z_c \end{bmatrix}, \quad \boldsymbol{X}_w = \begin{bmatrix} x_w \\ y_w \\ z_w \end{bmatrix} \tag{2-19}$$

$$\boldsymbol{X}_c = \boldsymbol{R}\boldsymbol{X}_w + \boldsymbol{t} \tag{2-20}$$

$$\begin{bmatrix} \boldsymbol{X}_c \\ 1 \end{bmatrix} = \begin{bmatrix} \boldsymbol{R} & \boldsymbol{t} \\ 0 & 1 \end{bmatrix} \begin{bmatrix} \boldsymbol{X}_w \\ 1 \end{bmatrix} \tag{2-21}$$

而旋转矩阵是正交矩阵，矩阵的逆等于矩阵的转置，因此上述逆变换可以表示为

$$\boldsymbol{X}_w = \boldsymbol{R}^{\mathrm{T}}\boldsymbol{X}_c - \boldsymbol{R}^{\mathrm{T}}\boldsymbol{t} \tag{2-22}$$

$$\begin{bmatrix} \boldsymbol{X}_w \\ 1 \end{bmatrix} = \begin{bmatrix} \boldsymbol{R}^{\mathrm{T}} & -\boldsymbol{R}^{\mathrm{T}}\boldsymbol{t} \\ 0 & 1 \end{bmatrix} \begin{bmatrix} \boldsymbol{X}_c \\ 1 \end{bmatrix} \tag{2-23}$$

根据坐标系的转换关系，也可以直接得到相机中心在世界坐标系中的位置：

$$\boldsymbol{O}_c^w = \boldsymbol{R}^{\mathrm{T}}\boldsymbol{O}_c^c - \boldsymbol{R}^{\mathrm{T}}\boldsymbol{t} = -\boldsymbol{R}^{\mathrm{T}}\boldsymbol{t} \tag{2-24}$$

3) 成像模型

相机可以抽象为最简单的物理模型：一个小孔和一个成像平面。小孔位于成像平面和真实的三维场景之间，任何来自真实世界的光只有通过小孔才能到达成像平面。因此，在成像平面和通过小孔看到的真实三维场景存在着一种对应关系，也就是图像中的二维像点和真实三维世界的三维点存在某种变换关系。找到了这种变换关系，就可以利用图像中的二维点信息来恢复场景的三维信息。

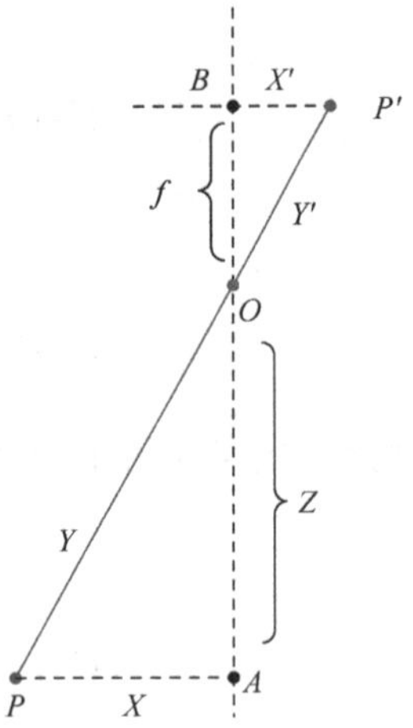

图 2-1 小孔成像模型

日常生活中接触到的相机大部分是按照针孔相机模型来设计的，镜头组实现针孔的作用，让光照射到 CMOS 上，汇聚了更多光的同时，也由于工艺的原因带来了畸变。在不考虑畸变或者恢复畸变的前提下，可以用下述小孔成像模型来模拟拍摄物体、镜头、CMOS 上的像的关系。

如图 2-1 所示，物体在 A 点，Z 为物距，BP'为像平面，X 为水平方向上的距离，Y 为竖直方向上的距离，该图为水平方向截面图，并将符号皆表示为正，图中各项之间的关系如式(2-25)和式(2-26)所示。

$$\frac{Z}{f}=\frac{X}{X'}=\frac{Y}{Y'} \tag{2-25}$$

$$X'=f\frac{X}{Z},\quad Y'=f\frac{Y}{Z} \tag{2-26}$$

在此基础上，可以直接构造出一个虚拟的归一化像平面，该归一化像平面与物理像平面平行(距离相机光心距离为 f)，距离相机光心为 1。

最后生成的图片(像素平面)受制于成像元件大小不一而不同，物理像平面的比例又和焦距有关。而归一化像平面只与物体的相机坐标有关，因此根据焦距可以将归一化像平面恢复为物理像平面，再根据成像元件的像素恢复成图像：

$$\frac{Z}{1}=\frac{X}{x}=\frac{Y}{y} \tag{2-27}$$

$$\begin{bmatrix} x \\ y \\ 1 \end{bmatrix}=\frac{1}{z_c}\begin{bmatrix} x_c \\ y_c \\ z_c \end{bmatrix} \tag{2-28}$$

X'、Y' 可表示物理像平面上的点(X'、Y')，X、Y 为相机坐标系下物体的点(x_c, y_c)，则有

$$\begin{bmatrix} X' \\ Y' \end{bmatrix}=\begin{bmatrix} f\dfrac{x_c}{z_c} \\ f\dfrac{y_c}{z_c} \end{bmatrix}=\begin{bmatrix} f_x \\ f_y \end{bmatrix} \tag{2-29}$$

像素平面上的点的像素坐标为(u, v)，它的坐标原点在图像的左上角，而上述的物理像平面以中心为原点，所以需要移动坐标原点：

$$\begin{bmatrix} u \\ v \end{bmatrix}=\begin{bmatrix} \dfrac{X'}{\mathrm{d}x}+c_x \\ \dfrac{Y'}{\mathrm{d}y}+c_y \end{bmatrix} \tag{2-30}$$

$\mathrm{d}x$、$\mathrm{d}y$ 分别为图像上每一个像素点在 u 轴、v 轴方向上的物理尺寸(单位为米/像素)，通常普通相机的 $\mathrm{d}x$、$\mathrm{d}y$ 是相等的，即传感器的一个像素是长宽相等的。

c_x、c_y分别为图像物理坐标系原点 O' 在图像像素坐标系下 u 轴、v 轴的坐标(单位为像素)，通常为图片像素长宽的一半。

最后整理可得

$$\begin{bmatrix} u \\ v \end{bmatrix} = \begin{bmatrix} \dfrac{f}{\mathrm{d}x}\dfrac{X}{Z}+c_x \\ \dfrac{f}{\mathrm{d}y}\dfrac{Y}{Z}+c_y \end{bmatrix} = \begin{bmatrix} f_x\dfrac{X}{Z}+c_x \\ f_y\dfrac{Y}{Z}+c_y \end{bmatrix} \tag{2-31}$$

通常 $f_x = f_y$，再将式(2-31)写成齐次形式：

$$\begin{aligned} \begin{bmatrix} u \\ v \\ 1 \end{bmatrix} &= \frac{1}{Z_c}\begin{bmatrix} f_x & 0 & c_x \\ 0 & f_y & c_y \\ 0 & 0 & 1 \end{bmatrix}\left[\boldsymbol{I}_{3\times3} \mid \boldsymbol{0}_{3\times1}\right]\begin{bmatrix} X_c \\ Y_c \\ Z_c \\ 1 \end{bmatrix} \\ &= \frac{1}{Z_c}\begin{bmatrix} f_x & 0 & c_x \\ 0 & f_y & c_y \\ 0 & 0 & 1 \end{bmatrix}\left[\boldsymbol{I}_{3\times3} \mid \boldsymbol{0}_{3\times1}\right]\begin{bmatrix} \boldsymbol{R} & \boldsymbol{t} \\ 0 & 1 \end{bmatrix}\begin{bmatrix} X_w \\ Y_w \\ Z_w \\ 1 \end{bmatrix} \\ &= \frac{1}{Z_c}\boldsymbol{K}\left[\boldsymbol{I}_{3\times3} \mid \boldsymbol{0}_{3\times1}\right]\begin{bmatrix} \boldsymbol{R} & \boldsymbol{t} \\ 0 & 1 \end{bmatrix}\begin{bmatrix} X_w \\ Y_w \\ Z_w \\ 1 \end{bmatrix} \end{aligned} \tag{2-32}$$

在上述公式中，可以把与相机内部参数有关的矩阵 $\boldsymbol{K}$ 称为相机的内参矩阵，与世界坐标系变换有关的矩阵称为相机的外参矩阵，描述相机在世界坐标系下的姿态。

经过上述推导，通过世界坐标→相机坐标→归一化像平面→物理像平面→像素平面的过程，完成了把世界坐标中的 3D 点投影到图片像素坐标的 2D 点的过程。

2. 正交投影模型

正投影(也称为正交投影和日晷投影)是一种将三维物体表示在二维平面上的方法。正投影是一种平行投影，其所有投影线都垂直于投影平面，这使得场景的每个平面在视图表面上表现为仿射变换。正投影的对立面是斜投影，斜投影是一种平行投影，其投影线并不垂直于投影平面。

在平面 $z = 0$ 上的简单正投影可以使用式(2-33)中的矩阵来定义：

$$\boldsymbol{P} = \begin{bmatrix} 1 & 0 & 0 \\ 0 & 1 & 0 \\ 0 & 0 & 1 \end{bmatrix} \tag{2-33}$$

对于每个点 $\boldsymbol{v} = (v_x, v_y, v_z)$，变换后的点 $\boldsymbol{P}_v$ 为

$$
\boldsymbol{P}_v=\begin{bmatrix}1&0&0\\0&1&0\\0&0&1\end{bmatrix}\begin{bmatrix}v_x\\v_y\\v_z\end{bmatrix}=\begin{bmatrix}v_x\\v_y\\0\end{bmatrix} \tag{2-34}
$$

通常，使用齐次坐标更加有用。上述变换可以用齐次坐标表示为

$$
\boldsymbol{P}=\begin{bmatrix}1&0&0&0\\0&1&0&0\\0&0&0&0\\0&0&0&1\end{bmatrix} \tag{2-35}
$$

在计算机图形学中，正投影最常用的矩阵之一可以通过一个六元组(left、right、bottom、top、near、far)来定义，如图 2-2 所示。该六元组定义了裁剪平面，其中六个参数分别表示正投影相机拍摄到的六个面的位置，near 表示视点(相机位置)与近平面的距离，far 表示视点与远平面的距离。left、right、bottom 和 top 四个面表明了相机姿态和方向，与 near、far 这两个面围成一个视锥体，也称为视景区。

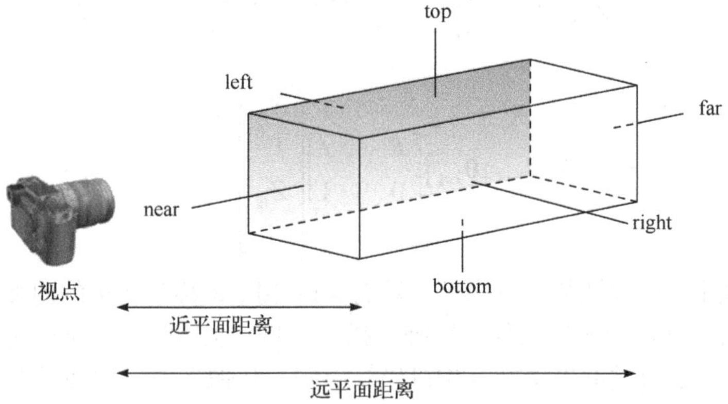

图 2-2 正投影摄像机与其六元组

如果将这个视锥体首先平移，使其中心位于原点，然后缩放至单位立方体，则该单位立方体的最小角在(−1,−1,−1)位置，最大角在(1,1,1)位置。

这样的正交变换可以由式(2-36)中的矩阵表示：

$$
\boldsymbol{P}=\begin{bmatrix}\dfrac{2}{\text{right}-\text{left}}&0&0&-\dfrac{\text{right}+\text{left}}{\text{right}-\text{left}}\\0&\dfrac{2}{\text{top}-\text{bottom}}&0&-\dfrac{\text{top}+\text{bottom}}{\text{top}-\text{bottom}}\\0&0&-\dfrac{2}{\text{far}-\text{near}}&-\dfrac{\text{far}+\text{near}}{\text{far}-\text{near}}\\0&0&0&1\end{bmatrix} \tag{2-36}
$$

同时，该式可以表示为先进行缩放 S 再进行平移 T ，其形式如式(2-37)所示：

$$
\boldsymbol{P}=\begin{bmatrix}\dfrac{2}{\text{right}-\text{left}} & 0 & 0 & 0\\ 0 & \dfrac{2}{\text{top}-\text{bottom}} & 0 & 0\\ 0 & 0 & \dfrac{2}{\text{far}-\text{near}} & 0\\ 0 & 0 & 0 & 1\end{bmatrix}\begin{bmatrix}1 & 0 & 0 & -\dfrac{\text{right}+\text{left}}{2}\\ 0 & 1 & 0 & -\dfrac{\text{top}+\text{bottom}}{2}\\ 0 & 0 & -1 & -\dfrac{\text{far}+\text{near}}{2}\\ 0 & 0 & 0 & 1\end{bmatrix} \tag{2-37}
$$

投影矩阵的逆矩阵 $\boldsymbol{P}^{-1}$，可以作为反投影矩阵，定义如式(2-38)所示：

$$
\boldsymbol{P}=\begin{bmatrix}\dfrac{\text{right}-\text{left}}{2} & 0 & 0 & \dfrac{\text{right}+\text{left}}{2}\\ 0 & \dfrac{\text{top}-\text{bottom}}{2} & 0 & \dfrac{\text{top}+\text{bottom}}{2}\\ 0 & 0 & -\dfrac{\text{far}-\text{near}}{2} & -\dfrac{\text{far}+\text{near}}{2}\\ 0 & 0 & 0 & 1\end{bmatrix} \tag{2-38}
$$

在相机成像中，透视投影一般来说是非线性的，其不保留原始元素的大部分几何属性，如平行、角度等，为了分析方便，假设当焦距无限大时，在成像平面上会存在一个正交投影，这个正交投影可以保留平行关系，其每个投影线都是平行的。相机采用正交投影模式，则无论物体距离相机远或者近，最终获得图像中物体的大小都保持不变。

3. 透视投影模型

透视投影属于中心投影。透视投影图简称透视图，它是从某个投射中心将物体投射到单一投影面上所得到的图形。透视图与人们观看物体时所产生的视觉效果非常接近，所以它能更加生动形象地表现建筑外貌及内部装饰。透视图可以渲染、配景，使之成为形象逼真的效果图。由于是中心投影，因此平行投影中的一些重要性质(如平行性、定比性等)和作图规律，在这里已不适用。

透视投影符合人们的心理习惯，即离视点近的物体大，离视点远的物体小，远到极点即为消失，成为灭点。它的视景体类似于一个顶部和底部都被切除掉的棱锥，也就是棱台。这个投影通常用于动画、视觉仿真以及其他许多具有真实性反映的方面。

经过相机矩阵的变换，物体顶点被变换到了相机空间。这个时候的多边形也许会被视锥体裁剪，裁剪被安排到规则观察体(canonical view volume，CVV)中进行，CVV 是一个正方体，x、y、z 的范围都是[−1, 1]，多边形裁剪就是用这个规则体完成的。所以，事实上是，透视投影变换由两步组成，如图 2-3 所示。

(1) 用透视变换矩阵把顶点从视锥体中变换到裁剪空间的 CVV 中。

(2) CVV 裁剪完成后进行透视除法。

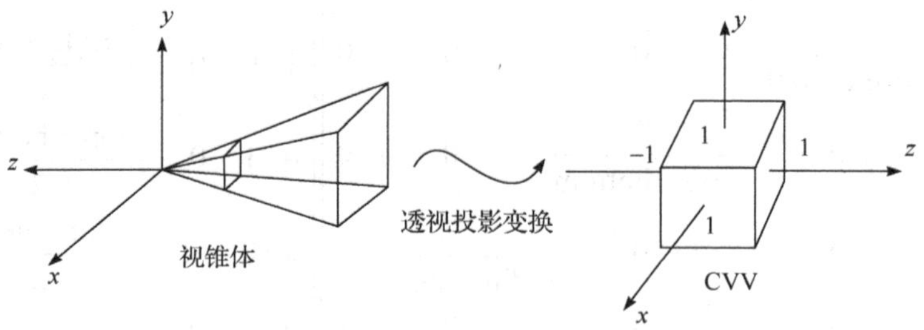

图 2-3　透视投影变换

如图 2-4 所示，设 $\boldsymbol{P}(x, z)$是经过相机变换之后的点，视锥体由 eye(眼睛位置)、np(近裁剪平面)、fp(远裁剪平面)组成。N 是眼睛到近裁剪平面的距离，F 是眼睛到远裁剪平面的距离。投影面可以选择任何平行于近裁剪平面的平面，这里选择近裁剪平面作为投影平面。设 $\boldsymbol{P}'(x', z')$是投影之后的点，则有 $z' = -N$。

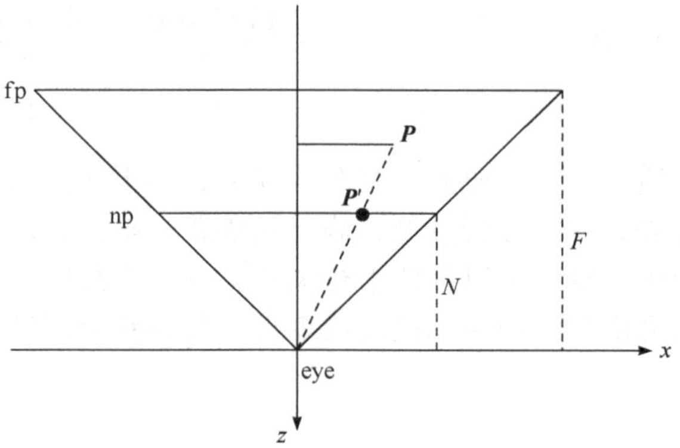

图 2-4　右手坐标系中顶点在相机空间中的情形

通过相似三角形性质，有关系组成：

$$\frac{x}{x'} = \frac{z}{z'} = \frac{z}{-N} \tag{2-39}$$

$$x' = -N\frac{x}{z} \tag{2-40}$$

同理：

$$y' = -N\frac{y}{z} \tag{2-41}$$

$$z' = -N \tag{2-42}$$

$P(x,y,z)$ 映射到 $P'(x',y',z')$：

$$p' = \left(-N\frac{x}{z}, -N\frac{y}{z}, -N\right) \tag{2-43}$$

从上面可以看出，投影的结果 z' 始终等于 $-N$，在投影面上，实际上，z' 对于投影后的 P' 已经没有意义了，但为了便于进行后面的片元操作，如 z 缓冲消隐算法，有必要把投

影之前的 z 保存下来，方便后面使用。因此，利用这个没用的信息点存储 z，处理成：

$$p' = \left(-N\frac{x}{z}, -N\frac{y}{z}, z\right) \tag{2-44}$$

或者可以写成：

$$p' = \left(-N\frac{x}{z}, -N\frac{y}{z}, -\frac{az+b}{z}\right) \tag{2-45}$$

求出 a 和 b：

$$-\frac{az+b}{z} = \begin{cases} -1, & z=-N \\ 1, & z=-F \end{cases} \tag{2-46}$$

$$a = -\frac{F+N}{F-N} \tag{2-47}$$

$$b = -\frac{2FN}{F-N} \tag{2-48}$$

由此就可以非常方便地用矩阵以及齐次坐标理论来表达投影变换：

$$\begin{bmatrix} N & 0 & 0 & 0 \\ 0 & N & 0 & 0 \\ 0 & 0 & a & b \\ 0 & 0 & -1 & 0 \end{bmatrix}\begin{bmatrix} x \\ y \\ z \\ 1 \end{bmatrix} = \begin{bmatrix} Nx \\ Ny \\ az+b \\ -z \end{bmatrix} \xrightarrow{\text{齐次坐标变换}} \begin{bmatrix} -Nx/z \\ -Ny/z \\ -(az+b)/z \\ 1 \end{bmatrix} \tag{2-49}$$

这样就得到了透视投影矩阵的第一个版本：

$$\begin{bmatrix} N & 0 & 0 & 0 \\ 0 & N & 0 & 0 \\ 0 & 0 & a & b \\ 0 & 0 & -1 & 0 \end{bmatrix}$$
$$a = -\frac{F+N}{F-N} \tag{2-50}$$
$$b = -\frac{2FN}{F-N}$$

使用这个版本的透视投影矩阵可以从 z 方向上构建 CVV，但是 x 和 y 方向仍然没有限制在[−1,1]中，透视投影矩阵的下一个版本需要解决这个问题。

为了能在 x 和 y 方向把顶点从视锥体情形变成 CVV 情形，开始对 x 和 y 进行处理。先来观察目前得到的最终变换结果：

$$\begin{bmatrix} -Nx/z \\ -Ny/z \\ -(az+b)/z \\ 1 \end{bmatrix} \tag{2-51}$$

$-Nx/z$ 的有效范围是投影平面的左边界值(记为 left)和右边界值(记为 right)，即[left, right]，$-Ny/z$ 则为[bottom, top]。现在要把 $-Nx/z$ 属于[left, right]映射到 x 属于[−1, 1]中，把$-Ny/z$ 属于[bottom, top]映射到 y 属于[−1, 1]中，可以通过简单的线性插值得到

$$\begin{cases} \dfrac{\dfrac{-Nx}{z}-\text{left}}{\text{right}-\text{left}}=\dfrac{x'-(-1)}{1-(-1)} \\ \dfrac{\dfrac{-Ny}{z}-\text{bottom}}{\text{top}-\text{bottom}}=\dfrac{y'-(-1)}{1-(-1)} \end{cases} \tag{2-52}$$

$$\begin{cases} x'=\dfrac{2Nx/(-z)}{\text{right}-\text{left}}-\dfrac{\text{right}+\text{left}}{\text{right}-\text{left}} \\ y'=\dfrac{2Ny/(-z)}{\text{top}-\text{bottom}}-\dfrac{\text{top}+\text{bottom}}{\text{top}-\text{bottom}} \end{cases} \tag{2-53}$$

可以得到最终投影点：

$$\boldsymbol{P}'=\begin{bmatrix} \dfrac{2Nx/(-z)}{\text{right}-\text{left}}-\dfrac{\text{right}+\text{left}}{\text{right}-\text{left}} \\ \dfrac{2Ny/(-z)}{\text{top}-\text{bottom}}-\dfrac{\text{top}+\text{bottom}}{\text{top}-\text{bottom}} \\ -(az+b)/z \\ 1 \end{bmatrix} \tag{2-54}$$

注意到

$$\begin{bmatrix} -Nx/z \\ -Ny/z \\ -(az+b)/z \\ 1 \end{bmatrix} \to \begin{bmatrix} Nx \\ Ny \\ az+b \\ -z \end{bmatrix} \tag{2-55}$$

经过透视除法的形式，$\boldsymbol{P}'$ 只变化了 x 和 y 分量的形式，$az+b$ 和 $-z$ 是不变的，则做透视除法的逆处理——给 $\boldsymbol{P}'$ 每个分量乘上 $-z$，得到

$$\begin{bmatrix} \dfrac{2Nx/-z}{\text{right}-\text{left}}-\dfrac{\text{right}+\text{left}}{\text{right}-\text{left}} \\ \dfrac{2Ny/-z}{\text{top}-\text{bottom}}-\dfrac{\text{top}+\text{bottom}}{\text{top}-\text{bottom}} \\ -(az+b)/z \\ 1 \end{bmatrix} \to \begin{bmatrix} \dfrac{2Nx}{\text{right}-\text{left}}+\dfrac{\text{right}+\text{left}}{\text{right}-\text{left}}z \\ \dfrac{2Ny}{\text{top}-\text{bottom}}+\dfrac{\text{top}+\text{bottom}}{\text{top}-\text{bottom}}z \\ az+b \\ -z \end{bmatrix} \tag{2-56}$$

最终投影矩阵为

$$\begin{cases} \boldsymbol{M}' = \begin{bmatrix} \dfrac{2N}{\text{right}-\text{left}} & 0 & \dfrac{\text{right}+\text{left}}{\text{right}-\text{left}} & 0 \\ 0 & \dfrac{2N}{\text{top}-\text{bottom}} & \dfrac{\text{top}+\text{bottom}}{\text{top}-\text{bottom}} & 0 \\ 0 & 0 & a & b \\ 0 & 0 & -1 & 0 \end{bmatrix} \\ a = -\dfrac{F+N}{F-N}, \quad b = -\dfrac{2FN}{F-N} \end{cases} \tag{2-57}$$

$\boldsymbol{M}'$就是最终的透视变换矩阵。相机空间中的顶点，如果在视锥体中，则变换后就在 CVV 中，如果在视锥体外，变换后就在 CVV 外。

2.2.2　相机畸变模型

实际的相机成像过程受镜头影响，往往无法遵循严格的线性变换，这会导致最终的图像产生畸变(失真)，物体在成像平面上的坐标与理论值出现偏差，如图 2-5 所示，这对于摄影测量来说显然是不能容忍的，因此需要消除畸变镜头引起的畸变。相机畸变主要分为径向畸变和切向畸变。

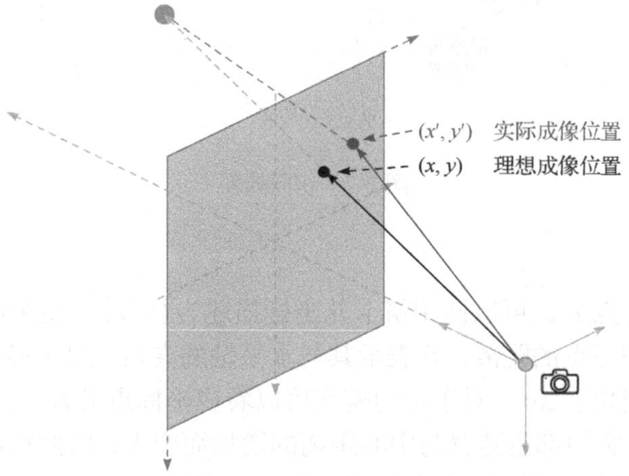

图 2-5　相机畸变

1. 径向畸变

由透镜形状引起的畸变称为径向畸变，径向畸变主要分为桶形畸变和枕形畸变，如图 2-6 所示。越远离光轴的光线越向内弯曲，导致正方形成像后变成桶形，这也称为桶形畸变。反之，如果越远离光轴的光线越向外弯曲，则为枕形畸变。

在针孔模型中，一条直线投影到像素平面上还是一条直线。但在实际中，相机的透镜往往使得真实环境中的一条直线在图片中变成了曲线，并且越靠近图像的边缘，现象越明显，由于透镜往往是中心对称的，这使得不规则畸变通常径向对称。

图 2-6　径向畸变

2. 切向畸变

除了透镜的形状会引入径向畸变，在相机的组装过程中由于不能使透镜严格和成像平面平行，会引入切向畸变，如图 2-7 所示。

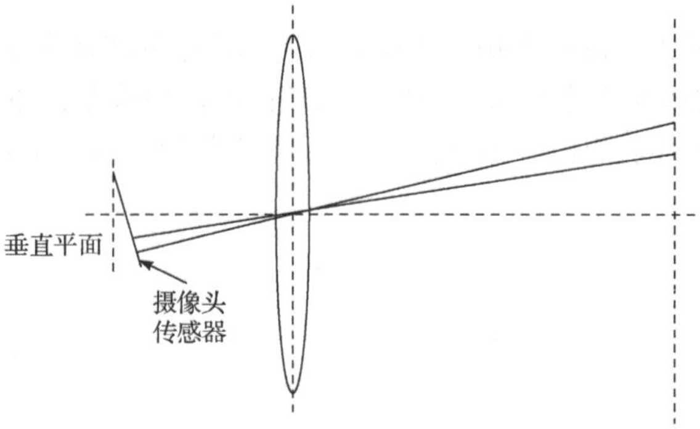

图 2-7　切向畸变

3. 畸变模型

对于平面上任意点 p，可以使用笛卡儿坐标描述为 (x,y)，也可以使用极坐标描述为 (r,θ)。r 表示 p 点与原点的距离，θ 表示其与水平轴的夹角。对于径向畸变，可以看成坐标点沿着长度方向变化了 Δr，对于切向畸变可以看成坐标点沿着切向发生了变化 $\Delta\theta$。

对于径向畸变，它们都是随着与中心距离的增加而变大，因此可以用与距中心的距离有关的二次及高次多项式函数进行纠正，如式(2-58)所示。

$$\begin{aligned} x_d &= x(1+k_1r^2+k_2r^4+k_3r^6) \\ y_d &= y(1+k_1r^2+k_2r^4+k_3r^6) \end{aligned} \tag{2-58}$$

其中，x_d、y_d 为像平面上真实观测到的坐标(含有畸变)；x、y 是校正后点的坐标(不含畸变)。对于畸变较小的中心区域，主要是 k_1 起作用，对于畸变较大的边缘，主要是 k_2 起作用，普通摄像头用这两个系数就能很好地消除畸变。对于畸变很大的摄像头，如鱼眼相机，可加入 k_3 消除畸变。

对于切向畸变，可以使用另外两个参数进行纠正：

$$\begin{aligned} x_d &= x+2p_1xy+p_2(r^2+2x^2) \\ y_d &= y+p_1(r^2+2y^2)+2p_2xy \end{aligned} \tag{2-59}$$

利用式(2-59)就可对畸变进行较好的修正。同时消除径向、切向畸变就是将两组式子合并：

$$\begin{aligned} x_d &= x(1+k_1r^2+k_2r^4+k_3r^6)+2p_1xy+p_2(r^2+2x^2) \\ y_d &= y(1+k_1r^2+k_2r^4+k_3r^6)+p_1(r^2+2y^2)+2p_2xy \end{aligned} \tag{2-60}$$

最终可以得到 5 个畸变参数：

$$\boldsymbol{D} = (k_1, k_2, p_1, p_2, k_3) \tag{2-61}$$

畸变参数的一般顺序是 k_1、k_2、p_1、p_2、k_3。之所以把 k_3 放在最后，其实也很容易理解，因为一般 k_1、k_2 用来处理径向畸变足矣，k_3 相对而言用得比较少。在获得了畸变参数以后，也就找到了真实观测的带畸变的像素与无畸变的像素间的关系，重采样即可实现影像校正。

2.3 成像原理

相机成像的基本原理是基于光学原理和电子技术相结合的结果。通过透镜的聚焦和光敏元件的转换，将物体的光线信息转化为电信号，并经过信号处理和彩色滤镜的处理，最终生成数字图像。这一过程虽然看似简单，但其中包含了众多复杂的科学原理和技术创新。

为了更好地理解相机成像的工作机制，将从以下三点内容进行阐述，分别是光学成像概述、几何光学规律以及成像的原理和条件。光学成像概述包括透镜的设计、光线的折射和聚焦等基本原理；几何光学规律则涵盖了光的传播路径、反射和折射等规律；成像的原理和条件涉及传统、现代以及计算光学成像过程中的原理和应用。这些原理和技术共同作用，使得现代相机能够捕捉到高质量的数字图像，广泛应用于日常摄影、科学研究、医疗成像等领域。下面将分别对光学成像概述、几何光学规律和成像的原理与条件这几个部分进行阐述。

2.3.1 光学成像概述

“光学”这个词在古代西方意为“看见”或“视见”的意思。三千年前，古埃及人与美索不达米亚人首次将石英晶体磨光制成宁路德透镜，开启了人类光学成像的历史篇章。如今，人们使用搭载潜望式长焦镜头和人工智能算法的智能手机就能拍摄到皎洁的月亮和绚丽的星空。人类一直在享受光学成像技术带来的绚丽生活，并不断追求看得更远、更广和更清晰。视觉是人类获取客观世界信息的主要途径，据估计，人类获取的外界信息有 80%来自视觉。然而，由于人眼存在时间、空间、灵敏度、光谱和分辨力等方面的局限，相比之下，光学成像技术利用各种光学成像系统，如显微镜、望远镜、医疗 CT、手机摄像机和照相机等(图 2-8)，实现光信息的可视化，同时延伸并扩展人眼的视觉功能。

图 2-8　常见光学成像系统

一个典型的光学成像系统主要由光源、光学镜头组和光探测器三部分构成。光学镜头将三维场景目标发出或经过透射、反射、散射的光线聚焦在表面上，通过在探测器像素与样品之间建立直接的一一对应关系来获取图像。光探测器离散采集光场的强度，并经过图像处理器数字化处理后，形成计算机可显示的图像，整个过程如图 2-9 所示。这种成像方式遵从“所见即所得”原理，不可避免地会受到强度成像机理、探测器技术水平、光学系统设计、成像衍射极限等因素的限制，以及单视角、相位丢失、光谱积分、二维平面成像等因素的制约，导致捕获场景信息维度有限；此外，光学镜头组通常需要与光学镜片、镜筒、光圈及调焦系统等部件配合使用，以获得清晰的图像，这对成像装置的体积和复杂度提出了更高的要求。

图 2-9　传统光学成像系统的成像过程

光学成像技术的出现扩展了人眼的视觉特性，其技术发展目标是提高成像分辨率(时间、空间、光谱)，扩展成像维度，提升探测灵敏度。在现代电子信息时代的影响下，高性能、低成本、体积小、重量轻的光学成像系统越来越受到重视。商用相机和手机摄像头因其光学系统结构小巧、价格低廉，已成为人们日常生活中不可或缺的用品。然而，传统光学成像系统由于受到强度成像机理、探测器技术水平、光学系统设计和成像衍射极限等因素的制约，在空间分辨、时间分辨、光谱分辨、信息维度和探测灵敏度等方面仍存在一定的局限性。随着人们对成像系统功能与性能的不断追求，以及军用和民用领域日益增长的高分辨率、高灵敏度和多维高速成像的应用需求，光学成像技术面临更具挑战性的要求。

例如，在太空垃圾监测领域，一方面，需要成像系统能够对多种多样的太空垃圾实现无标记、多维度、高分辨、宽视场的成像观察；另一方面，需要成像系统能够小型化和便携化，以满足空间站或深空探测器中快速检验和实时监控的需求。在太空目标监视领域，需要光学成像系统在有限载荷配置情况下通过调节相机设置，以最大化获取目标多维度信息，同时也需要光学成像系统不断减小重量和体积，以节省运载空间或降低运载成本；在工业设备制造领域，需要视觉检测仪能够实现高精度、高分辨率、高速实时的三维成像与传感，以满足空间站或月球基地建设中的精密装配与机器人操作的需求；在空间卫星姿态旋转过程中，如监测相机处于光线环境变化范围大的空间领域，这就需要光学成像系统对光具有更高的透过率、响应灵敏度和动态范围，以提高图像的亮度和成像的信噪比。面对以上情况，采用传统光学成像系统设计思路，想要获得成像性能的少量提升，通常意味着硬件成本的急剧增加，甚至难以实现工程化应用。此外，光探测器的规模尺寸、像元大小、响应灵敏度等已接近物理极限，在科技飞速发展的今天，已逐渐难以满足这些极具挑战性的需求。下面，首先探讨经典几何光学规律，其中包括光的直线传播定律、光的独立传播定律、光的反射和折射定律、光路可逆、费马原理(Fermat's principle)，并在了解基本原理的基础上，窥探光学成像的原理与条件，这个过程涉及很多种类型的成像技术，包括传统的光学成像技术、电子成像技术、计算机成像技术等，并展示出各类光学成像系统在不同领域中的广泛应用。

2.3.2　几何光学规律

几何光学是研究光的传播行为及其成像原理的重要学科。它以光线的概念为基础，通过对光的直线传播、反射、折射以及光路可逆等基本规律的研究，揭示了光在不同介质中的传播特性和成像机制。几何光学的基本实验规律主要包括光的直线传播定律、光的独立传播定律、光的反射和折射定律、光路可逆性以及费马原理。理解这些基本规律对光学成像原理有着重要意义。

光的直线传播定律是几何光学的基础。该定律指出，光在均匀介质中是沿直线传播的。这一现象可以通过日常生活中的许多经验来验证，例如，当阳光通过窗户进入房间时，会形成一条清晰的直线光束。光的直线传播是光学成像的基础，因为它保证了光线在传播过程中不发生弯曲，从而可以通过简单的几何关系来描述光的传播路径。

光的独立传播定律表明，当多束光线在同一介质中传播时，彼此之间互不影响。也就是说，每束光线的传播路径和行为独立于其他光线。这一特性在光学设计和工程应用中非常重要。例如，在光纤通信中，多束光线的信号可以在同一光纤中同时传输而互不干扰。这一现象的理论基础在于光的波动性和线性叠加原理，它保证了光信号在复杂光学系统中的稳定传输。

光的反射定律描述了光在遇到界面时的行为。当光线射到界面上时，会发生部分或全部反射。反射定律指出，入射角等于反射角，即光线入射到界面上的角度与反射出去的角度相等。这个定律可以通过实验观察到，例如，使用镜子可以看到清晰的反射图像。反射定律在许多光学设备中有着重要的应用，例如，在望远镜和显微镜中，反射镜用于改变光的传播路径以实现放大或成像。

光的折射定律则描述了光在不同介质界面处的传播行为。折射定律表明，当光线从一种介质进入另一种介质时，其传播方向会发生改变。折射角的大小由入射角和两种介质的折射率决定，这称为折射定律(又称斯涅尔定律)。折射现象在生活中很常见，例如，将一根直棍斜插入水中，会看到棍子在水面处出现弯折。折射定律在光学设计中有广泛应用，例如，在透镜和光学纤维中利用折射来聚焦或传输光。

光路可逆性是几何光学的另一个重要特性，即光线沿某一路径传播时，如果将光源和光的接收点交换，光仍然沿相同路径传播。这个特性在光学实验和设计中提供了很大的便利，例如，在设计复杂光学系统时，光路可逆性可以帮助简化计算和设计过程。

相比之下，费马原理则是一种更为普遍的光学原理，它指出光在两点之间传播时，总是选择传播时间最短的路径。这一原理可以用来推导上述所有光学定律。例如，通过费马原理可以推导出光的直线传播定律和折射定律。费马原理不仅在几何光学中具有重要地位，还在物理学的其他分支如量子力学中有广泛应用。

了解几何光学的这些基本规律对理解光学成像原理至关重要。光学成像是指利用光的传播特性在光学系统中形成图像的过程。常见的光学成像系统包括相机、显微镜、望远镜等。这些系统利用光的直线传播、反射和折射特性，将物体发出的光线收集并聚焦在感光元件上，从而形成清晰的图像。例如，相机镜头的作用是将物体反射或发射的光线通过折射聚焦到感光元件(如胶片或图像传感器)上，形成图像。镜头的设计需要精确计算光的折射路径，以确保所有光线在感光元件上正确汇聚，从而得到清晰的图像。同样，在显微镜和望远镜中，光学元件(如透镜和反射镜)通过折射和反射，将远处或微小物体的光线聚焦到观察者的眼睛或感光元件上，实现放大和成像。

几何光学的基本规律不仅在光学成像中起着关键作用，还在许多其他光学现象中有广泛应用。例如：光纤通信利用光的全反射原理，将光信号在光纤中传输；激光技术利用光的直线传播和干涉特性，实现高精度的测量和加工。

总之，几何光学通过研究光的传播行为和基本规律，为理解和应用光学现象提供了理论基础。掌握这些规律，不仅有助于设计和优化各种光学系统，还能推动光学技术的发展和创新，提高我们在各个领域中应用光学现象的能力，下面分别对这几类基本光学规律进行详细介绍。

1. 光的直线传播定律

光在同种均匀介质中沿直线传播，通常简称光的直线传播。它是几何光学的重要基础，利用它可以简明地解决成像问题。人眼就是根据光的直线传播来确定物体或像的位置的，这是物理光学里的一部分。为了表示光的传播情况，通常用一条带箭头的直线表示光的径迹和方向。光在真空中的传播速度 $c = 3.0 \times 10^8 \mathrm{m/s}$。光在其他任何介质中的传播速度都小于光在真空中的传播速度 c。若 n 为介质的折射率，则光在此介质中的传播速度为 $v = c/n$。

在历史上，通过对光的长期观察，人们发现了沿着密林树叶间隙射到地面的光线形成射线状的光束，从小窗中进入屋里的日光也是这样。大量的观察事实，使人们认识到光是沿直线传播的。为了证明光的这一性质，二千四五百年前我国杰出的科学家墨翟和他的学生完成了世界上第一个小孔成倒像的实验，发现并解释了小孔成倒像的原理，如图 2-10 所示，墨翟也是第一个印证光是沿直线传播的人。

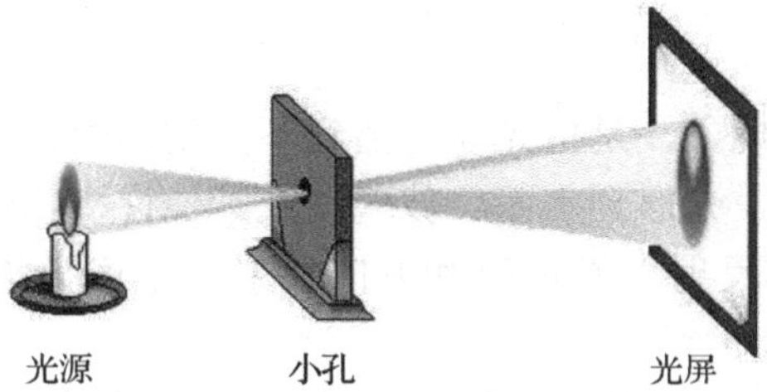

图 2-10　小孔成像

在现实生活中，光的直线传播定律可以通过小孔成像、影子的产生，还有日全食、日偏食等空间天体相互遮挡所形成的天文现象所印证。

2. 光的独立传播定律

把光看作一种粒子，但光的传播过程与粒子的传播又不同，粒子在传播过程中若是相遇，则发生碰撞，各自的状态都将发生改变；而光在空间中相遇，就像是两条相交的直线，在经过交点后，两束光仍然沿原来的传播方向传播，而不会受其他光的影响。人们常见的灯光，不同颜色的灯光在传播过程中相互交叉，但是光的传播轨迹不会受到其他光源的影响。

光的独立传播原理可以通过电磁波理论来解释。根据电磁波理论，光是由电场和磁场相互作用产生的电磁波。在电磁波中，电场和磁场是相互垂直且相互作用的，它们能够相互转化并传播。在光学中，学者主要关注的是电磁波的电场分量对光的传播产生的影响。

光的独立传播原理的关键在于光的传播速度是一个恒定值，也就是光速。光在传播过程中不受外界因素的影响，不会因为介质的折射、反射、散射等现象而改变传播的速度，光的独立传播原理还可以通过光的波粒二象性来解释。根据波粒二象性理论，光既可以看作一种波动现象，也可以看作由一些微粒(即光量子或光子)组成的粒子流。无论从波动还是粒子的角度来看，光都具有独立的传播性质，能够在空间中自由传播。

光的独立传播原理在日常生活中有许多应用。例如，使用光纤通信时，信号可以通过光纤中的光线独立地传播，从而实现高速传输和远距离通信。另外，光的独立传播原理也是光学成像的基础，可以通过光线的独立传播来实现成像功能，如望远镜、显微镜等。

此外，光的独立传播原理还是光学现象的解释基础。例如，光的折射现象的发生是由于光在不同介质中传播速度的改变，而光的速度不受外界因素的影响，从而导致光线的折射角度发生变化。光的反射现象是光在与界面相遇时，部分光线会被界面反射回去，而反射的光线与入射的光线具有相同的传播速度。

总体来说，光的独立传播原理是指光在真空或透明介质中自由传播的现象。这一原理可以通过电磁波理论和光的波粒二象性来解释。光的独立传播原理在光学学科中具有重要意义，对于理解和应用光学现象至关重要。通过光的独立传播原理，我们能够实现光通信、光学成像等重要应用，并能够进一步解释光的折射、反射等基本现象。

3. 光的反射定律

光的反射是一种光学现象，是指光在传播到不同物质时，在分界面上改变传播方向又返回原来物质中的现象。光遇到水面、玻璃以及其他许多物体的表面都会发生反射。光的反射类型分别有镜面反射、漫反射和方向反射，下面分别对这几类反射类型进行介绍。

镜面反射指的是当平行光线射到光滑表面上时，反射光线也是平行的现象。这种反射现象通常发生在表面非常平整且光滑的材料上，如镜子、平滑的金属表面以及静止的水面。光滑表面上的每个微小区域的法线方向几乎完全一致，因此入射光线按照反射定律(入射角等于反射角)反射，结果是反射光线仍然保持平行。镜面反射在实际生活中十分常见。其中，镜子是最常见的应用，通过镜子，人们可以看到自己的影像。在工业和科学领域，反射望远镜利用镜面反射来收集和聚焦来自天体的光线，极大地提高观测的精度和清晰度。此外，激光技术也依赖于镜面反射，通过高精度的反射镜引导和控制激光束的路径，实现精密加工、通信和医疗等多个领域中的关键功能。

漫反射是指当平行光线射到凹凸不平的表面上时，反射光线射向各个方向的现象。这种现象通常发生在表面粗糙或者具有微小凹凸结构的材料上，如纸张、布料、木材和墙面等。表面的微小凹凸使得入射光线在各个微小区域的法线方向各不相同，这导致反射光线以不同角度散射开来，结果是反射光线不再保持平行，而是向各个方向传播。漫反射在日常生活中随处可见。例如：在阅读书籍时，纸张表面会发生漫反射，使得光线均匀地散射，避免了刺眼的强光，保护了我们的眼睛。在日常摄影中，使用柔光箱和反光板，通过漫反射来减少阴影，使得拍摄的照片更加柔和和自然。在建筑设计中，内墙和天花板通常会使用具有良好漫反射性能的材料，以确保室内光线均匀分布，提高视觉舒适度。

方向反射介于漫反射和镜面反射之间，又称非朗伯反射。这种反射形式表现为各个方向都有反射光，但各方向反射强度不均一。方向反射常见于一些表面相对平滑但并非完全光滑的材料，如磨砂玻璃、一些金属表面以及部分塑料材料。这种反射方式使得表面在某些角度看上去光亮，但在其他角度却显得暗淡。方向反射在实际应用中也非常重要。在汽车制造中，方向反射被用来设计车灯的反射罩，使得车灯在特定方向上具有更强的光亮度，增强行车的安全性。在显示技术中，电子显示屏表面通常采用方向反射材料来减少环境光的干扰，提高显示效果的清晰度。此外，建筑装饰中，一些具有方向反射特性的材料被用来增强视觉效果，使建筑物在不同角度具有不同的视觉呈现，增加了建筑的美观性和独特性。

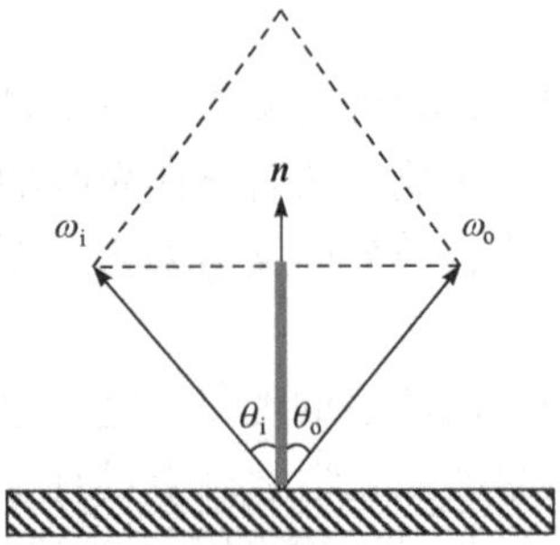

图 2-11　光的反射定律

图 2-11 描述了光波传播到两种介质分界面上发生反射的规律，它的内容如下：①反射角等于入射角，即 $\theta_i = \theta_o$；②反射光线、入射光线和入射点处的界面法线在同一平面内，即 ω_i 和 ω_o 在以 $\boldsymbol{n}$ 为中心的半球内。基于此，已知光线入射方向和反射方向，可推导出界面法线方向：

$$h_r = \omega_i + \omega_o \tag{2-62}$$

4. 光的折射定律

如图 2-12 所示，光的折射定律内容如下：①折射光线位于入射光线和界面法线所决定的平面内；②折射光线和入射光线分别在法线两侧；③入射角 θ_i 和折射角 θ_t 的正弦之比是一个与入射角无关的常数，等于相对折射率，即 $\eta_i \sin\theta_i = \eta_t \sin\theta_t$，其中，$\eta_i$ 和 η_t 分别是入射侧和折射侧介质的绝对折射率，于是，已知光线入射方向和折射方向，可推导出界面法线方向：

$$h_t = -(\eta_i \omega_i + \eta_t \omega_t) \tag{2-63}$$

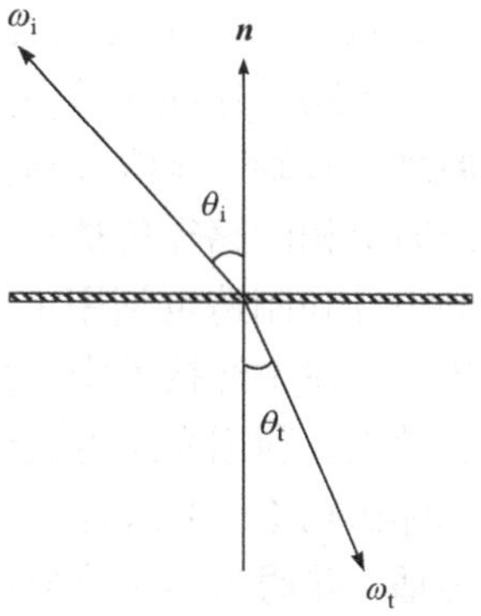

图 2-12　光的折射定律

折射现象在生活中的应用同样非常广泛。例如，在光学镜片和眼镜的设计中，利用折射原理来矫正视力。镜片通过改变光线的传播路径，将光线准确聚焦在视网膜上，从而改善近视、远视和散光等视力问题。另一个重要的应用是光纤通信。光纤是一种利用全反射原理传输光信号的介质。在光纤中，光线不断在纤芯与包层之间发生折射和全反射，从而实现高速、高容量的远距离通信。照相机和摄像机的镜头通过多组透镜的组合设计而成，光线经过复杂的折射和聚焦，使得相机能够捕捉到清晰、明亮的图像，现代高性能的照相机和摄像机往往配备多片镜头组，以实现更高的光学质量和更强的变焦能力。再如，水中的物体看起来比实际位置更浅，这是因为光线从水中进入空气时发生折射，使得人们对物体位置产生错觉。同样的原理应用在潜望镜和潜水镜中，通过折射实现对水下物体的观察。又如，彩虹就是由于阳光在雨滴中发生折射和反射而形成的。在冰晶云中，光线通过冰晶的折射和反射形成了绚丽的日晕和月晕。这些自然现象不仅为人们提供了美丽的景观，也加深了人们对光学原理的理解。

5. 光路可逆性原理

光路可逆性原理是光学中的一个基本定律，指光在传播过程中沿着某条路径传播时，如果反方向传播，也会沿着同样的路径反向传播。换句话说，光从 A 点通过某条路径到达 B 点，若在 B 点以同样的入射角反射，则光将沿原路径返回 A 点。这一原理在光的反射、折射和透射等现象中均适用，如图 2-13 所示，一束单色光进入平行玻璃传播，若光线以入射角 i 射入并射出平行玻璃，则同样也可以出射角度射入平行玻璃并按原射入路线射出，由此可见，光路可逆性原理同样适用在光的反射和折射定律中。

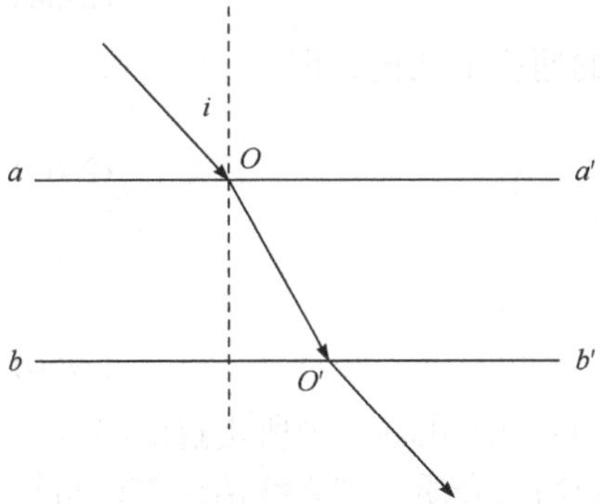

图 2-13　光线穿过平行玻璃的示意图

光路可逆性原理的数学描述可以通过几何光学来理解。例如，当光线进入不同介质时，由于折射率不同，光线的路径会发生改变。但是，无论光线是从空气进入水中，还是从水中进入空气中，光路的变化都是可逆的。根据费马原理，即光沿着光程最短的路径传播，光路可逆性原理得到了进一步验证和解释。光路可逆性原理不仅适用于简单的反射和折射过程，也适用于更复杂的光学系统，如透镜和棱镜等。

光路可逆性原理在实际生产生活中有着广泛的应用。在光学仪器设计中，光路可逆性原理是基础。显微镜和望远镜的设计都基于这一原理。通过确保光线在进入和退出光学系统时沿相同路径传播，可以提高图像的清晰度和准确度。此外，光学元件如透镜和反射镜的设计和制造也利用了光路可逆性原理，保证光在通过这些元件时能够实现准确的成像和传输。在激光技术中，激光器内部的光学腔需要精确控制光的路径，以实现光的多次反射和放大，利用光路可逆性原理可以确保光在腔内的传播路径一致，从而提高激光器的效率和输出功率。光纤通信也依赖于光路可逆性原理。光纤内部的光信号需要在不同的介质间传播，并通过多次反射达到远距离传输的目的。光路可逆性原理保证了光信号在复杂光纤网络中的稳定传输和高效接收，提升了通信质量和速度。由此可见，光路可逆性原理不仅是光学研究的基础理论，也是许多实际应用的核心。

6. 费马原理

费马原理最早由法国科学家皮埃尔·德·费马在 17 世纪提出：光传播的路径是光程取极值的路径。这个极值可能是极大值、极小值，甚至是函数的拐点。最初提出时，费马原理(又名“最短时间原理”)：光线传播的路径是需时最少的路径。

费马原理是几何光学中的一条重要原理，由此原理可证明光在均匀介质中传播时遵从的直线传播定律、反射和折射定律，以及傍轴条件下透镜的等光程性等。光的可逆性原理是几何光学中的一条普遍原理，根据原理，若光线在介质中沿某一路径传播，当光线反向时，必沿同一路径逆向传播。费马原理规定了光线传播的唯一可实现的路径，不论光线正向传播还是逆向传播，必沿同一路径。因而借助费马原理可说明光的可逆性原理的正确性。光在任意介质中从一点传播到另一点时，沿所需时间最短的路径传播。在说明费马原理之前，首先引入光程这一概念。

光程是指光在介质中经过的几何路程 l 与该介质折射率 n 的乘积，光程用 s 表示为

$$s = nl \tag{2-64}$$

介质的折射率 n 是光在真空中的速度 c 和在介质中的速度 v 之比，即

$$n = \frac{c}{v} \tag{2-65}$$

将式(2-65)代入式(2-64)可得

$$s = nl = ct \tag{2-66}$$

式(2-66)表明，光在某种介质中的光程等于光在同一时间内在真空中所走过的路程。光程又称为光的“折合路程”。若光线通过多层(如 m 层)均匀介质，则光线由许多段折线组成，其光程为

$$s=\sum_{i=1}^{m}n_i l_i \tag{2-67}$$

若光线通过连续变化的非均匀介质，即折射率 n 为位置的函数，则光线实际所走过的路程为一条空间曲线。若光由点 A 传到点 B，则光程可表示为

$$s=\int_{A\to B(L)} n\mathrm{d}l \tag{2-68}$$

式(2-68)中，L 为光线在介质中所走过的实际路程。

介绍完光程，便可以引入费马原理的概念，同时可以用费马原理推导反射定律和折射定律。

费马原理(又称为“极值光程定律”)是光线传播规律的另一种表述形式，该原理为：实际光线沿着光程为极值(或稳定值)的路线传播。费马原理的数学描述：

$$\mathrm{d}s=\mathrm{d}\int_{A}^{B} n\mathrm{d}l=0 \tag{2-69}$$

满足费马原理时，光程可能为极大值或极小值，可以认为符合费马原理的情况下，光程处于稳定值。在均匀介质中，根据几何公理“两点间以直线距离为最短”，由费马原理可以直接证明和解释光的直线传播定律。

下面用费马原理推导反射定律。

如图 2-14 所示，PQ 为平面反射镜，由点 A 发出的光线投射到反射镜面上的点 O，反射后的光线通过点 B。设光线处于均匀介质中，折射率为 n，投射点 O 到由点 A 作反射镜垂线的垂足 P 的距离为 x，则点 A 到点 B 的光程长度为

$$s=n\overline{AO}+n\overline{BO}=n\sqrt{h_1^2+x^2}+n\sqrt{h_2^2+(a-x)^2} \tag{2-70}$$

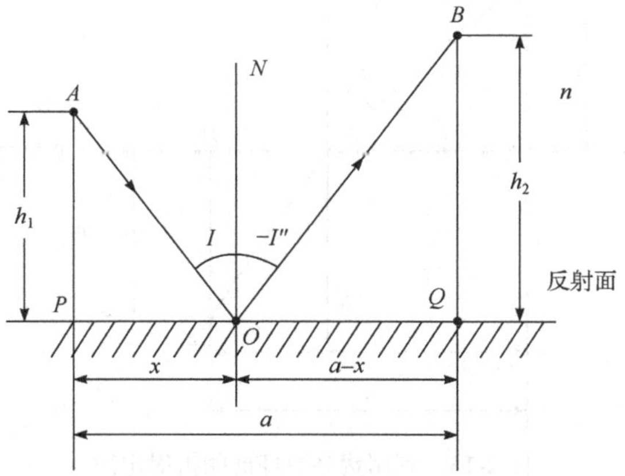

图 2-14　利用费马原理证明反射定律

显然，光程 s 是变量 x 的函数。根据费马原理，实际光线的光程是稳定的，在均匀介质中，其一阶导数为零，从而推导出：

$$\frac{\mathrm{d}s}{\mathrm{d}x}=\frac{nx}{\sqrt{h_1^2+x^2}}-\frac{n(a-x)}{\sqrt{h_2^2+(a-x)^2}}=0 \tag{2-71}$$

$$n\sin I=n\sin(-I'') \tag{2-72}$$

即

$$I=-I'' \tag{2-73}$$

这就推导出了反射定律。进而可以证明：

$$\frac{\mathrm{d}^2s}{\mathrm{d}x^2}>0 \tag{2-74}$$

这表明满足反射定律的光线具有最短的光程。

下面用费马原理推导折射定律。

如图 2-15 所示，由位于折射率为 n_1 的均匀介质中的点 A 发出光线投射到分界面上的点 O，经折射后，光线进入折射率为 n_2 的均匀介质，并通过点 B。设点 O 到由点 A 作折射面的垂线的垂足 C 点的距离为 x，根据费马原理，由于实际光线的光程是稳定的，故在均匀介质中其一阶导数为零，则点 A 到点 B 光线的光程可表示为

$$s=n_1\overline{AO}+n_2\overline{BO}=n_1\sqrt{h_1^2+x^2}+n_2\sqrt{h_2^2+(a-x)^2} \tag{2-75}$$

$$\frac{\mathrm{d}s}{\mathrm{d}x}=\frac{n_1x}{\sqrt{h_1^2+x^2}}-\frac{n_2(a-x)}{\sqrt{h_2^2+(a-x)^2}}=0 \tag{2-76}$$

因而有

$$n_1\sin I_1=n_2\sin I_2 \tag{2-77}$$

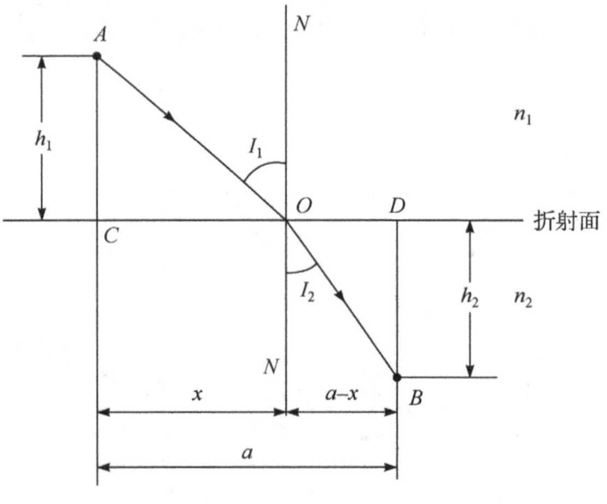

图 2-15　利用费马原理证明折射定律

这就推导出了折射定律。进而可以证明：

$$\frac{\mathrm{d}^2s}{\mathrm{d}x^2}>0 \tag{2-78}$$

这表明满足折射定律的光线具有最短的光程。

2.3.3 成像的原理与条件

成像是一种通过光学或电子学的原理，将物体的信息转化为可视化图像或反映出信息的过程。这个过程涉及多个学科的交叉与融合，包括物理学、光学、电子学、计算机科学等，也同样涉及很多类型的成像技术，包括传统光学成像技术、现代光学成像技术以及计算成像(computational imaging，CI)技术等，这些成像技术在科学研究、医疗诊断、工业检测、安防监控等领域发挥着重要作用，为我们提供了丰富的信息和数据支持。

传统光学成像技术是最早发展起来的成像技术，主要依靠光学元件(如镜头、棱镜、透镜等)将光线聚焦到感光材料上，形成图像。常见的光学成像设备包括相机、显微镜和望远镜。传统光学成像技术具有分辨率高、图像直观等优点，但在某些特定应用中存在局限性。例如，在微观世界中，光学显微镜的分辨率受限于光的波长，难以观察到纳米级别的结构。

相较于传统光学成像技术，现代光学成像利用特殊的相机和传感器，结合传统光学，通过获取场景及目标的多域多维信息，从而全方位地感知目标信息。现代光学成像也是计算成像的雏形，主要包括合成孔径成像、偏振成像、光场成像和事件相机成像等，通过联合多域多维信息进行成像，构建目标全方位信息也是重要的研究领域。

计算成像是一种通过计算机算法和数字处理技术，从捕捉的原始数据中重建和处理图像的先进技术。与传统成像方法依赖于光学系统的物理特性不同，计算成像将光学设计与计算处理结合，通过复杂的数学模型和算法优化图像质量，增强图像信息，实现传统成像技术难以达到的效果。其核心在于数据的采集和处理，利用特殊光学系统，如光场相机和编码孔径相机等，捕捉场景光信息，并通过二维或一维传感器记录下来。这些数据需要通过复杂计算过程进行处理和重建，关键技术包括图像重建、图像处理和算法优化。图像重建从原始数据中恢复出高质量图像，图像处理则包括去噪、增强对比度和校正失真等步骤，而算法优化则提高计算效率，特别是在处理大量数据时。计算成像在空间监测、工业生产、车载加工、空天探测和国防等领域有着广泛应用，同时，人工智能和机器学习的引入将进一步推动计算成像技术的发展，使其在更广泛的应用场景中发挥作用。总之，计算成像融合光学设计、数学建模和数字处理，具有巨大潜力和广泛应用前景，将继续推动图像科学的进步，为各领域带来新的发展机遇。下面将分别对这几类成像技术进行阐述。

1. 传统光学成像技术

传统光学成像技术是一种通过捕捉和记录光信号来生成物体图像的方法。这种技术的基础是光学系统，镜头和光学元件能够聚焦和控制光线，以便在感光介质(如胶片或电子传感器)上形成清晰的图像。传统光学成像包括多种技术和方法，如相机摄影、显微镜成像和望远镜观测。摄影师利用相机镜头将光线聚焦到感光胶片或数字传感器上，生成静态图像或视频。显微镜成像则通过放大微小物体，使其细节清晰可见，广泛应用于生物学、医学和材料科学等领域。望远镜观测通过收集来自遥远天体的光线，帮助天文学家研究宇宙结构和天体演化。

传统光学成像技术的关键在于光学元件的设计和制造，这些元件决定了成像系统的分辨率、对比度和色彩再现能力。随着技术的进步，现代光学系统已经能够实现非常高的分辨率和精度，使得人们能够观察到更为细致的图像。然而，传统光学成像技术也存在一些局限性，如对光线的依赖和成像速度的限制。为了解决这些问题，科学家不断研发新技术，如新的现代成像技术和计算光学成像，以进一步提升成像效果和应用范围。总体而言，传统光学成像技术在科学研究、医疗诊断、工业检测和日常生活中都扮演着重要角色，持续推动着人类对世界的认知和探索。下面分别介绍光学成像技术的几个基本原理。

1) 光线追踪

对于光学系统中的透镜成像介绍，可以通过讨论光线跟踪开始。图 2-16 是一个理想的薄透镜对物体进行成像的基本光路图。物体的高度为 y_1，到透镜中心的距离为 s_1，透镜的焦距为 f。透镜在另一端 s_2 的位置成像，像高为 y_2。

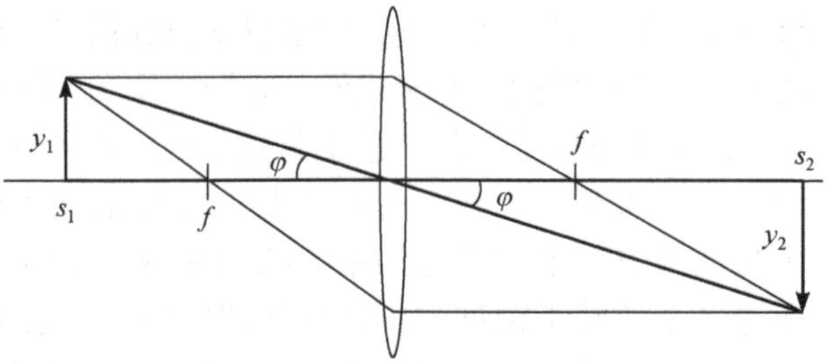

图 2-16　基本成像光路图

对于理想的薄透镜，它的厚度足够小，可以不计入焦距。这种情况下，穿过透镜中心的光线发生的折射可以忽略。接下来的讨论基于这种理想薄透镜，透镜的相差及厚度所产生的其他效应在这里不考虑。图 2-16 中包含三条光路，其中任意两条都可以完全确定像的位置和大小。最上面一条光束从物体发出并平行于透镜的光轴，经过透镜折射后穿过另一侧的焦点。最下面一条光束穿过透镜左侧的焦点，经过折射，与光轴平行。中间一条光束直接穿过透镜中心。因为透镜垂直于主光轴并且厚度很小，当光透过其中心时，折射可以忽略不计。除了理想薄透镜假设，还采用了近轴近似，也就是光线与光轴的夹角 φ 足够小，可以把 $\sin\varphi$ 近似为 φ。

2) 放大成像

如图 2-16 所示，从物体出发，穿过透镜中心的光线与光轴成 φ 夹角，在透镜两侧形成两个相似三角形，可以得到

$$\varphi = \frac{y_1}{s_1} = \frac{y_2}{s_2} \tag{2-79}$$

进行变形得到

$$\frac{y_2}{y_1} = \frac{s_2}{s_1} = M \tag{2-80}$$

数值 M 即为透镜对物体成像的放大倍数，同时也是像距和物距的比例。

3) 高斯透镜方程

在图 2-17 中，从物体出发穿过前焦点的光束，与主光轴相交形成两个相似三角形，顶角同为 η，因此具有如下关系：

$$\frac{y_2}{f}=\frac{y_1}{s_1-f} \tag{2-81}$$

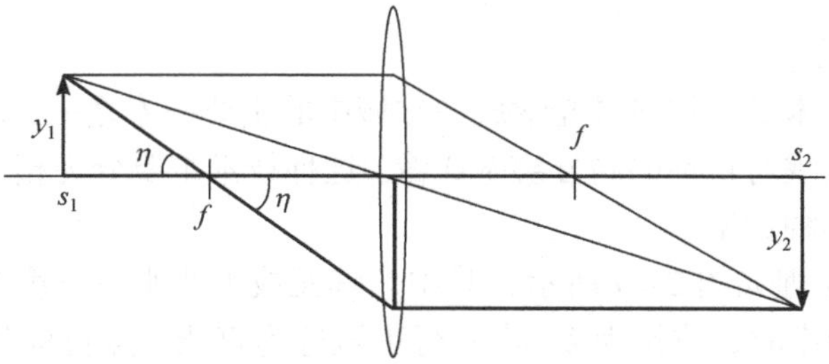

图 2-17　基本成像光路图

运用放大倍数的定义公式可以得到

$$\frac{y_2}{y_1}=\frac{s_2}{s_1}=\frac{f}{s_1-f} \tag{2-82}$$

进行变形，最终得到

$$\frac{1}{f}=\frac{1}{s_1}+\frac{1}{s_2} \tag{2-83}$$

式(2-83)就是高斯透镜方程，它定义了透镜焦距及成像系统尺寸之间的基本关系。这个方程与放大倍数的定义公式组成一个方程组，其中含有三个变量，即焦距 f、物距 s_1 以及像距 s_2。再加上另一个条件方程就可以最终确定这三个变量。另一个条件通常是透镜的焦距 f，或者物像之间的距离，也就是 s_1+s_2，它受系统的尺寸限制。任意一种情况都可以确定这三个变量。

传统光学成像技术流程图如图 2-18 所示，当光源发出的光线经过透镜聚焦后，透镜根据物体的位置和大小将光线聚集成一定的形状和强度。这些聚焦的光线被光学传感器捕获，传感器将光线转换成电信号。接下来，经过信号处理和调整，这些电信号被传输到图像信号处理器(image signal processing，ISP)。ISP 执行多种操作，如降噪、色彩处理、对

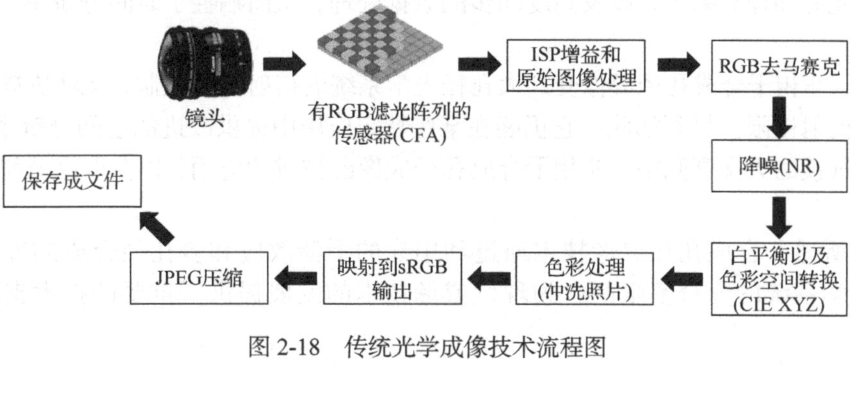

图 2-18　传统光学成像技术流程图

比度调整等，以优化图像质量。最后，处理后的图像信号通过显示器或存储设备输出成像，呈现出我们观察的最终图像。整个过程中，光的传播和透镜的聚焦决定了成像质量，而ISP的处理则直接影响最终图像的细节和清晰度，整个光源从物体出发再到ISP处理的整个过程便是传统光学成像技术的全过程。

2. 现代光学成像技术

1) 合成孔径成像

合成孔径成像技术是现代多维光学成像领域中的重要技术之一，旨在克服传统光学系统的分辨率限制以实现对目标的高分辨率成像。这种技术主要分为相干合成孔径成像和非相干合成孔径成像两种类型。

合成孔径成像原理如图2-19所示，其中，阵元或天线水平长度为L，水平波束开角为$\theta=\lambda/L$。工作频率时，波长为λ。阵元行进轨迹为直线，点目标与行进轨迹的垂直距离为R。阵元在位置1时，目标进入波束；阵元在位置N时，目标退出波束。合成孔径阵元数为N，合成孔径长为$D=R\theta=R(\lambda/L)$，合成孔径波束开角为$\theta_{\mathrm{syn}}=\lambda/D=\lambda/(R\theta)=L/R$。

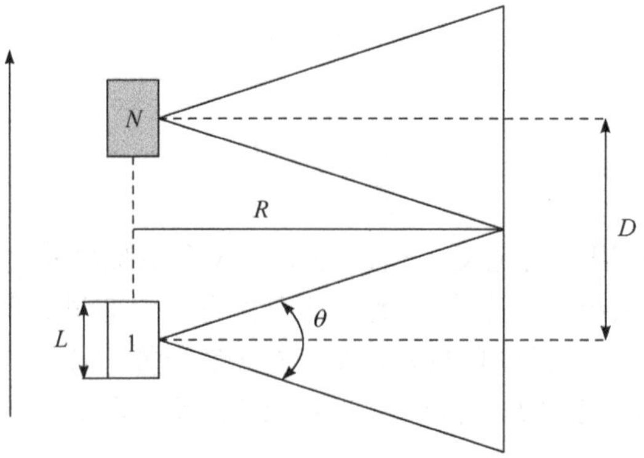

图2-19 合成孔径成像原理

相干合成孔径成像依赖于主动相干光照明方式。它利用多个发射器和接收器的干涉效应，通过合成多个小孔径的光束来形成有效孔径。相比于单一大孔径系统，相干合成孔径成像能够显著提高空间分辨率，从而获得更清晰、更详细的成像结果。然而，这种技术需要复杂的光源和控制系统，以及高度同步的数据处理，从而牺牲了时间分辨率，增加了系统复杂性。

另外，非相干合成孔径成像受到大孔径光学系统的衍射极限限制，无法突破光波波长所决定的衍射极限。尽管如此，它仍能在某些特定应用中提供改进的空间分辨率。例如，在地面望远镜的天文观测中，非相干合成孔径成像已被成功应用，以获取高分辨率的天体图像。

综上所述，合成孔径成像技术通过利用光的干涉效应和多孔径合成的方法，克服了传统光学系统的分辨率限制，为现代成像技术的发展提供了重要的技术支持和应用基础。

2) 偏振成像

偏振成像是一种利用光的偏振性质获取目标物体信息的高级成像技术。它基于光的干涉、衍射和偏振现象，通过分析物体反射或透射的偏振状态来增强成像的对比度和细节。这种技术在穿透烟雾、抗反光成像等复杂环境中表现突出。偏振片的工作原理如图 2-20 所示。

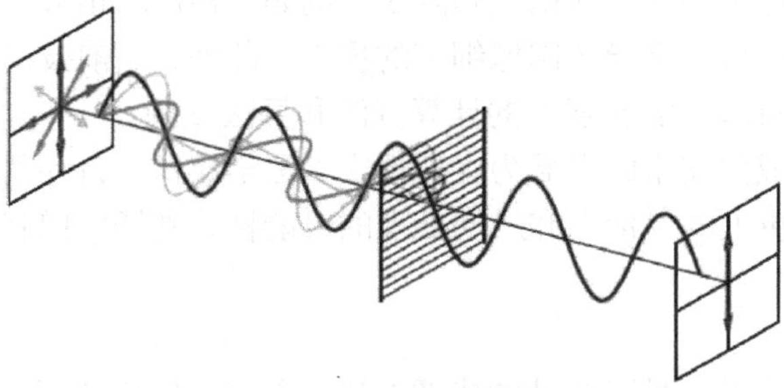

图 2-20　偏振片的工作原理

原理上，偏振成像利用了光波振动方向的变化，通过精确控制偏振滤波器和检测器的位置与角度，可以有效地提取目标物体的特征信息。然而，偏振成像也面临一些挑战。特别是在光照条件复杂、目标物体微弱或背景噪声较多的情况下，偏振信号的提取和解析可能受到影响，导致成像质量下降。

此外，偏振成像系统的设计和调试通常较为复杂，需要精确的光学组件和高度灵敏的探测器，以确保获得准确的偏振信息。尽管如此，偏振成像技术在科学研究、工业检测以及安全监控等领域的应用潜力巨大，为解决复杂场景下的成像难题提供了一种有效的技术手段。

3) 光场成像

光场成像是一种记录光线入射方向和强度信息的先进成像技术。与传统相机不同，光场相机不仅捕捉到光的二维位置信息，还能够精确地描述光线的传播方向和散射情况。这种技术允许在成像后重新调整焦距、观察不同角度的场景，并具有数字重构等独特优势。

不考虑光波的波长等信息，仅考虑方向和位置，光场，即所有传播方向和所有位置上的光线，可以用一个四维变量来表述，即 $L = L(u, v, s, t)$，其中，u、v 代表方向坐标，s、t 代表位置坐标，这种表示方法称为两平面表示法。图 2-21 可以说明光场相机采集这个四

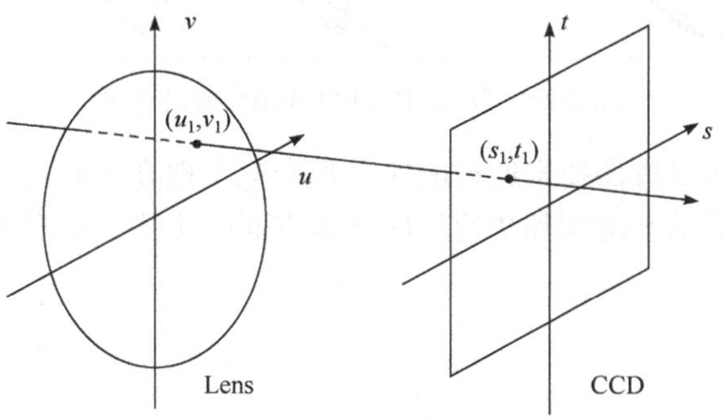

图 2-21　光场的两平面表示法

维向量的过程，微透镜本身的位置(*s*, *t*)代表了空间坐标，因为由光路图可以看出，某个微透镜接收的光线，只是物空间某个平面上的一个小区域，这点可以由初中所学的主透镜的针孔模型说明，由光路可逆性原理，从某个微透镜上任意一点发出并穿过主透镜光心的光线必然只能达到某个物平面的一个小区域。

原理上，光场成像通过使用微透镜阵列或其他特殊设计的光学元件，捕捉多维度的光信息。然而，光场成像也存在一些挑战和限制。例如，相机的角分辨率与图像的分辨率成反比关系，高角分辨率可能会导致图像细节的损失。此外，当前技术在实时处理和存储大量光场数据时仍面临挑战，需要强大的计算资源和算法支持。

尽管如此，光场成像技术的发展为虚拟现实、医学成像、自动驾驶等领域带来了新的应用前景。通过提供更大的灵活性和后期处理的可能性，光场成像有望成为未来成像技术的重要发展方向。

4) 事件相机成像

事件相机成像技术是一种革命性的成像方法，不同于传统的积分成像方式。它基于像素的亮度变化累计达到一定阈值后，即输出一个事件信号。这种方式使得相机能够实现高速、高动态范围(high dynamic range，HDR)的成像，尤其适用于快速运动和光瞬态变化的场景。

事件相机的工作原理类似于人类视觉系统，它能够高效地捕捉快速变化的光信号。例如，用于运动跟踪、高速摄影以及机器人导航等需要高时空分辨率的应用场景。然而，事件相机也存在一些限制。在静态场景或低光条件下，像素亮度变化微小或没有变化时，事件相机可能无法输出有效的事件信号，导致信息丢失。

此外，事件相机在设计和应用中需要考虑成本、数据处理能力以及系统集成的复杂性。尽管如此，随着技术的进步和应用场景的扩展，事件相机成像技术有望在未来成为更多领域的首选成像方案，为高速动态成像提供了全新的解决方案。普通相机和事件相机输出对比如图 2-22 所示。

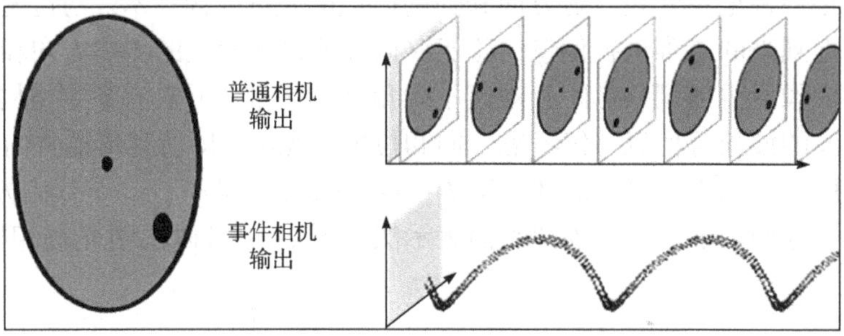

图 2-22　普通相机和事件相机输出对比

综上所述，事件相机成像技术通过响应光强变化实现高速成像，尽管在某些特定场景下存在挑战，但其在高动态范围和快速反应性能方面的优势仍然显著，具有广阔的应用前景和发展空间。

3. 计算成像技术

计算光学成像，顾名思义，是把“计算”融入光学图像形成过程中任何一个或者多个环节的一类新型的成像技术或系统。光学图像的形成与场景/物体的照明模式、系统的光学传递函数、传感器的采样三个因素息息相关。计算通常以编码的形式体现在这三个环节当中，对系统的物面、光瞳面和像面(或其共轭面)上的光场进行编码调制，形成编码照明、编码孔径、编码像感(图 2-23)。

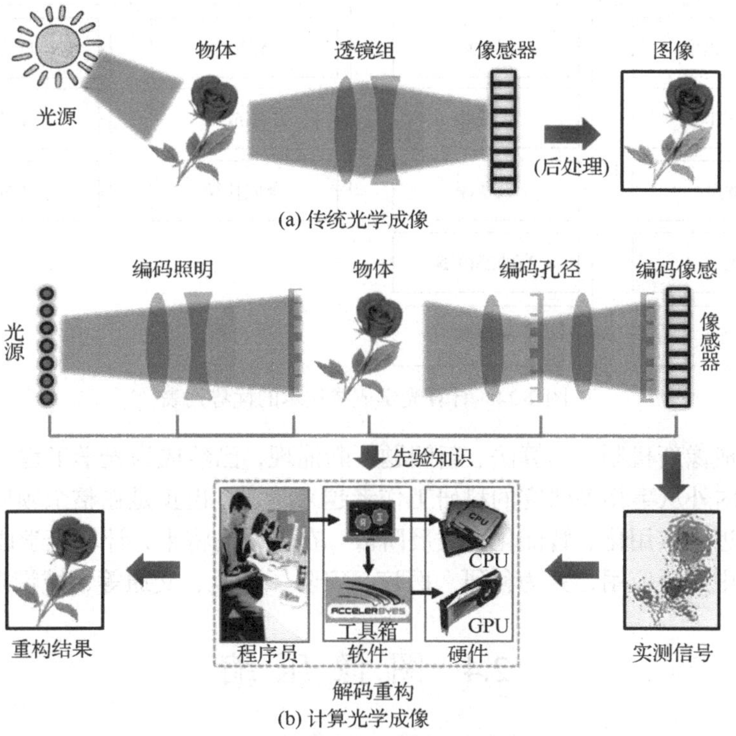

图 2-23　传统光学成像与计算光学成像的对比示意图

在硬件上，这些编码通常可以专门制作编码板(如微透镜阵列、微偏振片阵列)或者更灵活的可编程控制的空间光调制器(如 DMD、LCOS、MEMS、LED 阵列)，甚至利用光波本身的物理属性(如衍射、相干叠加)来实现；在功能上，编码调制可以作用于光场的光强、相位、偏振、光谱等要素。显然，这些编码器件和函数的引入会导致几何光学意义下光学成像系统“点到点”物像关系不再满足。也就是说，在像感器上所成的像并非“所见即所得”的几何光学像，而是经过“编码”后的光强分布，因而需要用适当的数学算法来“计算重建”场景/物体的图像。因此，计算光学成像系统的设计需要根据具体的成像任务在光学和算法两方面进行联合优化。而数字图像处理技术仅对传统光学成像系统获取到的图像进行后处理(如去噪、像素超分、背景虚化)以获得更好的视觉效果。

通过光学与算法的联合优化设计，计算光学成像技术的优势是全方位的(图 2-24)。根据具体的成像任务，计算光学成像技术能扩展成像要素，对光场的相位/角度、相空间、偏振、光谱、时间等参量进行成像；也能提升成像性能，可实现分辨率、视场、景深和动态范围的提升；还能通过去除透镜等方式简化成像系统；甚至在低光照、强散射、非视域等传统光学成像技术难以应对的环境里，都能获得出色的表现。

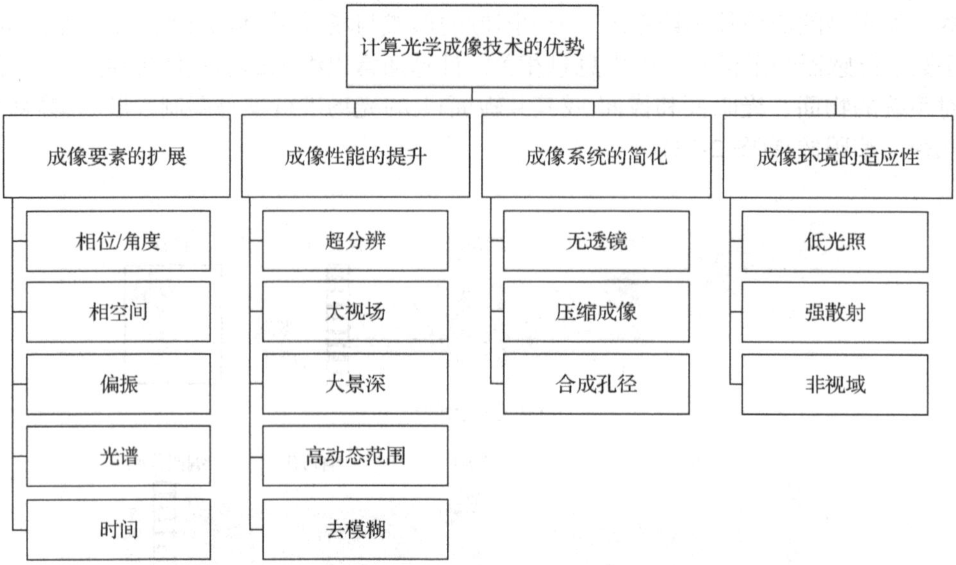

图 2-24 计算光学成像技术的优势列表

计算光学成像新机制、新算法、新问题不断涌现，已然成为光学工程领域的一个热门研究方向。国内外从事相关研究的科研工作者越来越多，也正是在整个领域的推动下，该方向正在逐步迈入实用化、智能化的发展阶段。在不久的将来，计算光学成像技术将在光信息感知问题中广泛应用，并为科研、医疗、安防、工业、交通等领域带来新的机遇。

2.4 图像压缩

由于太空环境的特殊性，从卫星或深空探测器传输数据到地面上面临着巨大的挑战，其中最显著的是传输速率的限制和带宽的稀缺。原始图像数据通常具有极高的分辨率和复杂度，因而其所包含的数据量非常庞大，直接传输不仅效率低下，而且可能因数据量过大而无法及时地完成传输任务。图像压缩技术通过算法对图像数据进行优化处理，去除冗余信息，降低表示数字图像的数据量，减少存储空间需求，同时尽可能地保持图像的关键特征和质量。这不仅极大地提高了数据的传输效率，还节约了带宽资源。

在图像压缩中，我们关注的是在传输和存储中如何高效地管理数据。图像压缩与复原技术相辅相成，前者通过减少数据量优化传输和存储，后者通过改善图像质量提升数据的有用性。通过有效的图像压缩技术，可以确保更多高质量图像数据在有限带宽内及时传回地面，支持科学研究和决策过程。

2.4.1 图像压缩技术的发展历程

自 1948 年提出电视信号数字化后，人们就开始了对图像压缩编码的研究工作，至今已有 70 多年的历史。克劳德·香农在 1948 年发表的划时代论文《通信的数学理论》中，首次提出了“信息熵”的概念，信息熵理论揭示了信息量的本质，即不确定性越大，信息量越大。20 世纪 50 年代和 60 年代的图像压缩技术由于受到电路技术等的制约，仅仅停留在预测编码、亚采样和内插复原等技术的研究上。这个阶段的图像压缩技术以游程编码和哈夫曼(Huffman)编码为代表。1969 年，美国召开第一届“图像编码会议”，标志着图像编码作为一门独立的学科诞生。20 世纪 70 年代，变换编码技术逐渐兴起，离散傅里叶变换(discrete Fourier transform，DFT)和离散余弦变换(discrete cosine transform，DCT)成为研究热点，DCT 通过将图像分块后进行变换，成功压缩了低频成分，去除了高频成分，实现了图像有损压缩。

20 世纪 90 年代至 21 世纪初，联合图像专家组(Joint Photographic Experts Group，JPEG)标准的推出成为图像压缩技术的一座重要里程碑。JPEG 采用 DCT 和熵编码，成为最广泛使用的有损压缩标准，大幅度减小图像文件大小，而视觉效果几乎无损，广泛应用于数码图像存储和传输。2000 年推出的 JPEG 2000 标准采用小波变换，小波变换采用不同的线性数字滤波器，对图像整体进行分解，根据人类视觉特性对不同频段的数据进行粗细不同的量化处理，以达到更好的压缩效果。JPEG 2000 在提供更高压缩比的同时，还支持无损压缩、渐进式解码和区域解码等功能，丰富了图像压缩的应用场景，小波变换不仅提高了压缩效率，还增强了图像细节的保留，为高清图像的压缩与传输提供了强有力的支持。

进入 21 世纪，图像压缩技术进一步发展。高效视频编码虽主要用于视频压缩，但其技术也适用于图像压缩，提供了比 JPEG 和 JPEG 2000 更高的压缩效率。谷歌开发的 WebP 格式结合了帧内和帧间压缩技术，支持有损和无损压缩，展示了其在网络图像应用中的巨大潜力。此外，BPG(better portable graphics)基于高效视频编码压缩技术，提供了更好的压缩比和图像质量，进一步推动了图像压缩技术的发展。

现今，深度学习和人工智能技术开始应用于图像压缩。深度卷积神经网络(convolutional neural network，CNN)通过训练端到端的模型，实现了更高效的图像压缩，显著提高了压缩效果。生成对抗网络通过感知损失优化，进一步提升了图像重建的视觉质量。

2.4.2　图像压缩原理

图像数据之所以能被压缩，就是因为数据中存在冗余。图像数据的冗余主要表现为：图像中相邻像素间的相关性引起的空间冗余；图像序列中不同帧之间存在相关性引起的时间冗余；不同彩色平面或频谱带的相关性引起的频谱冗余。数据压缩的目的就是通过去除这些数据冗余来减少表示数据所需的比特数。

数据压缩是通过减少表示已知信息所需的数据量来实现压缩的一种处理方法。在这个定义中，数据和信息是不同的概念：数据是用来传递信息的工具。由于可以使用不同数量的数据来表示相同的信息，所以认为包含无关或重复信息的表示中存在冗余数据。若令 b 和 b' 是相同信息的两个表示中的比特数，则 b 比特表示的相对数据冗余 R 是

$$R = 1 - \frac{1}{C} \tag{2-84}$$

其中，C 通常称为压缩率，它由式(2-85)定义：

$$C = \frac{b}{b'} \tag{2-85}$$

例如，若 C=10(或 10∶1)，则对于较小表示中的 1bit 数据，较大表示需要 10bit 数据。较大表示中对应的相对数据冗余为 0.9(R=0.9)，表明它的数据中 90%是冗余的。

图像压缩的目标是减少表示数字图像所需的数据量，通常通过去除以下三种基本冗余来实现：编码冗余、空间和时间冗余、不相干冗余。由于图像数据量巨大，在存储、传输和处理时会面临极大的挑战，因此图像压缩变得尤为重要，通过有效的压缩技术，可以大幅减少图像数据量，提高存储和传输效率。

1. 编码冗余

编码冗余指在图像数据的表示中使用多余的位来表示信息，从而导致数据量增加。通过优化编码方法，可以减少这些冗余位，从而实现数据压缩。信息熵是衡量信息量的一个重要概念。对于一个离散随机变量 X 及其概率分布 $P(X)$，信息熵定义为

$$H(X)=-\sum_{i=1}^{n}P(x_i)\log_2 P(x_i) \tag{2-86}$$

其中，$P(x_i)$是变量 X 取值 x_i 的概率；n 是变量 X 的所有可能取值的数量。信息熵 $H(X)$表示了编码该随机变量的理论最小平均码长。而实际编码长度是指在实际编码方案中，用于表示每个符号所需的平均位数，假设使用长度为 l_i 的编码来表示概率为 $P(x_i)$的符号 x_i，则平均码长 L 为

$$L=\sum_{i=1}^{n}P(x_i)l_i \tag{2-87}$$

编码效率(efficiency)可以用信息熵与实际平均码长的比值来表示：

$$\eta=\frac{H(X)}{L} \tag{2-88}$$

编码冗余(redundancy)则表示为

$$R=1-\eta=1-\frac{H(X)}{L} \tag{2-89}$$

编码冗余越大，表示编码中包含的多余信息越多，压缩效率越低。

2. 空间冗余

空间冗余指在数字图像中许多像素的值与其邻近像素的值非常相似，这种相似性可以用来减少图像数据量，从而实现图像压缩。空间冗余主要来源于相邻像素的相似性、区域一致性、边缘信息。目前，针对空间冗余进行图像压缩的方法有：预测编码，利用像素与其邻近像素的关系来预测像素值，只编码预测误差；变换编码，如 DCT 和小波变换，将图像从空间域转换到频域或其他变换域，通过变换后的系数来去除冗余。JPEG 压缩就是利用 DCT 将图像分块后进行变换，去除高频分量来实现压缩。

3. 时间冗余

时间冗余指图像帧序列中相邻帧之间的高度相关性。由于在许多场景中，连续帧之间

的变化较小，因此可以利用这种相关性来减少数据冗余，从而实现更高效的图像压缩。利用时间冗余进行压缩的方法包括帧间预测和运动估计与补偿。在帧间预测中，通过利用之前的帧来预测当前帧，只编码预测误差，从而减少数据量。例如，针对一个视频帧序列，其中第 t 帧表示为 I_t，相邻帧之间的差异可以表示为

$$D_t = I_t - I_{t-1} \tag{2-90}$$

在帧间预测中，利用之前的帧 I_{t-1} 预测当前帧 I_t，并只编码预测误差 D_t。如果预测误差较小，则可以用较少的数据表示。在运动估计与补偿中，通过估计物体在连续帧中的运动，并对运动进行补偿，进一步减少帧间差异。例如，设物体在第 $t-1$ 帧中的位置是 (x,y)，在第 t 帧中移动到了 $(x+\Delta x, y+\Delta y)$，则运动矢量 $(\Delta x, \Delta y)$ 可以用来补偿帧间的差异：

$$M_t = I_{t-1}(x+\Delta x, y+\Delta y) \tag{2-91}$$

其中，M_t 是根据运动矢量 $(\Delta x, \Delta y)$ 补偿后的预测帧，预测误差可以表示为

$$D_t = I_t - M_t \tag{2-92}$$

4. 不相干信息

不相干信息指在感知质量上对人类视觉系统影响较小，可以被安全去除或简化的图像数据称为不相干信息。由于人类视觉系统对某些类型的信息不太敏感，因此在压缩过程中可以针对这些特性进行处理，从而显著降低图像的数据量而不明显影响图像的视觉效果。通过傅里叶变换、DCT 等方法，可以将图像从空间域转换到频域。在频域中，图像的低频分量通常包含主要的视觉信息，而高频分量则包含更多细节和噪声，压缩算法可以在保留低频分量的同时，去除或简化高频分量，从而实现有效压缩。一些高级压缩算法引入人类视觉感知模型，基于人类对亮度、对比度、纹理等的感知特点，对图像数据进行加权处理，优先保留感知上重要的信息，去除或简化不相关的信息。

5. 与图像信息量相关的概念

在图像压缩过程中，需要着重理解和量化图像信息的度量。因此，在开始后面内容之前，有必要先介绍几个与图像信息度量相关的概念。

(1) 信息量：描述概率事件所包含信息的基本单位。由其表达式可知，信息量与事件发生的概率成反比，即事件发生的概率越小，其包含的信息量越大。例如，若 $P(E)=1$，则 $I(E)=0$，此时无信息。因此可知，罕见事件比常见事件携带更多的信息。

$$I(E) = \log_2 \frac{1}{P(E)} = -\log_2 P(E) \tag{2-93}$$

(2) 信息熵：在编码冗余部分的信息熵通常用来表示信源的平均信息量。熵度量了信源的不确定性，熵值越高，信源的不确定性越大，平均信息量也越多。在图像处理中，熵可以用于评估图像数据复杂性和信息量，从而指导压缩算法设计。对于灰度图像，灰度信源熵可以表示为

$$\tilde{H}=\sum_{k=0}^{L-1}P(r_k)\log_2 P(r_k) \tag{2-94}$$

其中，$P(r_k)$表示灰度级别为r_k的概率；L表示灰度级别的总数。通过计算灰度熵，可以量化图像灰度值的分布特性，进而优化图像的压缩和传输。

(3) 香农第一定理：无噪声编码定理，描述了信源编码的极限性能。

$$\lim_{n\to\infty}\left[\frac{L_{\text{avg},n}}{n}\right]=H \tag{2-95}$$

式中，$L_{\text{avg},n}$表示平均编码长度；n表示消息的长度。可以看出，当消息长度趋于无穷时，消息的平均编码长度与消息长度之比趋近于信源的熵H。该定理为图像压缩算法的设计提供了理论指导，确保在信息损失最小的前提下实现最高效的压缩。

6. 图像压缩模型

图像压缩系统的常用模型如图 2-25 所示，它包括一个编码器(encoder)和一个解码器(decoder)。图像$f(x,y)$输入编码器中，该编码器可以根据输入数据生成一组符号。在通过信道进行传输后，将经过编码的表达符号送入解码器，经过重构后，就生成了输出复原图像$\hat{f}(x,y)$。一般而言，$\hat{f}(x,y)$不一定完全与原始图像$f(x,y)$相同。如果复原图像与原始图像完全相同，系统就是无误差的编码系统，否则，在复原图像中就会呈现出某种程度的失真。

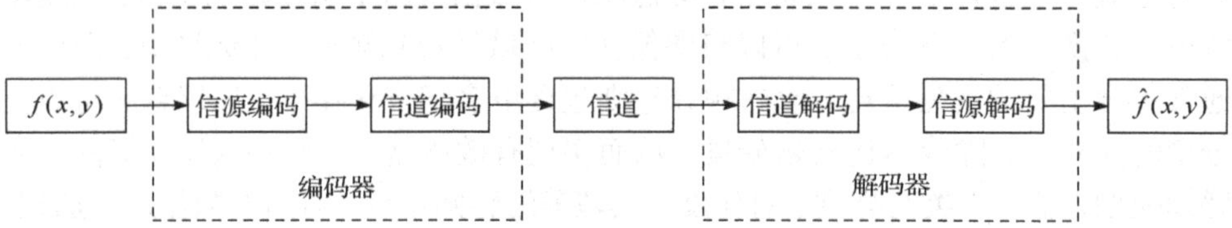

图 2-25 图像压缩系统的一般模型

编解码器都包含两个彼此相关的函数或子块。编码器由一个消除输入冗余的信源编码器和一个用于增强信源编码器输出的噪声抗扰性的信道编码器构成。解码器包括一个信道解码器和一个信源解码器。若信道是无噪声的，则信道编码器和信源编码器可以略去。

2.4.3 图像压缩分类

图像压缩有两种基本的压缩方法：一种是有损数据压缩，另一种是无损数据压缩。有损数据压缩一般采用变换编码方法，例如，基于 DCT 的变换编码方法，如 JPEG；还有基于小波变换的方法，如 JPEG 2000 等。通过 DCT 后选择性丢掉人眼不敏感的信号分量，实现高压缩比率。PNG 是无损数据压缩中图片压缩常采用的格式，采用 LZ77(Lempel- Ziv 1977)派生的无损数据压缩算法。音频压缩格式 FLAC(free lossless audio codec)、TTA(true audio)和视频压缩格式 HUFFYUV 也是无损数据压缩常采用的压缩格式。

有损数据压缩是一种破坏性压缩。它在压缩过程中，允许有一定信息的失真，但此失真对原图像影响较小，得到一个与原图像相近似的图像，但压缩比却大大提高了。有损数据压缩常用于因特网、流媒体、视频以及电话领域。有损数据压缩方法包括色彩空间、色度抽样、变换编码、分形压缩等。

无损数据压缩采用数据的统计冗余进行压缩，使数据通过其压缩后没有信息损失，均可还原到压缩前的原样。例如，在工程制图、计算机程序、医疗图像、指纹图像等方面，此方法得到广泛应用。经常使用的无损压缩方法有哈夫曼编码、游程编码、LZW(Lempel-Ziv-Welch)编码和熵编码等。无损压缩的优点是 100%的保存，没有任何信号丢失；音质高，不受信号源的影响；转换方便。无损压缩的不足是缺乏硬件支持，占用空间大，压缩比不高。

2.4.4　编码方法

1. 哈夫曼编码

哈夫曼(Huffman)编码是图像压缩中常用的一种无损压缩算法，由大卫·哈夫曼于 1952 年提出。它是一种基于统计冗余的编码方法，通过使用变长编码来减少数据量，使平均码率可以接近信息熵值，从而实现压缩效果。其编码思想是：对于出现概率大的信息，采用字短的码，对于出现概率低的信息采用字长的码，以缩短平均码长，从而实现数据压缩。Huffman 编码的码字平均长度很接近信息符号的熵值，其最高压缩效率可达到 8∶1，主要步骤如下。

(1) 统计频率：首先，计算待编码数据中每个符号的出现频率。频率较高的符号将获得较短的编码，频率较低的符号将获得较长的编码。

(2) 构建 Huffman 树：根据符号的频率构建哈夫曼树(Huffman tree)。Huffman 树是二叉树，树中每个叶节点代表一个符号，路径长度代表符号编码长度。从最低频率的两个符号开始，创建一个新节点，其频率为这两个符号频率之和。重复以上步骤，将新节点与剩余符号按照频率重新排序，再次合并频率最低的两个节点，直到所有符号都合并到一棵树中。

(3) 生成编码：根据构建的 Huffman 树，从根节点到每个叶节点生成对应的二进制编码。左子树路径通常编码为 0，右子树路径编码为 1。因此，频率越高的符号，其路径越短，编码也越短。

(4) 编码数据：使用生成的 Huffman 编码表对原始数据进行编码。将每个符号替换为其对应的哈夫曼编码，从而得到压缩后的数据。

Huffman 编码因其较高的压缩效率，而被广泛应用于图像压缩算法中，例如，可根据图像的像素直方图来进行图像压缩，PNG 格式的图像压缩使用的算法就包括 Huffman 编码，在编码过程中并未舍弃信息，故 Huffman 编码是一种无损压缩方式。

2. 算术编码

算术编码是一种无损数据压缩方法，也是一种熵编码的方法。一般的熵编码方法通常是把输入的消息分割为符号，然后对每个符号进行编码。而算术编码将整个要编码的数据映射到一个位于[0, 1)的实数区间中。利用这种方法，算术编码可以让压缩率无限地接近数据的熵值，从而获得理论上的最高压缩率。

算术编码用到两个基本的参数：符号的概率和它的编码间隔。首先，算术编码利用符号的概率分布来进行压缩。符号出现的概率越高，所需的编码长度就越短。其次，将整个消息映射到 0～1 的一个区间上，通过不断细分区间来表示每个符号。主要步骤如下。

(1) 初始化：将初始区间设为[0, 1)。

(2) 区间划分：根据符号的概率分布，将当前区间划分为若干子区间，每个子区间的大小与对应符号的概率成正比。例如，假设有三个符号 A、B、C，它们的概率分别为 0.2、0.3 和 0.5，那么初始区间[0, 1)会被划分为[0, 0.2)、[0.2, 0.5)和[0.5, 1)。

(3) 编码过程：处理消息中的每个符号，逐步缩小区间。每次处理一个符号时，选择当前区间对应的子区间作为新的区间。例如，对于消息“AAB”，首先根据符号 A 选择区间[0, 0.2)，接着在这个区间内再细分，依次选择符号 A 和 B 对应的子区间。

(4) 输出编码：当所有符号处理完毕后，最终的区间即为消息的编码。编码可以是这个区间内的任何一个数，通常选择区间的下界作为编码。

算术编码能够有效地将消息压缩到接近其理论最小长度，因此被广泛应用于图像压缩领域，如 JPEG、JPEG 2000 等标准中都有其应用。

3. 行程编码

行程编码(run length encoding，RLE)是一种无损压缩算法，适用于逐行存储的图像数据。其基本原理是将具有相同灰度值的一系列连续像素进行编码。在进行行程编码时，仅需存储每个行程的灰度值以及该行程的长度，从而有效地减少数据量。主要步骤如下。

(1) 初始化：设置当前字符和计数器。

(2) 遍历数据：从头到尾遍历数据序列。

(3) 计数重复：如果当前字符与上一个字符相同，计数器加一；否则，将上一个字符和计数器的值记录下来，并重置计数器为 1。

(4) 结束处理：遍历完成后，将最后一个字符和计数器的值记录下来。

行程编码可根据标记方法的不同，分为“行程终点编码”和“行程长度编码”两种类型。行程终点编码记录每个行程的起始点和终点，适用于需要频繁访问和修改图像数据的场景；行程长度编码记录每个行程的长度，在数据压缩率和编码效率方面表现更优。行程编码在仅包含少数灰度级图像中效果尤为显著，它能显著减少数据冗余，提高压缩效率。

4. 预测压缩编码

如果已知图像一个像素离散值，利用其相邻像素的相关性，预测它的下一个像素的可能值，求其两者差，再量化编码，这就是预测压缩方法。预测编码方法计算简单，若再采用 Huffman 编码技术，压缩比从 2∶1 到 4∶1 仍有令人满意的效果。预测编码可以利用相邻像素之间的相关性，用前面已出现的像素值估计当前像素值，对实际值与估计值的差值进行编码。常用的一种线性预测编码方法是差分脉冲编码调制，线性预测形式如下：

$$\hat{\boldsymbol{s}}(n_1,n_2)=c_1\boldsymbol{s}(n_1-1,n_2-1)+c_2\boldsymbol{s}(n_1-1,n_2)+c_3\boldsymbol{s}(n_1-1,n_2+1)+c_4\boldsymbol{s}(n_1,n_2-1) \tag{2-96}$$

最佳线性预测选择系数使均方误差(mean square error，MSE)最小：

$$\min_{c_1,c_2,c_3,c_4} E\left((\boldsymbol{s}-\hat{\boldsymbol{s}})^{\mathrm{T}}(\boldsymbol{s}-\hat{\boldsymbol{s}})\right) \tag{2-97}$$

预测编码根据数据在时间和空间上的相关性，根据统计模型利用已有样本对新样本进行预测，将样本的实际值与其预测值相减得到误差值，再对误差值进行编码。由于通常误差值比样本值小得多，因此可以达到数据压缩的效果。

5. 小波编码

对图像像素解除相关的变换系数进行编码，比对原图像像素本身进行编码效率更高。选择合适的变换基函数，将大多数重要的视觉信息包装到少量系数中，剩下的系数可以被粗略量化甚至截取为 0，而图像几乎没有失真。基于小波变换的图像压缩算法首先使用某种小波基函数将图像作小波变换，再根据 4 个通道的不同情况，分别量化编码，例如，对低频频段采用较多的量化级别，而对中间频段采用较少量化级别，对高频频段采用很少几个量化级别，这样根据重构时对复原信号的重要程度分别对待的方式，可以有效地提高压缩比，而又不产生明显的失真。小波变换在静态图像压缩中的作用已经得到公认，为 JPEG 2000 标准所采纳。小波变换应用于图像压缩时，本质上是对原始图像的小波系数进行重组处理，然后用处理后的小波系数恢复图像，在实际的信号压缩标准中，一般采用支集长度为 9 和 7 的双正交小波，该方法容错性较好，因此更适合实际的应用。

本 章 小 结

成像原理涉及相机技术的核心内容，它结合了光学和电子技术，旨在将物体的光信息转化为电信号，并最终生成可视化的数字图像。这一过程通过透镜的聚焦和光敏元件的转换来实现，其背后涵盖了复杂的光学成像原理和电子学技术的协同作用。

光学成像基于光线的折射和反射，利用透镜等光学元件将物体的光信息转换为可捕获的影像。几何光学定律包括光线的直线传播定律、光的独立传播定律，以及光的反射和折射定律。这些基本法则奠定了光学成像的理论基础，其中费马原理则在光的路径最短原理中起到了重要作用，进一步解释了光的传播规律；成像原理的实现不仅限于传统的光学方法，还包括现代光学成像技术和计算成像技术。传统光学成像技术主要依赖于光学透镜系统，通过透镜的折射和反射使物体信息聚焦在光敏元件上。这种方法的优势在于实现简单、成像效果稳定，适用于许多常见的摄影和工业应用场景。

现代光学成像技术则利用复杂的光学系统和高级光学材料，以提高成像的分辨率和质量。通过优化光学设计和材料选择来实现更加精确和清晰的成像效果。这些技术的进步使得现代相机能够在各种光线条件下捕捉细节丰富的影像，广泛应用于专业摄影、医学影像和科学研究领域；计算成像技术则是近年来兴起的领域，它利用数学算法和计算能力对图像进行重建和优化。这种技术不仅仅依赖于光学物理过程，还结合了数字信号处理和机器学习等技术，通过分析和处理传感器捕捉的原始数据来改善成像结果。计算成像技术在医学诊断、安全监控和虚拟现实等领域展示了强大的应用潜力，为提升图像质量和应用灵活性提供了新的可能性。

总体而言，成像原理作为光学和电子技术交汇的产物，通过光学成像法则和电子信号处理实现了物体信息的高效转换和再现。从传统光学到现代光学再到计算成像，不同的技术路径展示了人类对于成像技术不断探索和创新的历程。这些技术的进步不仅丰富了视觉记录的方式，也推动了科学技术在图像捕捉、分析和应用上的全面发展。

习　题

1. 描述小孔成像模型的基本原理，并解释为什么成像结果会是倒立的。

2. 如何将一个三维物体从世界坐标系转换到相机坐标系？请给出坐标变换的数学表达式。

3. 对比正交投影和透视投影的特点。它们在什么场景下应用最为适合？请写出光的反射定律和折射定律的公式，并说明光在不同介质中的折射会如何影响成像。

4. 已知物体到透镜的距离 s_1=10cm，透镜焦距 f=5cm，求像的位置 s_2 和像高 y_2，并判断成像是放大还是缩小。

5. 为什么合成孔径成像技术能够突破传统光学系统的分辨率限制？请结合相干和非相干成像的原理进行说明。

6. 在复杂环境(如烟雾、反光等)中，偏振成像为什么能提供更好的图像对比度？请结合偏振光的物理特性进行分析。

7. 结合费马原理，解释为什么透镜能将光线聚焦在一个点上。请说明光线的传播路径是如何优化的。

8. 计算成像技术在光学系统的哪些环节引入了计算？请结合编码照明、编码孔径等概念，分析计算成像技术的工作原理。

9. 如何通过二维图像中的像点信息恢复三维场景的深度信息？请列举可能的方法，并简要描述其基本原理和应用场景。

10. 小孔越小，成像越清晰，但同时亮度也会降低。如何在清晰度和亮度之间找到平衡？有哪些解决方案？

11. 在从世界坐标系转换到相机坐标系的过程中，可能出现哪些误差？如何通过算法或硬件手段减少这些误差？

12. 虽然正交投影可以保留物体的比例，但它缺乏透视效果。正交投影在哪些实际应用中更有优势？如何弥补其在视觉表现上的不足？

13. 透视投影虽然更接近人类视觉感受，但它会引发视觉错觉(如月亮幻觉)。你能列举一些类似的视觉错觉吗？如何利用或避免这种错觉？

14. 为什么当焦距较长时，景深会变窄？从光学原理出发，讨论景深的调节方法及其在摄影中的应用。

15. 虽然费马原理可以解释光线的传播路径，但在量子层面，光的行为并非总是符合经典的费马原理。你认为量子理论如何改变人们对光的认识？这对未来的光学系统设计有何影响？

16. 合成孔径成像目前已广泛用于雷达和卫星成像。你认为这种技术未来还能在哪些领域取得突破？例如，是否有可能应用于消费级摄影设备？

17. 一些动物(如乌贼和螳螂虾)能够感知偏振光，这对它们的生存有何帮助？从生物感知角度出发，讨论偏振成像在仿生技术中的潜在应用。

18. 随着 AI 算法的发展，计算成像正在取代许多传统成像技术。你认为未来是否可能完全依赖计算成像？在计算成像逐步取代传统成像的过程中，是否会出现新的挑战？

19. 光学和电子学的结合是现代相机的重要技术基础。但在一些极端环境(如太空或深海)中，光学成像系统容易失效。如何设计系统以应对这些环境的挑战？你会选择哪些新兴技术或方案？

第 3 章

天基影像的重建

3.1　二维光学重建

微课

3.1.1　二维光学重建的数学基础

二维光学重建(two-dimensional optical reconstruction)在天基影像(satellite imaging)中具有广泛的应用。本章将介绍实现二维光学重建所需的数学基础，包括傅里叶变换、卷积(convolution)、采样定理和重建算法。

1. 傅里叶变换

傅里叶变换是数学分析中的一种重要工具，它在信号处理、图像处理和天基影像等多个领域有着广泛的应用。特别是对于天基影像(如卫星图像)，傅里叶变换提供了一种有效的频域分析方法，帮助我们从复杂的影像数据中提取有用的信息。

连续傅里叶变换将一个函数从时域(空间域)转换到频域，其定义如下：

$$F(u,v)=\iint_{-\infty}^{\infty} f(x,y)\,{}^{-\mathrm{j}2\pi(ux+vy)}\,\mathrm{d}x\mathrm{d}y \tag{3-1}$$

其中，$f(x, y)$是空间域的函数；$F(u, v)$是其对应的频域表示。傅里叶变换的逆变换定义如下：

$$f(x,y)=\iint_{-\infty}^{\infty} F(u,v)\,{}^{\mathrm{j}2\pi(ux+vy)}\,\mathrm{d}u\mathrm{d}v \tag{3-2}$$

通过傅里叶变换，可以分析图像的频率成分，识别图像中的周期性特征和纹理。

在实际应用中，通常处理的是离散数据，因此需要使用离散傅里叶变换。二维离散傅里叶变换的定义如下：

$$F(u,v)=\sum_{x=0}^{M-1}\sum_{y=0}^{n-1} f(x,y)\mathrm{e}^{-\mathrm{j}2\pi\left(\frac{ux}{M}+\frac{vy}{N}\right)} \tag{3-3}$$

其逆变换为

$$f(x,y)=\frac{1}{MN}\sum_{u=0}^{M-1}\sum_{v=0}^{n-1} F(u,v)\mathrm{e}^{\mathrm{j}2\pi\left(\frac{ux}{M}+\frac{vy}{N}\right)} \tag{3-4}$$

离散傅里叶变换通常通过快速傅里叶变换(fast Fourier transform，FFT)算法实现，FFT 大大降低了计算复杂度，使其在实际应用中得以广泛使用。

2. 卷积

卷积是信号处理和图像处理中一种重要的数学运算。它广泛应用于图像滤波、边缘检测以及各种信号处理算法中。以下是卷积的详细数学基础描述。

在二维空间中，卷积运算的定义如下：

$$(f*g)(x,y)=\sum_{m=-\infty}^{\infty}\sum_{n=-\infty}^{\infty}f(m,n)(x-m,y-n) \tag{3-5}$$

其中，$f(x, y)$是输入图像；$g(x, y)$是卷积核(或滤波器)。卷积运算可以理解为将滤波器 g 移动到图像的每一个位置，并计算滤波器与图像在该位置上的重叠部分的乘积和。

在实际应用中，图像和滤波器都是离散的，因此卷积的计算通常是离散形式的。离散卷积的定义如下：

$$(f*g)[x,y]=\sum_{m=-M}^{M}\sum_{n=-M}^{N}f[x-m,y-n]g(m,n) \tag{3-6}$$

其中，f 是二维离散图像；g 是二维离散滤波器；M 和 N 分别是滤波器在 x 和 y 方向上的半径。

根据傅里叶变换的卷积定理，空间域的卷积在频域中对应频谱的乘积。具体来说：

$$F\{f*g\}=F\{f\}\cdot F\{g\} \tag{3-7}$$

其中，$F\{\}$表示傅里叶变换；·表示点乘。这意味着卷积运算可以通过傅里叶变换转换为频域中简单的乘法运算，从而加速计算。

3. 采样定理

采样定理，也称为奈奎斯特-香农采样定理，是信号处理中的一个基本原理。它描述了如何从连续信号中提取离散数据，并在不丢失信息的前提下进行信号重建。

采样定理的核心内容是：一个带限信号(即频率范围有限的信号)，只要以足够高的频率进行采样，就可以完全由其离散采样点唯一确定。

连续信号，设 $f(t)$是一个带限信号，其最高频率为 BHz。其傅里叶变换 $F(\omega)$在频域上满足：$F(\omega)=0$，对于$|\omega|>2\pi B$。

采样过程中，将 $f(t)$以采样间隔 T_s 进行采样，得到离散信号 $f[n]$：

$$f[n]=f[nT_s] \tag{3-8}$$

采样定理表明：如果采样频率 f_s 满足 $f_s>2B$，其中 $f_s=1/T_s$ 是采样频率，则原始信号 $f(t)$ 可以完全由其采样值 $f[n]$重建。这一条件称为奈奎斯特频率条件。

在满足奈奎斯特频率条件下，原始连续信号 $f(t)$可以通过其采样点 $f[n]$使用理想低通滤波器进行重建：

$$f(t)=\sum_{n=-\infty}^{\infty}f[n]\cdot\operatorname{sinc}\left(\frac{t-nT_s}{T_s}\right) \tag{3-9}$$

其中，$\operatorname{sinc}(x)=\sin(\pi x)/(\pi x)$。

4. 离散余弦变换

离散余弦变换是一种类似于离散傅里叶变换的变换，但它只使用实数的余弦函数。离散余弦变换将信号从时域或空域转换到频域，将信号表示为不同频率的余弦函数的和。与离散傅里叶变换相比，离散余弦变换具有更强的能量集中特性，即大多数信号的能量都集中在变换后的低频系数上，这使得离散余弦变换在数据压缩方面特别有效。

在图像处理中，离散余弦变换通常应用于 8×8 或 16×16 的图像块上。这种分块处理方法不仅降低了计算复杂度，还允许在压缩过程中对不同的图像区域采用不同的压缩率。离散余弦变换在图像压缩标准中扮演着核心角色。在压缩过程中，图像首先被分割成 8×8 的块，然后对每个块进行离散余弦变换。变换后的系数经过量化和编码，实现了图像的有损压缩。下面给出离散余弦变换二型的形式，给定一个长度为 N 的离散信号 $x[n]$，其变换 $X[k]$的数学表达式为

$$X[k]=\sum_{n=0}^{N-1}x[n]\cos\left(\frac{\pi(2n+1)k}{2N}\right),\quad k=0,1,2,\cdots,N-1 \tag{3-10}$$

其中，$x[n]$是原始信号；$X[k]$是变换后的频域系数。为逆变换回原始信号，使用离散余弦逆变换，其公式为

$$x[n]=\frac{1}{N}\left(X[0]+2\sum_{k=1}^{N-1}X[k]\cos\left(\frac{\pi(2n+1)k}{2N}\right)\right),\quad n=0,1,2,\cdots,N-1 \tag{3-11}$$

其中，$X[k]$是频域系数；$x[n]$是回复的原始信号。离散余弦变换的核心在于利用余弦基函数的正交性，将信号分解到不同频率的余弦波上。这些基函数的形式为

$$\phi_k(n)=\cos\left(\frac{\pi(2n+1)k}{2N}\right) \tag{3-12}$$

每一个 $X[k]$表示原始信号在基函数上的投影量。这些投影量组成了信号的频域表示，反映了信号中不同频率成分的强度。离散余弦变换有四种常见形式，但最常用的仍然是离散余弦变换二型，因为其能量压缩效果最佳。

5. 直方图均衡化

图像直方图，指统计整幅图像在灰度范围内像素值的出现频率次数，据此生成直方图。直方图是图像中像素强度分布的图形表达方式，统计了每一个强度值所具有的像素个数。

由前面的内容可知，图像变换的核心理念即把图像输入灰度值通过特定的映射函数变换成另一个灰度值，故可通过图像直方图的变化直观展现图像灰度值的变化。而直方图增强则通过调整图像的直方图来改善图像的视觉效果和对比度，主要方法有直方图统计、直方图均衡化等，它们可以根据特定需求调整图像的像素值分布，从而增强图像的对比度和细节。

从图像变换结果可知，变换后图像的明暗程度由各个像素点的灰度值决定，统计图像中各个灰度值像素所占的比例十分重要，故而产生直方图统计这一概念。直方图统计增强是一种基于像素值分布的图像增强技术，其原理是根据图像直方图信息，将原始像素值映射到新的像素值域，使图像动态范围更好地覆盖整个像素值域。该方法可改善图像视觉效

果，细节更加清晰可见，增强图像信息内容，从而提高图像在视觉上的识别和分析能力。直方图统计增强方法适用于低对比度图像、局部对比度调整及图像细节增强场景。

设定原始图像 $I(x, y)$，其像素值为 i，进行直方图统计增强后的图像为 $I_e(x, y)$，其像素值为 i'，增强函数可以表示为

$$i' = T(i) = \text{round}(c \cdot i) \tag{3-13}$$

其中，c 是增强常数，可以通过调整 c 值来改变图像的亮度和对比度，从而实现图像的增强。一般情况下，$c>1$ 用于增强亮度，$c<1$ 用于降低亮度。函数 round 将结果四舍五入到最接近的整数，确保结果在合法的像素值范围内。为避免像素值越界，通常会使用截断操作将增强后的像素值 i' 限制在图像像素值域的合法范围内：

$$i' = \begin{cases} 0, & c \cdot i < 0 \\ 255, & c \cdot i > 255 \\ \text{round}(c \cdot i), & \text{其他} \end{cases} \tag{3-14}$$

直方图均衡化通过改变图像直方图来改变图像中的像素灰度，增强动态范围偏小的图像对比度，如图 3-1 所示。由于原始图像的灰度分布可能集中在较窄区间，因此图像清晰度差，采用该方法可把原始图像直方图变换为均匀分布形式，增加像素间灰度值差别的动态范围，从而达到增强图像整体对比度的效果。其基本思想为，对在图像中像素个数多的灰度值进行展宽，而对像素个数少的灰度值进行归并，从而增大对比度，使图像清晰，达到增强的目的。

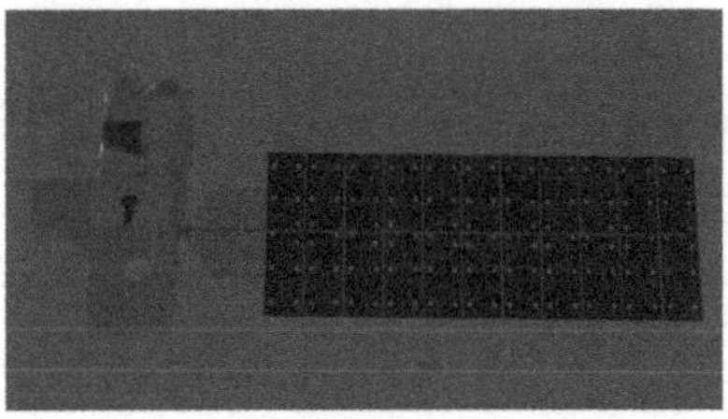
(a) 原图

(b) 增强图像

图 3-1　原图及经过直方图统计增强后的图像

首先作原始图像灰度的概率直方图，设输入像素灰度值为 r_k，累计分布函数为

$$C(r_k) = \frac{1}{n}\sum_{i=0}^{k} n_i \tag{3-15}$$

其中，n_i 为图像中灰度值为 r_i 的像素频数；n 为图像像素总数。设输出像素灰度值为 S_k，像素范围为 $S_{\min}$～$S_{\max}$。期望输出灰度直方图是均匀分布的，即

$$P(s) = \frac{1}{S_{\max} - S_{\min}}, \quad S_{\min} \leqslant S \leqslant S_{\max} \tag{3-16}$$

令 $C(S_k)=C(r_k)$，即得

$$(C(r_k)_{\max} - C(r_k)_{\min})\frac{S_k - S_{\min}}{S_{\max} - S_{\min}} + C(r_k)_{\min} = C(r_k) \tag{3-17}$$

最终直方图均衡化的点算子为

$$S_k = (S_{\max} - S_{\min})C'(r_k) + S_{\min} = T(r_k) \tag{3-18}$$

原图和直方图均衡化后的图像及其对应的直方图如图 3-2 所示。

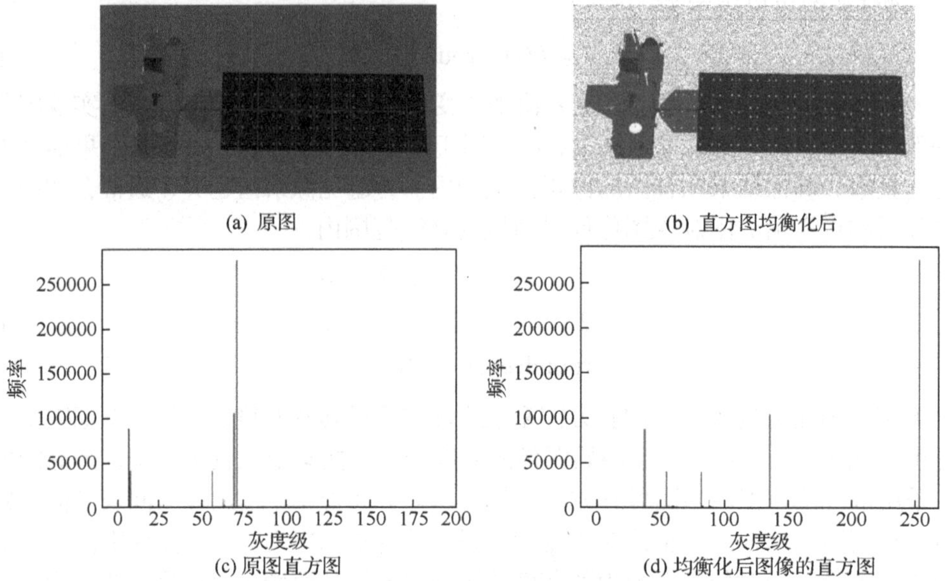

图 3-2 原图和直方图均衡化后的图像及其对应的直方图

3.1.2 二维光学重建的一般流程

二维光学重建的主要流程包含以下几个步骤：数据获取与预处理、模型构建与算法选择、参数调整与迭代估计，以及结果评估与应用，如图 3-3 所示。

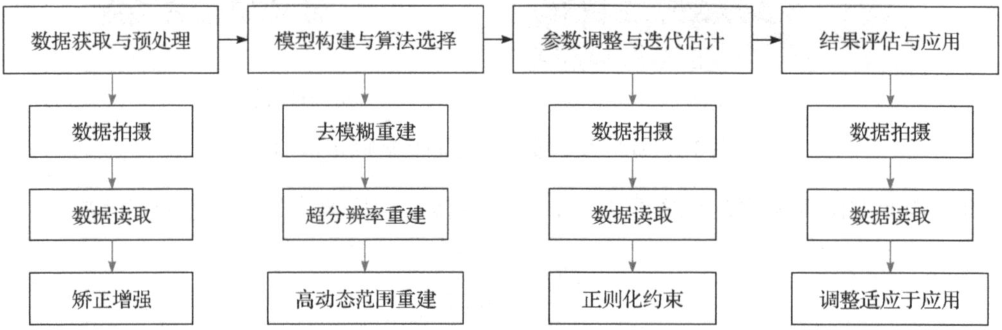

图 3-3 二维光学重建的主要流程

数据获取与预处理：在二维光学图像重建流程中，数据获取与预处理是至关重要的步骤。数据获取的主要任务是采集用于天基影像重建的光学图像，首先涉及选择合适的成像设备，例如，利用携带互补金属氧化物半导体或者电荷耦合器件传感器的相机对空间目标进行拍摄成像，通过设置不同的拍摄参数和成像环境可以获得不同工况下的数据影像，之后将数据进行妥善存储。接下来，预处理步骤开始于图像的读取，可能包括将原始大包数据进行解帧、数据位数的转换、将彩色图像转换为灰度图像，进行几何校正以消除图像畸变等。

模型构建与算法选择：在二维光学图像重建流程中，模型构建与算法选择是核心步骤。在进行模型构建时，首先需要明确在重建时可能用到的技术，对于天基图像的二维重建，从成像环境和过程来分析，主要涉及图像去模糊、图像超分辨以及图像高动态范围重建三类技术，前两者属于清晰化处理，高动态范围重建的目的是增加图像的动态范围。

无论是哪种技术，在对重建模型进行构建时，首先需要根据图像退化的原因和过程建立起图像质量退化模型，例如，建立图像模糊模型和降采样模型时，需要确定模糊核以模拟 z 缺陷，并考虑图像可能受到的噪声影响，涉及模糊核的确定和噪声模型的估计，以模拟图像的退化机制。

在完成降质模型构建以后，基于建立的模型和预期的重建目标，选择一种合适的算法进行图像重建，流程如图 3-4 所示。去模糊算法包括传统的方法，如维纳滤波、最小二乘法、最大后验概率估计、稀疏编码，以及更现代的技术，如深度学习、生成对抗网络等，每种算法都有其特定的优势和局限性，选择合适的算法能够针对不同类型的模糊和噪声条件有效地恢复图像的清晰度和细节，从而实现高质量的去模糊效果。图像超分辨率重建算法包括基于插值的方法、基于学习的方法、基于优化的方法等。其中，基于学习的方法尤其是深度学习技术，如卷积神经网络，因其强大的特征提取和学习能力而成为当前超分辨率重建的主流选择，通过训练模型学习低分辨率图像到高分辨率图像的映射关系，可以有效地提高图像的分辨率，增强图像细节，最终达到高质量的超分辨率重建效果。高动态范围重建可选的算法包括多曝光图像融合技术、基于图像的全局和局部色调映射方法，以及利用机器学习或深度学习模型进行端到端的高动态范围重建，这些算法通过不同策略来增强图像的动态范围，保留场景的亮暗细节，同时减少伪影和不自然的过渡，最终目标是生成在视觉上更加真实和生动的高动态范围图像。

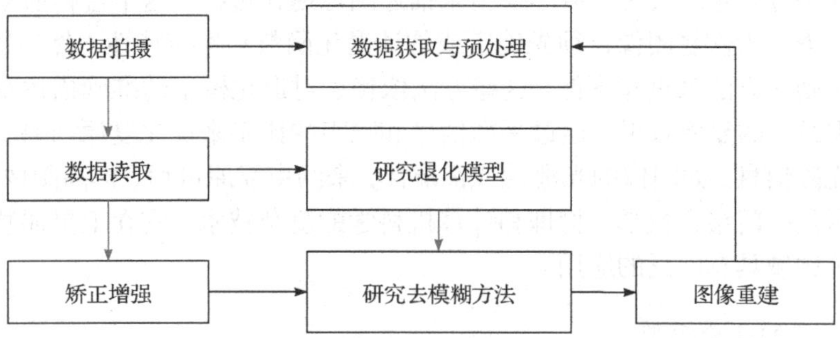

图 3-4　二维光学图像退化及重建评估流程图

参数调整与迭代估计：在二维光学图像重建流程中，参数调整与迭代估计是确保重建质量的核心环节。这一过程首先需要对前一步骤确定的模型的内部参数，如模糊核、降采样率等进行合理的初始化，随后选择合适的迭代算法，如梯度下降或期望最大化，来逐步优化重建结果。在每次迭代中，重建算法将计算当前重建图像与观测数据之间的误差，并通过更新模型参数来减少这一误差。

结果评估与应用：在二维光学图像重建流程中，结果评估与应用是验证重建效果并将其转化为实际用途的关键步骤。一般包括定量指标评估和定性视觉评估，涉及的定量指标可以根据评价时所需信息的类型分为全参考、半参考和无参考三类。

全参考评价指标需要原始高分辨率图像或真实图像作为参考，以计算与重建图像之间的差异，常用的有均方误差：计算重建图像与参考图像之间的像素级差异；峰值信噪比(peak signal-to-noise ratio，PSNR)：衡量重建图像与参考图像之间的信号质量；结构相似性指数(structural similarity index，SSIM)：综合考虑图像的亮度、对比度和结构信息。

半参考评价指标不需要完整的参考图像，但可能需要一些参考信息，如图像的部分信息或统计特性，常用的有特征相似性(feature similarity，FSIM)：基于图像的局部特征进行评价；视觉信息保真度(visual information fidelity，VIF)：评估图像的视觉质量，可能需要参考图像的部分信息。

无参考评价指标不依赖于任何外部图像或信息，完全基于重建图像本身进行评价，常用的有自然场景统计(natural scene statistics，NSS)：基于图像的自然场景统计特性进行评价；感知损失(perceptual loss)：模拟人类视觉感知，评估图像的视觉质量；图像质量评估网络(image quality assessment net，IQA-Net)：使用深度学习模型来预测图像质量，不依赖于参考图像。

全参考评价指标提供了最直观的质量评价，但需要原始图像。半参考和无参考评价指标则适用于原始图像不可用的情况，它们通过不同的方法来估计图像质量，尤其适合在线评估和实时应用。

3.1.3 图像复原

图像复原则是一种更为客观的过程，它基于对图像退化现象的先验知识，通过逆转退化过程来恢复图像的原始状态。图像复原技术通常需要设立一个优化准则，以产生最接近原图像的最佳估计。它涉及建立数学模型来描述图像退化过程，这个过程通常包括图像的模糊和噪声污染。为恢复图像，须先确定或估计退化函数和噪声特性，然后通过逆滤波、维纳滤波或正则化方法来重建图像。这些方法依赖于对退化模型的准确描述及优化准则的选择，以实现最佳的复原效果，通过平衡信号和噪声的比率来优化复原结果。正则化方法则通过引入先验信息，如图像的光滑性或稀疏性，来约束复原过程，提高图像质量。总之，图像复原技术是一门结合数学、物理和计算机科学的复杂技术，它在卫星遥感、医学成像和视频处理等领域具有广泛的应用。

1. 图像复原的理论模型

要想获得准确的图像复原结果，必须对图像的退化过程进行正确建模。在本节中，退化过程可以通过一个退化函数 H 和一个加性噪声项 $n(x,y)$ 来建模。对一幅输入图像 $f(x,y)$ 进行处理，产生一幅退化后的图像 $g(x,y)$。给定 $g(x,y)$ 和关于 H 及 $n(x,y)$ 的一些知识后，图像复原的目的即获得接近原始图像的估计结果。图像形成过程是图像退化的起点，它涉及三维世界场景在二维焦平面上的投射，且需进行几何处理。在经典的摄像机成像系统中，光线通过镜头孔径，经过透视投射，汇集于焦点，形成图像，同时可能伴随着几何畸变。随后，传感器的非线性响应将光子转化为模拟图像，通过离散化方法，最终得

到数字图像。上述过程可用数学公式表达为

$$g(x,y)=S(\mathrm{CRF}(D(P(s(x,y))))*h_{\mathrm{ex}}(x,y)*h_{\mathrm{in}}(x,y))+n(x,y) \tag{3-19}$$

其中，$s(x,y)$是真实场景；$P(\cdot)$为透视投影；$D(\cdot)$为几何失真算子；$\mathrm{CRF}(\cdot)$为非线性相机响应函数，该函数将场景辐照度映射到强度；h_{ex}为由成像设备或成像目标运动等外部因素而产生的模糊核；h_{in}为由不完善聚焦系统等内部因素所决定的模糊核；$*$为卷积；$S(\cdot)$为传感器阵列所产生的采样操作。关注平面图像并且忽略取样误差：

$$g(x,y)\approx \mathrm{CRF}(f(x,y)*h(x,y))+n(x,y) \tag{3-20}$$

其中，$f(x,y)$是由$D(P(s(x,y)))$得到的清晰图像；$h(x,y)$是一个由$h_{\mathrm{ex}}(x,y)$和$h_{\mathrm{in}}(x,y)$组成的近似模糊核。有更简练的计算公式：

$$g(x,y)=f(x,y)*h(x,y)+n(x,y) \tag{3-21}$$

在给出以上公式后，通常的目的是在消除噪声影响的情况下，从观测值中恢复准确的清晰图像或恢复清晰图像和模糊核。由于空间域中的卷积等同于频率域中的乘积，因此可以把式(3-21)中的模型写成等价的频率域表示：

$$G(u,v)=F(u,v)\boldsymbol{H}(u,v)+N(u,v) \tag{3-22}$$

其中，G、F、$\boldsymbol{H}$和N分别代表g、f、h和n的傅里叶变换。图像退化和复原模型如图 3-5 所示。

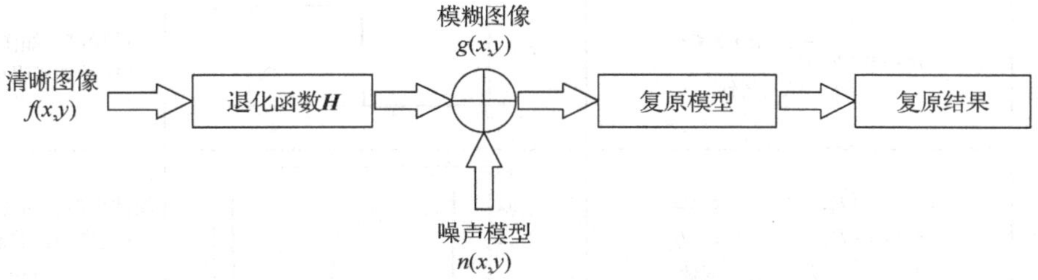

图 3-5　图像退化和复原模型

在图像复原领域，复原模型的建立是一个综合考虑图像信号、噪声特性和退化过程的系统工程。因此，在构建图像复原模型时，噪声特性的考量至关重要。数字图像噪声主要源自图像捕获和/或传输环节，成像传感器的性能受环境条件和传感器元件品质的共同影响。

在图像退化模型中，噪声可以分为两大类：加性噪声和乘性噪声。加性噪声是指独立于图像信号，直接叠加在图像上的噪声，如电子噪声和量化噪声。这种类型的噪声通常可以视为一个具有特定统计特性的随机过程，其影响可以通过均值和方差等参数来描述。而乘性噪声则与图像信号成比例，它改变了图像的对比度和亮度，例如，由传感器的非线性响应或大气衰减引起的噪声。乘性噪声的模型通常更为复杂，可能需要更精细的分析和处理方法。为精确识别噪声特性，考虑如高斯噪声、瑞利噪声等多种噪声类型，每种噪声都有其独特的统计特性和作用机制。通过概率密度函数对噪声的灰度值分布进行描述，能够量化噪声的影响，并为图像复原提供必要的数学基础和理论支持，表 3-1 为对不同噪声假设分布情况的具体展示。

表 3-1 不同噪声假设分布情况

噪声假设	噪声分布函数	函数图像	适用范围
高斯噪声	$p(z)=\frac{1}{\sqrt{2\pi}\sigma}\exp\left(-\frac{(z-\overline{z})^2}{2\sigma^2}\right)$	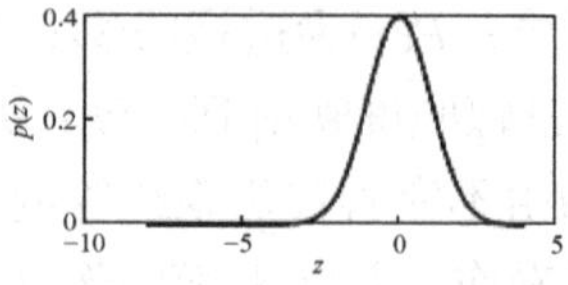	加性噪声，如电子电路噪声、由低照明度或高温带来的传感器噪声
瑞利噪声	$p(z)=\begin{cases}\frac{2}{b}(z-a)\exp\left(\frac{-(z-a)^2}{b}\right), & z\geqslant a\\ 0, & z<a\end{cases}$	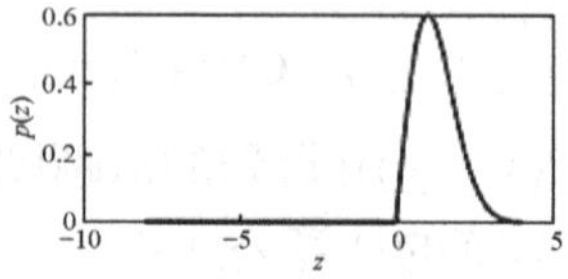	乘性噪声，如在深度成像中表征噪声现象
伽马噪声	$p(z)=\begin{cases}\frac{a^b z^{b-1}}{(b-1)!}\mathrm{e}^{-az}, & z\geqslant a\\ 0, & z<a\end{cases}$	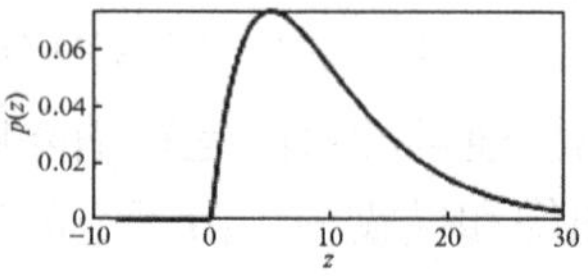	乘性噪声，如在激光成像中表征噪声现象
指数噪声	$p(z)=\begin{cases}a\mathrm{e}^{-az}, & z\geqslant 0\\ 0, & z<0\end{cases}$	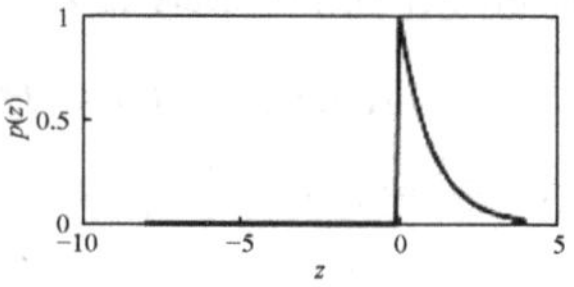	加性噪声，如在激光成像中表征噪声现象
均匀噪声	$p(z)=\begin{cases}\frac{1}{b-a}, & a\leqslant z\leqslant b\\ 0, & \text{其他}\end{cases}$	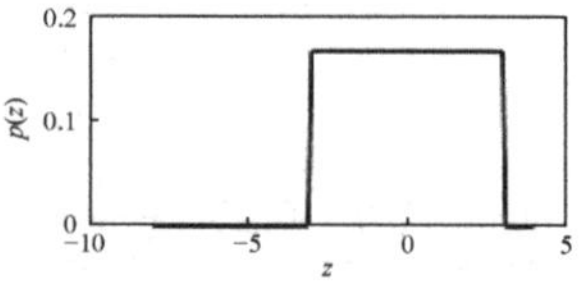	加性噪声，如作为仿真中使用的随机噪声生成器
脉冲噪声	$p(z)=\begin{cases}P_a, & z=a\\ P_b, & z=b\\ 1-P_a-P_b, & \text{其他}\end{cases}$	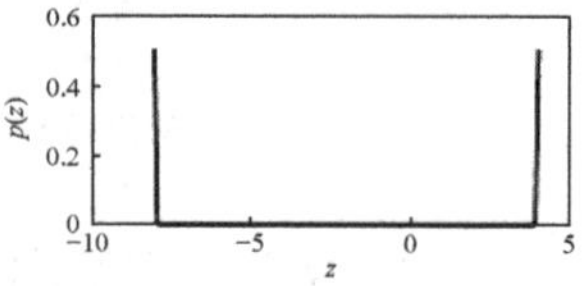	加性噪声，如在成像期间发生错误开关操作带来的噪声

在只有通过传感器捕获的图像可供使用的情况下，可以通过分析图像中灰度值恒定的区域来推断概率密度函数的参数。一种基本的方法是利用图像中的条带区域来估计这些统计量。假设存在一个表示为 S 的条带，并且 $P_S(z_i)$, $i=0,1,2,\cdots,L-1$ 表示该条带中像素灰度值的概率分布，这里 L 代表图像可能的灰度级总数。可通过以下方式来估计 S 的均值和方差：

$$z=\sum_{i=0}^{L-1} z_i p_S(z_i) \tag{3-23}$$

$$\sigma^2=\sum_{i=0}^{L-1}(z_i-\overline{z})^2 p_S(z_i) \tag{3-24}$$

准确识别直方图的形状对于选择恰当的概率密度函数至关重要，它决定了噪声建模的准确性。若直方图呈现高斯分布特征，均值和方差便成为关键参数；对于非高斯分布的形态，均值和方差同样用于估计特定分布的参数。这种建模方法，使我们能够针对不同的噪声特性建立图像复原模型，进而在复原过程中有效抑制噪声干扰，恢复图像的真实细节。

2. 空间滤波方法

在图像退化仅由噪声引起的情况下，图像复原模型的构建将更为直接。此时，图像的退化模型简化为仅考虑噪声的影响。通过该简化模型可专注于设计针对特定噪声特性的复原算法，进一步优化复原过程，以期达到更高的图像质量。

$$g(x,y)=f(x,y)+n(x,y) \tag{3-25}$$

$$G(u,v)=F(u,v)+N(u,v) \tag{3-26}$$

对于周期性噪声，通常可通过分析其频谱来估计噪声项，从观测图像中去除噪声谱，得到原始图像的一个估计。但一般情况下，由于噪声成分的不确定性，难以直接从观测到的图像中将其减去。在图像仅受加性噪声影响情况下，可使用空间滤波方法，以下是一些常用的空间滤波器。

1) 均值滤波器

均值滤波器是一种基础且在图像处理领域广泛使用的滤波器。这类滤波器通过取局部区域内像素值的均值，达到平滑效果，实现图像去噪。下面将评估其在图像复原方面的性能，并探讨其在不同图像处理场景中的应用优势。均值滤波结果示例如图 3-6 所示。

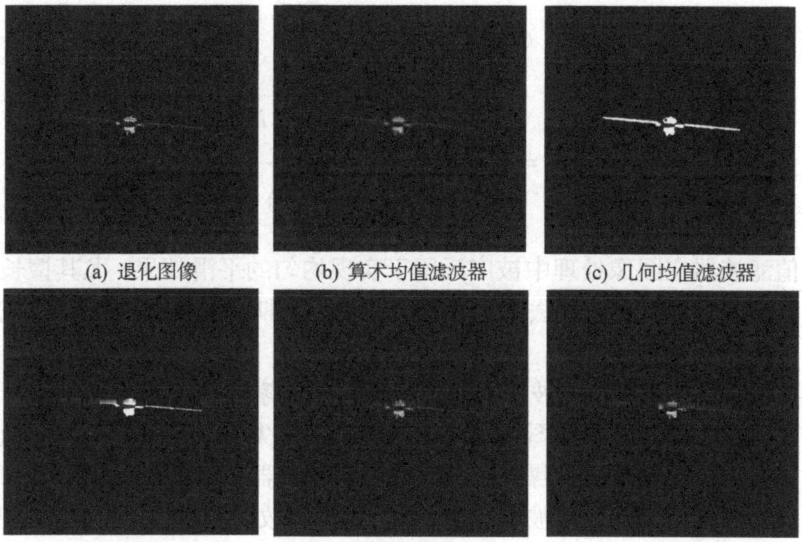

图 3-6　均值滤波结果示例

(1) 算术均值滤波器：该滤波器通过定义一个以点(x, y)为中心、尺寸为 $m\times n$ 的矩形邻域窗口，覆盖图像的局部区域。在这个窗口内，算术均值滤波器计算所有像素值的总和，然后除以窗口内像素的总数，得到该区域的算术平均值。随后，该过程在图像上滑动执行，用计算得到的均值替换每个像素点(x, y)的原始值。该滤波器有效地平均化了噪声，同时保留了图像的亮度信息，但可能在一定程度上模糊了图像的边缘和细节。其表达式如下：

$$\hat{f}(x,y)=\frac{1}{mn}\sum_{(s,t)\in S_{\sigma}}g(s,t) \tag{3-27}$$

(2) 几何均值滤波器：对于图像中每个像素点的邻域，该滤波器计算所有像素值的几何平均，即每个复原的像素由子图像窗口中像素的乘积的 1/(*mn*)次幂给出。这种方法在降低图像噪声的同时，能够更好地保留图像的局部对比度和细节特征。其表达式可以形式化为

$$\hat{f}(x,y)=\left[\prod_{(s,t)\in S_{ny}}g(s,t)\right]^{\frac{1}{mn}} \tag{3-28}$$

(3) 谐波均值滤波器：通过取原始像素值倒数的算术平均，再取其倒数，计算出滤波后的像素值。该方法在减少图像噪声的同时，有助于增强图像的局部对比度，尤其适用于处理具有尖锐边缘和纹理细节的图像，但不适用于以低亮度异常点为特征的椒盐噪声：

$$\hat{f}(x,y)=\frac{mn}{\displaystyle\sum_{(s,t)\in S_{xy}}\frac{1}{g(s,t)}} \tag{3-29}$$

(4) 高斯均值滤波器：基于高斯函数对图像进行加权平均处理，k 和 l 定义了邻域 S_{xy} 的大小。

$$G(x,y)=\frac{1}{2\pi\sigma^2}\mathrm{e}^{-\frac{x^2+y^2}{2\sigma^2}} \tag{3-30}$$

$$\hat{f}(x,y)=\frac{\displaystyle\sum_{i=-k}^{k}\sum_{j=-l}^{l}G(i,j)\cdot g(x+i,y+j)}{\displaystyle\sum_{i=-k}^{k}\sum_{j=-l}^{l}G(i,j)} \tag{3-31}$$

高斯均值滤波器在图像处理中被广泛用于实现均匀的平滑效果，尤其擅长于消除图像中的高斯白噪声，提供了显著的去噪效果。但标准的高斯均值滤波可能无法充分保留复杂纹理图像中的所有细微特征。

如图 3-6 所示，算术均值滤波器通过计算窗口内像素值的简单平均来平滑图像，能有效地减少高斯噪声，但容易导致图像边缘模糊和细节丢失。几何均值滤波器通过计算窗口内像素值的几何平均来处理乘性噪声，较算术均值滤波器更好地保留了细节。谐波均值滤波器通过计算窗口内像素值的谐波平均来平滑图像，在处理椒盐噪声方面表现优异，但对于其他类型的噪声处理效果有限。高斯均值滤波器利用高斯函数加权窗口内的像素值，有效减少高斯噪声，且较好地保留了图像边缘和细节。

2) 排序滤波器

排序滤波器是空间域滤波器中的一大类，其独特之处在于它们的响应基于滤波器所覆盖区域内像素值的排序。这种滤波器采用非线性处理，能够有效地处理那些不遵循高斯分布或表现出非线性特性的噪声。它们的输出依赖于整个像素值的分布情况，使其对异常值具有显著的鲁棒性。这种机制赋予了排序滤波器在特定噪声环境下以及在保留图像特征方面的优势，特别是在去除椒盐噪声和保持图像边缘清晰度方面。

(1) 中值滤波器：采用像素邻域内的灰度级中值来替代目标像素的值。这种滤波器在去除椒盐噪声等特定类型的噪声方面极为有效，通过剔除图像中的极端亮度或暗度像素点，有效提升图像整体质量，同时避免边缘的模糊。但它在处理纹理丰富的图像时可能会造成细节损失或边缘柔化现象，特别是在图像中存在极端噪声模式的情况下，有可能导致局部亮度的不一致性。

$$\hat{f}(x,y)=\underset{(s,t)\in S_{xy}}{\operatorname{median}}\{g(s,t)\} \tag{3-32}$$

(2) 最大值和最小值滤波器：最大值滤波器通过识别并利用邻域内的最亮点来增强图像的亮度特征。因为椒盐噪声通常表现为异常低的像素值，作为子图像区域 S_{xy} 中最大值选择的结果，可有效地降低椒盐噪声的影响。其表达式如下：

$$\hat{f}(x,y)=\max_{(s,t)\in S_{xy}}\{g(s,t)\} \tag{3-33}$$

最小值滤波器则是基于选择邻域内的最小数值来替换像素值，可用来识别和强调图像中的暗区域，其工作原理与最大值滤波器相对应，但关注的是图像的低亮度部分。最小值滤波器有助于在图像中识别和保留最暗的特征，同时也可用于减少异常高的亮度噪声。

$$\hat{f}(x,y)=\min_{(s,t)\in S_{xy}}\{g(s,t)\} \tag{3-34}$$

(3) 中点滤波器：其设计巧妙融合了统计排序的概念和球形平均的方法，通过计算滤波器覆盖区域内最大值和最小值的中点来工作。它在处理随机分布的噪声时表现出色，尤其适用于像高斯噪声或均匀噪声这类具有随机性的噪声场景。但它可能无法有效处理具有复杂分布特性的噪声，并且在处理过程中可能会导致图像某些区域的亮度不一致或细节丢失。

$$\hat{f}(x,y)=\frac{1}{2}\left[\max_{(s,t)\in S_{xy}}\{g(s,t)\}+\min_{(s,t)\in S_{xy}}\{g(s,t)\}\right] \tag{3-35}$$

(4) 修正的阿尔法均值滤波器：假设在一个给定的邻域 S_{xy} 内各去掉 $g(s,t)$ 中 $d/2$ 个最低和最高灰度值像素，令 $g(s,t)$ 代表剩下的 $mn-d$ 个像素，利用剩余像素平均值形成的滤波器称为修正的阿尔法均值滤波器。其设计理念是在平滑图像的同时去除可能的异常值或噪声，特别是当图像中存在椒盐噪声时。通过剔除邻域中的极值像素，滤波器减少了这些极端值对整体平均的影响，从而保留了更多的图像细节和边缘信息，同时实现了噪声的降低。其数学表达可以概括为

$$\hat{f}(x,y)=\frac{1}{mn-d}\sum_{(s,t)\in S_{xy}}g_r(s,t) \tag{3-36}$$

如图 3-7 所示，通过对比不同滤波器的效果，可以观察到中值滤波器去除噪声的效果显著，同时保持了图像的边缘信息。在这个示例中，由于图像亮度条件变化较大，最大值滤波器和中点滤波器可能导致过度增强亮度或产生不自然的效果。这种现象通常称为“过度增强”，即滤波器过于强调图像中的某些特征，导致其他部分细节丢失或图像出现异常亮度。总体而言，排序滤波器利用像素值的排序信息提供了一种不同于传统线性滤波器的处理方式，特别适合去除脉冲噪声和处理具有非高斯分布特性的图像噪声。尽管这些滤波器在减少噪声方面表现出色，但也可能在一定程度上影响图像的某些特征，如边缘锐度或局部对比度。因此，滤波器类型和参数取决于具体的图像特征和处理目标，并综合考虑噪

声类型、图像细节保留要求以及滤波器的处理特性来进行选择。

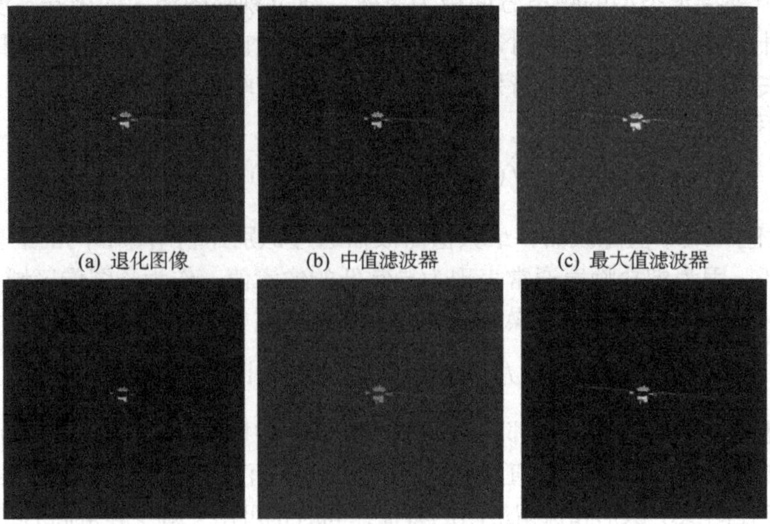

(a) 退化图像 (b) 中值滤波器 (c) 最大值滤波器

(d) 最小值滤波器 (e) 中点滤波器 (f) 原始图像

图 3-7 排序滤波结果示例

3) 自适应滤波器

截至目前，所讨论的滤波技术尚未涉及图像内单个像素与其他像素间的相互关系及其对特征变化的影响。接下来将介绍一种基于自适应原则的滤波器，这类滤波器能够根据定义在矩形窗口 S_{xy} 内的滤波区域中图像的统计特性动态调整其参数。相较于之前讨论的滤波器，自适应滤波器展现出了更优越的性能，但这种性能的提升是以更高的计算复杂度为代价的。尽管如此，自适应滤波器在图像处理领域仍具有重要价值，因为它们能够更精确地适应图像的局部特性，从而在去噪和特征增强等方面提供更有效的解决方案。

先前的讨论表明，中值滤波器在消除椒盐噪声方面极为有效，特别是在噪声密度较低的情况下。接下来将进一步探讨自适应中值滤波器，它不仅能够有效应对更高密度的脉冲噪声，而且在平滑图像的同时，能够更加精准地保留图像的细节和边缘信息。此外，自适应中值滤波器能够根据图像的局部统计特性动态调整其作用窗口的尺寸；这种自适应调整能力让滤波器在面对图像中不同区域时，展现出更高的灵活性和适应性，细节如表 3-2 所示。

表 3-2 自适应中值滤波器

符号	进程 A	进程 B
$Z_{min}=S_{xy}$ 中的最小灰度值， $Z_{max}=S_{xy}$ 中的最大灰度值， $Z_{med}=S_{xy}$ 中的灰度值的中值， Z_{xy}=坐标(x, y)处的灰度值， $S_{max}=S_{xy}$ 允许的最大尺寸，	$A_1=Z_{med}-Z_{min}$， $A_2=Z_{med}-Z_{max}$。 如果 $A_1>0$ 且 $A_2<0$，则转到进程 B， 否则增大窗口尺寸； 如果窗口尺寸 $\leqslant S_{max}$，则重复进程 A， 否则输出 Z_{med}	$B_1=Z_{xy}-Z_{min}$， $B_2=Z_{xy}-Z_{max}$， 如果 $B_1>0$ 且 $B_2<0$，则输出 Z_{xy}， 否则输出 Z_{med}

自适应中值滤波器有三个主要目标：消除脉冲噪声；平滑图像中的非脉冲噪声以减少图像随机波动；减少图像处理过程中可能出现的失真。在算法的统计判断中，Z_{min} 和 Z_{max}

若显著偏离周围像素的平均水平，仍然被视为类脉冲噪声分量。该滤波器通过识别并处理这些异常值，有效地从图像中去除脉冲噪声，同时保持图像的自然边缘和细节，从而在提升图像质量的同时，避免不必要的图像失真。

如图 3-8 所示，自适应中值滤波算法在图像复原中展现出良好的效果，特别适用于处理椒盐噪声。它通过动态调整窗口大小，并根据邻域像素值的分布特性来有效地去除噪声点，同时保留图像细节和边缘信息，从而显著提升图像的视觉质量和清晰度。

(a) 退化图像　(b) 自适应中值滤波器　(c) 原始图像

图 3-8　自适应中值滤波结果示例

4) 双边滤波

双边滤波是一种先进的非线性滤波方法，在图像处理中广泛应用。与传统的线性滤波方法不同，双边滤波不仅考虑像素在空间上的距离权重，还综合考虑灰度值的相似性。

双边滤波的核心思想是在空间上和灰度值上同时应用高斯权重，使得边缘附近的像素得到更大的权重，从而保留图像的边缘信息。这一过程可以通过以下几个步骤来详细描述。

(1) 定义模板并计算空间权重。首先，选择一个正方形或矩形的滤波模板，通常是 3×3 、5×5 等尺寸，用于覆盖每个像素及其邻域。根据像素之间的空间距离计算空间权重。空间权重由高斯函数定义，反映了像素距离中心像素的远近关系。具体公式为

$$w_s(i,j)=\exp\left(-\frac{(i-k)^2+(j-k)^2}{2\sigma_s^2}\right) \tag{3-37}$$

其中，(i, j)是模板中像素的位置；(k, k)是模板的中心位置；σ_s 是空间域的标准差，控制空间权重的衰减速度。

(2) 计算灰度值权重。根据像素灰度值的相似性计算灰度值权重。灰度值权重同样由高斯函数定义，反映了像素灰度值与中心像素灰度值的差异。具体公式为

$$w_r(i,j)=\exp\left(-\frac{(I(i,j)-I(k,k))^2}{2\sigma_r^2}\right) \tag{3-38}$$

其中，$I(i, j)$和 $I(k, k)$分别是模板中像素和中心像素的灰度值；σ_r 是灰度值域的标准差，控制灰度值权重的衰减速度。

(3) 组合权重并计算加权平均。将空间权重和灰度值权重相乘，得到综合权重：

$$w(i,j)=w_s(i,j)\cdot w_r(i,j) \tag{3-39}$$

该综合权重考虑空间距离与灰度值的相似性，使空间上和灰度值上与中心像素更接近的像素得到更大权重。使用综合权重对模板中的像素进行加权平均，得到中心像素的新值：

$$I_{\text{new}}(k,k)=\frac{\sum_{i=-k}^{k}\sum_{j=-k}^{k}I(i,j)\cdot w(i,j)}{\sum_{i=-k}^{k}\sum_{j=-k}^{k}w(i,j)} \tag{3-40}$$

双边滤波在保留图像边缘信息的同时，有效地减少了噪声，由于同时考虑了空间距离和灰度值相似性，其能够有效处理复杂图像，使得图像在平滑处理后仍然保持细节和边缘的清晰度。缺点为计算复杂度高，处理速度慢，滤波效果高度依赖参数选择，不同图像和应用场景需要不同的参数设置，使调参过程复杂。此外，在处理图像边缘时可能出现边缘效应，需要特殊的边界处理方法来减轻这种影响。

3. *逆滤波复原方法*

前面深入研究了空间滤波的多种方法，这些方法主要集中在图像的空间域内进行操作，以达到改善图像质量的目的。在本节中，将转向图像复原的另一个重要领域——利用已知或可计算的退化函数 H 进行图像复原。图像退化可能由模糊、噪声或其他因素引起，导致图像质量下降，下面将讨论基于频域的方法来处理图像退化问题，最基本的复原策略是逆滤波。这种方法的核心思想是，通过逆向处理退化过程，恢复出原始图像的特征。具体来说，逆滤波通过将退化图像的傅里叶变换 $G(u,\ v)$除以退化函数的傅里叶变换 $H(u,\ v)$来实现。这个过程的目标是恢复出原始图像的傅里叶变换 $\hat{F}(u,v)$，然后通过逆傅里叶变换得到估计的原始图像。数学上，这个过程可以表示为

$$\hat{F}(u,v)=\frac{G(u,v)}{H(u,v)} \tag{3-41}$$

该除法操作是作为阵列处理的，用式(3-26)的右侧替代式(3-41)中的 $G(u,v)$，得到

$$\hat{F}(u,v)=F(u,v)+\frac{N(u,v)}{H(u,v)} \tag{3-42}$$

由式(3-42)可知，逆滤波算法的复原结果高度依赖于对退化过程的准确建模和噪声的处理，掌握退化函数信息也难以准确地进行图像复原。当退化函数已知且条件良好时，逆滤波可以在一定程度上恢复原始图像的细节和清晰度，如图 3-9 所示。但当退化函数在某些频率上接近零或非常小时，其对应估计值可能会变得非常大或不稳定，这种情况会导致复原后的图像出现异常。如果退化函数在某些频率上恰好为零，那么这些频率上的原始图像信息将完全丢失，无法通过逆滤波恢复，如图 3-10 所示。

(a) 退化图像　　(b) 无噪情况下逆滤波复原结果　　(c) 原始图像

图 3-9　无噪情况下自适应中值滤波结果示例

(a) 噪声图像　(b) 退化图像　(c) 有噪情况下逆滤波复原结果

图 3-10　有噪情况下自适应中值滤波结果示例

为解决这些问题，研究者们提出了多种改进的复原技术，如正则化方法、维纳滤波和最小二乘法等。这些方法通过引入额外的约束条件或先验知识，来提高复原过程的稳定性和准确性。例如，在正则化方法中，通过添加一个小的正则化项来避免分母为零的情况，同时控制复原解的平滑性或稀疏性。维纳滤波则利用了图像的先验统计信息，如功率谱密度，来优化滤波器的设计。总之，图像复原是一个复杂的过程，需要综合考虑退化函数的特性、噪声的影响以及可用的先验知识。通过采用合适的复原策略和技术，可以在一定程度上克服逆滤波的局限性，提高图像复原的性能和质量。二维光学重建是图像处理中的重要分支，尤其在天基影像处理中，去模糊、超分辨率和高动态范围(high dynamic range，HDR)成像是关键技术。这些技术帮助我们从有限的、可能受噪声和其他因素干扰的数据中恢复出高质量的图像。

3.1.4　图像超分辨重建

1. 图像超分辨重建概述

分辨率又称作解析度，指图像中细节的精细程度和分辨能力，直观上，分辨率描述了图像中的像素数量和密度。然而，即使像素数量和密度相同，其对图像细节的区分程度也可能大相径庭。因此，分辨率的更准确的定义是物理上目标的细节在图像上反应的区分程度。例如，天基观测望远镜拍摄深空图像中得到的可区分的两个天体的最小张角可以作为图像的分辨率。测量相机捕获图像的分辨率通常用分辨率测试板，经典的分辨率测试板有 USAF1951 分辨率测试板和 ISO12233 分辨率测试板等，如图 3-11 所示。

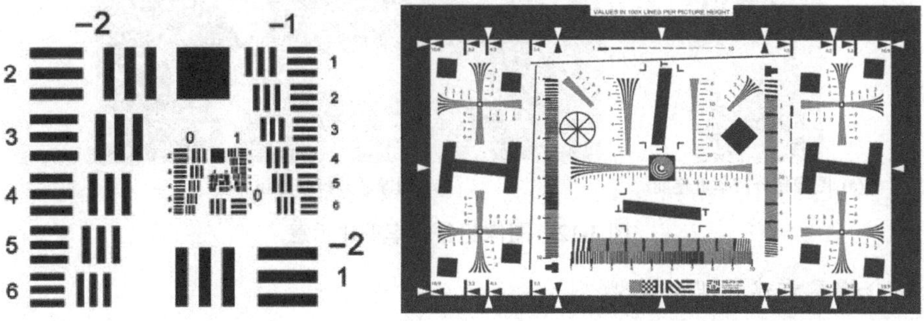

(a) USAF1951 分辨率测试板　(b) ISO12233 分辨率测试板

图 3-11　常用分辨率测试板

相较于低分辨率(low resolution，LR)图像，高分辨率(high resolution，HR)图像包含更密的像素、更丰富的细节，在天基空间探测感知、图像清晰化显示、目标识别与分析等方面都有着极为重要的应用价值。但是在天基空间目标探测与感知中，由于采集设备的限制、成像环境动态性、传输带宽不足、图像退化降质等因素影响，所得到的图像分辨率大大降低。提升分辨率最直接的方法是在硬件上通过改进传感器芯片和光学系统的方法来提高分辨率，如哈勃望远镜到韦伯望远镜的升级换代，但这种方法代价昂贵，无法大面积推广。例如，大量监控摄像头已部署多年，难以批量更换。在天基探测中，更换航天级硬件更是成本巨大。另外，有价值的图像往往采集自非合作目标，时机转瞬即逝，不可重复。例如，具有历史价值的低分辨率照片，其场景无法重现。因此，利用软件的方法提高图像的分辨率成为图像处理和计算机视觉等多个领域的热点研究课题。

图像超分辨率重建指的是在数字图像处理领域，借由特定的算法和处理流程，从给定的低分辨率图像中重建出高分辨率图像的过程。其目的是克服或补偿成像过程中多种因素限制造成的图像细节丢失、图像模糊、细节混叠和分辨率低下的缺陷。简单来说，超分辨率重建包含两方面的内涵：一是将图像变大，二是将图像变清晰。图 3-12 即为将一幅低分辨率图像进行超分辨率重建前后的结果。

(a) 图像超分辨率重建前　　(b) 图像超分辨率重建后

图 3-12　图像超分辨率重建示意

2. 超分辨率重建的理论模型

超分辨问题通用降质模型由 Elad 等于 1997 年提出，模型中包括图像的 PSF(point spread function)模糊、相机与目标的相对运动、成像时采样率的降低、噪声污染等因素，

令 X 表示高分辨率图像，Y_k 代表第 k 帧低分辨率图像，则图像的分辨率降质过程为

$$Y_k = D\boldsymbol{H}_k\boldsymbol{F}_k X + N_k, \quad k = 1,2,\cdots,K \tag{3-43}$$

其中，$\boldsymbol{F}_k$ 为第 k 帧的亚像素位移信息，它描述了 LR 图像序列中的互补信息量；$\boldsymbol{H}_k$ 为成像系统中的光学模糊和动态模糊；D 为采样率降低算子，表示 HR 图像降质至 LR 图像时采样率的变化导致的缩减；N_k 为噪声项。当 $K = 1$ 时，模型退化为单幅图像降质，此时 $\boldsymbol{F}_k$ 为单位阵。

与图像超分辨率重建的定义相对应，在图像分辨率的降质模型中，主要影响因素是图像的模糊和下采样。图像模糊 $\boldsymbol{H}_k$ 包括光学镜头模糊、不规则运动模糊等。在相对运动速度慢、曝光时间短时可简化为时不变的高斯模糊 $\boldsymbol{H}$。采样率降低算子 D 表示了一种非线性的信息损失过程，它只从相邻的多个像素中选取一个像素，导致图像分辨率降低。成像的模糊和采样率降低造成的细节混叠，使高分辨率的分量更加难以从图像当中恢复，其本质是信息的丢失。例如，500×500 的图像分辨率降低至 100×100，其信息量大致估计仅有原数据的 1/25，在这种情况下进行超分辨重建是一个严重的病态问题。丢失了如此多的信息如何恢复？必须从其他途径补充。对于单幅图像超分辨重建而言，必须使用正则化先验，挖掘图像结构在时、空、频域的相关特征，构造正则化先验来对病态方程进行约束。对于序列图像超分辨率问题，还必须充分利用多帧图像提供的互补信息，并通过不同采样策略来约束病态方程。

3. 单幅图像超分辨率重建

单幅图像的超分辨是一个很病态的问题，仅从基本模型出发很难得到高质量的解，其关键在于如何挖掘先验信息估计高分辨细节。图像插值是单幅图像超分辨算法之一，如最近邻插值、三次插值等，其基于图像平滑性的先验。但是高分辨率的图像细节恰恰对图像平滑性先验符合程度差，造成振铃或模糊。

基于样例学习的方法根据图像中不同结构的统计相似性，从一系列 HR 图像出发，挖掘其降质前后的局部结构的映射，由图像超分辨降质模型的基本公式，导出降质约束模型：

$$\min_X \|\boldsymbol{DH}X - Y\|^2 \tag{3-44}$$

以高斯模式噪声为例，对应 L_2 范数模型。令 $E=\|\boldsymbol{DH}X-Y\|^2$，$\partial E/\partial X=0$ 可得 $\boldsymbol{H}^{\mathrm T}\boldsymbol{D}^{\mathrm T}Y=\boldsymbol{H}^{\mathrm T}\boldsymbol{D}^{\mathrm T}\boldsymbol{DH}X$，如果将 $\boldsymbol{H}^{\mathrm T}\boldsymbol{D}^{\mathrm T}$ 和 $\boldsymbol{DH}$ 分别看作插值上采样和插值下采样的过程，则此解表示得到的高分辨率图像 X 下采样后再上采样，应当与输入的低分辨率图像 Y 直接上采样尽量相同。得到的是纯粹的线性解，无法使结果图像细节变清晰。现有的样例学习方法常常引入非线性映射过程 $M(Y)$进行 LR 图像结构和 HR 图像结构的映射。公式可以转化为局部模型：

$$\min_X \sum_{i\in\Omega}\|\boldsymbol{R}_i X - M(\boldsymbol{R}_i\boldsymbol{H}^{\mathrm T}\boldsymbol{D}^{\mathrm T}Y)\|^2 \tag{3-45}$$

其中，$\boldsymbol{R}_i$ 为提取图像块。$\boldsymbol{H}^{\mathrm T}\boldsymbol{D}^{\mathrm T}Y$ 表示低频图像，式(3-45)的解为

$$X = \frac{\sum_{i\in\Omega}\boldsymbol{R}_i^{\mathrm T} M(\boldsymbol{R}_i\boldsymbol{H}^{\mathrm T}\boldsymbol{D}^{\mathrm T}Y)}{\sum_{i\in\Omega}\boldsymbol{R}_i^{\mathrm T}\boldsymbol{R}_i} \tag{3-46}$$

式(3-46)为重叠图像块取均值融合的方式，分母代表每个图像块所覆盖的范围的叠加。图 3-13 是基于图像块样例学习的单幅图像超分辨率重建框架，$M(Y)$是其核心，根据 $M(Y)$ 的不同，可分为梯度统计方法、图像块自相似性方法、深度学习方法等。

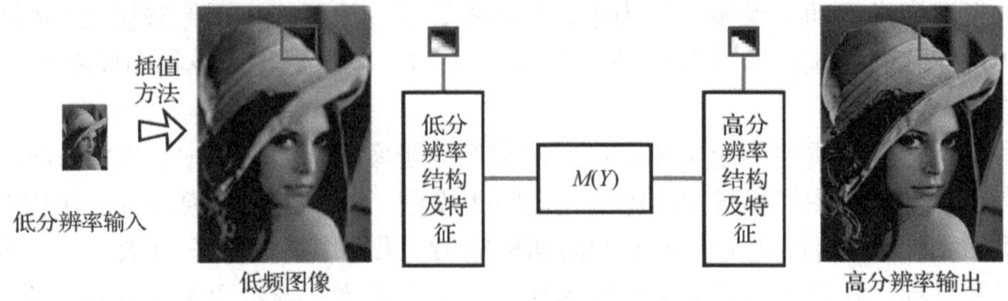

图 3-13　基于图像块样例学习的单幅图像超分辨重建框架

4. 序列图像超分辨率重建

在多帧序列图像超分辨率重建中，由于序列常对应视频采集，常常面临着更复杂的运动、模糊、噪声等因素，将它们都看作随机变量，则图像的超分辨率重建可看作变量估计，即在已知低分辨率观测图像序列的情况下估计高分辨率图像的过程。通过概率统计和优化推断是图像超分辨率重建中常用的方法，并可用图模型描述。利用图模型描述各个变量的关系如图 3-14 所示。

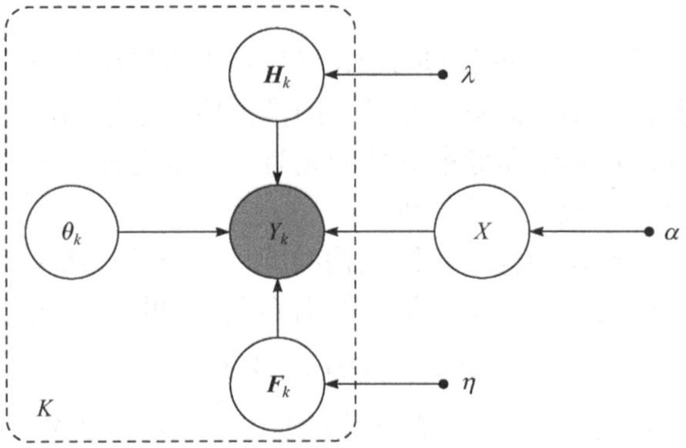

图 3-14　序列图像超分辨率重建中各变量依赖关系的图模型示意

已知观测图像序列 $\{Y_k\}$，在 Bayes 框架下所得到的各变量联合分布为

$$P(X,\{Y_k\},\{\boldsymbol{H}_k\},\{\boldsymbol{F}_k\},\{\theta_k\}) = P(X\mid\alpha)\prod_k^K P(Y_k\mid X,\boldsymbol{H}_k,\boldsymbol{F}_k,\theta_k)P(\boldsymbol{H}_k\mid\lambda)P(\boldsymbol{F}_k\mid\eta)P(\theta_k) \tag{3-47}$$

其中，θ_k是噪声 n_k的强度；α、λ 以及 η 分别对应各个变量分布占联合分布的权重。对高分辨率图像 X 的估计通常通过最大化式(3-47)进行。具体如下。

(1) 观测数据 $\{Y_k\}$ 的似然条件分布，与降质模型和噪声 n_k 有关，通常形式为

$$P(Y_k\mid X,\boldsymbol{H}_k,\boldsymbol{F}_k,\theta_k) \propto \exp\{-\theta_k \|Y_k - \boldsymbol{D}\boldsymbol{H}_k\boldsymbol{F}_k X\|_p^p\} \tag{3-48}$$

当范数 $p=2$ 时，模型噪声分布为高斯分布；当范数 $p=1$ 时，模型噪声分布为拉普拉

斯分布，对采样误差、配准误差等鲁棒性更强。但其范数形式在零点处不具有连续的导数，因此解析性不如 $p=2$ 范数，现有的求解此类 $p=1$ 范数模型的手段主要有迭代重加权最小二乘以及迭代收缩阈值方法等。

(2) HR 图像 X 的先验分布 $P(X|\alpha)$。常用的先验有高斯-马尔可夫先验、Huber MRF 先验、双边总变分先验、超拉普拉斯先验等。其基本思想建立在图像局部连续的基本特性上，是图像平滑性先验的高级形式，不同先验对采样误差和局部结构的适应程度不同。利用先验可以使欠定问题得到较稳定的符合高分辨率图像描述的解。

(3) 运动参数 $\boldsymbol{F}_k$ 的先验 $P(\boldsymbol{F}_k|\eta)$。运动参数先验通常通过运动参数估计的方法施加，在序列图像超分辨重建中，运动参数的估计往往和高分辨率图像的估计联合或交替完成。其施加先验时主要是对运动场进行平滑性的约束。

(4) 图像模糊的先验 $P(\boldsymbol{H}_k|\lambda)$。模糊核是提高图像清晰度的关键，在序列图像的超分辨重建当中，模糊的形式也包括光学模糊、运动模糊等。为了简化超分辨过程，常常根据成像过程的先验假设将模糊核固定。

(5) 噪声水平 θ_k 的先验 $P(\theta_k)$。θ_k 为似然条件分布 $P(Y_k \mid X,\boldsymbol{H}_k,\boldsymbol{F}_k,\theta_k)\propto \exp\{-\theta_k \| Y_k-\boldsymbol{D}\boldsymbol{H}_k\boldsymbol{F}_k X\|_p^p\}$ 的超参数，形式为 $\theta=1/\sigma^2$，其中 σ^2 为似然条件分布的方差，由共轭先验可以推导得到先验分布 $P(\theta_k)$为 Gamma 分布，通过求取分布的期望可以得到 θ_k 的估计。

相比之下，基于贝叶斯的统计推断方法对各个随机变量似然和先验分布进行估计，相对于固定分布的最大后验概率方法，对数据具有更好的适应性，具有根据观测数据自适应调整模型的能力。

3.1.5　高动态范围成像

1. 高动态范围图像重建概述

传统的低动态范围(low dynamic range，LDR)图像重建技术在处理高对比度场景时存在显著的局限性。由于摄像设备的传感器动态范围有限，LDR 图像无法同时准确记录场景中极亮与极暗区域的全部细节。这通常会导致图像中的高光区域过曝，失去细节，而暗部区域则欠曝，无法展现阴影中的信息。这种不足使得在复杂光照条件下拍摄的图像显得不够真实，缺乏层次感和视觉冲击力，无法全面再现眼前的场景。

为了解决 LDR 图像的这些弊端，高动态范围(HDR)图像重建技术应运而生。高动态范围图像重建技术通过将多张在不同曝光条件下拍摄的图像进行合成，能够有效地扩展图像的动态范围。这些图像分别捕捉了场景中的不同亮度区域，从亮部到暗部，将它们融合后可以生成一幅涵盖更广亮度和色彩信息的高动态范围图像。与 LDR 图像相比，HDR 图像不仅呈现的细节更加丰富，还能够更加真实地再现人眼在自然环境中所感知的视觉效果。

HDR 图像重建的核心目标是最大限度地还原场景中各个亮度级别的细节。通过整合不同曝光时间的图像数据，这项技术能够生成一幅既展现亮部区域细节，又保留暗部区域质感的图像。由于 HDR 技术能够在高对比度场景中保留更多细节，其表现尤为出色。例如，在逆光摄影、夜景拍摄、日出或日落等复杂光线条件下，LDR 图像通常难以同时再现太阳的耀眼光芒与阴影部分的细节，而 HDR 图像则能够自然地融合这些光线层次，呈现出更加生动逼真的画面。

在高动态范围图像重建的研究中，已经发展出多种不同的方法来实现图像的融合与重建，其中比较常见的有三大类：基于辐照度融合的方法、基于多尺度分解的方法以及基于梯度融合的方法。基于辐照度融合的方法通过对不同曝光的图像进行辐照度估计并融合，生成高动态范围图像；基于多尺度分解的方法则通过将图像分解为多个尺度进行处理，特别适合处理复杂的光影变化场景；而基于梯度融合的方法则侧重于图像梯度信息的融合，能够保留全局对比度的同时增强局部细节的表现。

2. 基于辐照度融合的 HDR 方法

通过不同曝光时间拍摄的图像，能够捕捉到场景中不同亮度的辐射信息。短曝光时间会导致整体图像较暗，捕捉到的图像辐照度较低，但能够捕捉到高亮区域的信息；而长曝光时间则使图像整体较亮，记录了较高的辐照度，揭示了黑暗区域的信息。本小节将介绍基于辐照度融合的 HDR 方法。

基于辐照度融合的 HDR 方法利用图像的曝光时间、颜色亮度等信息求解出逆相机响应函数，同时得到对应的辐照度图像，通过组合辐照度图像得到 HDR 图像，然后采用色调映射算法将生成的 HDR 图像显示在显示器上。

逆相机响应函数能够逆转这一过程，从图像像素值推算出实际场景的光照强度。相机响应函数描述了实际场景的光照强度与图像像素值之间的对应关系。这种函数通常是固定的、非线性的、连续的，并且随着辐照度的增加而单调递增。LDR 图像的像素值是通过非线性变换得到的辐照度值，因此，单一曝光时间的 LDR 图像只能捕捉有限的动态范围。通过不同曝光时间拍摄的 LDR 图像可以覆盖更广泛的动态范围。选取每幅图像中准确的动态范围部分，并排除不准确的部分，可以重建出场景的完整动态范围，最终生成 HDR 图像。

Debevec 与 Malik 率先提出了一种利用多幅不同曝光的 LDR 图像来确定相机响应函数的技术。该技术保持相机稳定，并对同一静止场景在不同的曝光时长下拍摄多张照片。通过固定相机，改变曝光时间捕获同一静态场景的 N 幅图像，其中第 j 幅图像的曝光时间为 Δt_j。假设目标场景的辐照度为 E，这反映了相机传感器对环境光线的反应。对于第 i 个像素点，其亮度值由相机成像的互易法则决定，第 i 个像素位置的辐照度为 E_i，出像素值为 Z_{ij}，利用相机成像互易律，表示为

$$Z_{ij} = f\left(E_i \cdot \Delta t_j\right) \tag{3-49}$$

其中，$f(\bullet)$ 表示相机响应函数，是可逆且单调的存在反函数 f^{-1}，求反函数可得

$$f^{-1}\left(Z_{ij}\right) = E_i \cdot \Delta t \tag{3-50}$$

随后，对方程的两边进行对数变换，可以得到

$$\ln f^{-1}\left(Z_{ij}\right)=\ln E_i+\ln\Delta t_j \tag{3-51}$$

为了方便，令 $g=\ln f^{-1}$，则式(3-51)可以写成：

$$g\left(Z_{ij}\right)=\ln E_i+\ln\Delta t_j \tag{3-52}$$

在这里，i 代表图像中像素的位置，而 j 代表曝光时间的设定值。已知的量包括 Z_{ij} 和 Δt_j，E_i 和 g 是需要解出的未知数。

计算出 g 即可获得相机的响应函数，设定 Z_{min} 和 Z_{max} 来表示图像像素的最小值和最大值。Debevec 采用最小二乘法构建了一个误差函数，计算了 N 个采样点的曝光量的自然对数 $\ln E$ 和 $Z_{max}-Z_{min}+1$ 个 $g(Z)$的值：

$$\varepsilon=\sum_{i=1}^{N}\sum_{j=1}^{P}\left[g\left(Z_{ij}\right)-\ln E_i-\ln\Delta t_j\right]^2+\lambda\sum_{z=Z_{min}-1}^{Z_{max}-1}g''\left(Z\right)^2 \tag{3-53}$$

式(3-53)右侧的第一部分描述了相机捕获的像素值与求解像素值之间的偏差。第二部分代表了相机响应函数的平滑性项，通过在误差函数中加入这一项，可以确保得到的相机响应函数既准确又平滑。在这里，N 表示每幅图像中的采样点数量，P 指的是多曝光图像的总数。

相机响应函数在像素值达到最大或最小时，导致出现曝光不足或过度的情况。因此需要引入权重函数 $\omega(Z_{ij})$以减少边界处像素所占的比重，从而提高中间像素所占的比重。Debevec 选取了适合该应用的简单三角权重函数。

$$\omega\left(Z_{ij}\right)=\begin{cases}Z_{ij}-Z_{min}, & Z_{ij}\leqslant\frac{1}{2}\left(Z_{min}+Z_{max}\right)\\ Z_{max}-Z_{ij}, & Z_{ij}>\frac{1}{2}\left(Z_{min}+Z_{max}\right)\end{cases} \tag{3-54}$$

误差函数方程将此三角权重函数代入后表示如下：

$$\varepsilon=\sum_{i=1}^{N}\sum_{j=1}^{P}\left\{\omega\left(Z_{ij}\right)\left[g\left(Z_{ij}-\ln E_i-\ln\Delta t_j\right)\right]\right\}^2+\lambda\sum_{z=Z_{min}-1}^{Z_{max}-1}\left[\omega\left(Z_{ij}\right)g''\left(Z_{ij}\right)\right]^2 \tag{3-55}$$

为了方便表示，选取像素值范围中的中点对应的曝光量作为标准曝光量，即 $g\left(Z_{mid}\right)=0$，其中

$$Z_{mid}=\frac{1}{2}\left(Z_{min}+Z_{max}\right) \tag{3-56}$$

同时，为了保证式(3-56)有解，图像的采样点的数量 N 满足以下条件：

$$N\left(P-1\right)>Z_{max}-Z_{min} \tag{3-57}$$

遵循上述流程，可以确定相机的响应函数曲线。

基于相机响应函数，计算出在特定曝光时间Δt_j 的条件下，每幅图像的每个像素点对应的场景辐照度：

$$\ln E_i=g\left(Z_{ij}-\ln\Delta t_j\right) \tag{3-58}$$

为了增强算法的鲁棒性，针对图像中每个像素点的具体场景位置，需要利用在不同曝光时间下拍摄的图像数据进行处理。通过为不同曝光时间的图像分配适当的权重，进行加权平均，从而得到目标场景图像中每个像素点的对数辐照度值：

$$\ln E_i = \frac{\sum_{j=1}^{P} \omega\left(Z_{ij}\right)\left[g\left(Z_{ij}\right) - \ln \Delta t_j\right]}{\sum_{j=1}^{P} \omega\left(Z_{ij}\right)} \tag{3-59}$$

对 RGB 图像的每个颜色通道分别执行上述步骤，然后将得到的各个通道的值合并，以构建 HDR 图像。

在创建 HDR 图像的过程中，采用了辐照度融合技术，这项技术通过使用一系列在不同曝光时间下拍摄的 LDR 图像来捕获更广泛的动态范围。主要步骤如下：估算相机响应函数，确定实际场景光照强度与图像像素值之间的关系；计算场景辐照度，从不同曝光时间的图像中推算出实际场景的光照强度；加权合并图像数据，根据每幅图像的曝光时间，为其分配权重，并进行加权平均，以合成 HDR 图像。最后，通过色调映射技术，将 HDR 图像转换成适合在显示器上查看的 LDR 图像，以便展示场景的丰富细节和色彩。

这种方法利用了图像中的物理信息(曝光时间、像素值等)，能够在生成高质量 HDR 图像的同时减少噪声和伪影的产生，是目前广泛使用的一种 HDR 生成技术。

如今，基于辐照度融合的 HDR 方法已成为图像处理领域的研究热点。以下详细介绍三种具有代表性的 HDR 方法及其改进。

一种基于相机响应函数(camera response function，CRF)与理论空间约束相结合的低参数经验响应模型被 Grossberg 等提出。该模型通过少量实验数据拟合相机的响应曲线，推断出完整的相机响应函数，而无须对每个像素点进行复杂的曝光估计。该方法的核心创新在于通过减少 CRF 的自由度，假设相机响应函数可用少量参数来近似，从而形成一个低维的经验模型。这样一来，系统只需少量样本数据和合理的假设，就能快速生成 HDR 图像。相比传统的 HDR 方法，Grossberg 方法通过降低参数数量和减少计算需求，提高了处理效率，尤其适用于需要快速处理大规模图像数据的场景。此外，这种低参数模型还有效避免了多帧不同曝光图像数据中的过度拟合问题。

De Neve 等提出了一种改进的 HDR 图像重建方法，基于 CRF 和曝光图像的联合优化，显著降低了传统 Debevec 方法的计算复杂度。该方法通过融合曝光图像的局部特征，如对比度、亮度和梯度信息，加速了 CRF 估计过程。De Neve 提出的方法还采用了多尺度融合技术，在不同分辨率下进行优化，以减少全局优化计算的开销。相比经典的 Debevec 方法，De Neve 提出的方法在大规模图像处理和实时应用场景中表现出更高的效率，特别适合需要快速响应的任务。通过优化局部特征，这种方法减少了 HDR 图像重建过程中复杂的全局计算，大大缩短了处理时间。

基于权重图的高效 HDR 图像融合技术由 Kwon 等提出。该方法利用两张不同曝光的图像生成高质量的 HDR 图像，既保留了图像细节，又大幅降低了传统 HDR 成像的计算复杂度。这种技术特别适用于动态场景或资源受限的应用场景。与传统 HDR 成像技术需要多张不同曝光的图像来覆盖广泛的亮度范围、捕捉细节不同，Kwon 方法通过生成权重图来评估每个像素在不同曝光下的质量，并对两幅图像进行加权融合。该策略不仅减少了输入图像的数量，还显著降低了计算负担，同时有效减少了动态场景中常见的运动伪影问题。Kwon 方法在动态场景和实时应用中表现出色，能够在减少计算资源需求的同时生成细节丰富的 HDR 图像。

通过这三种方法，HDR 图像处理技术在处理速度、计算效率和视觉效果上得到了显著提升，从而在更广泛的应用场景中得以推广。

3. 基于多尺度分解的 HDR 方法

基于图像域的 HDR 图像重建方法，尤其是多尺度金字塔融合技术，是当前图像处理领域中解决多曝光图像融合问题的有效手段。此类方法通过将不同曝光的 LDR 图像在多个尺度上进行融合，能够有效减少光晕现象，并提升图像的对比度和细节表现。

多尺度金字塔融合方法基于人类视觉系统的特点，使用拉普拉斯金字塔和高斯金字塔对图像进行分解和重建。具体而言，每幅输入的图像被分解为多个尺度的金字塔结构，拉普拉斯金字塔用于表示图像的特征，而高斯金字塔则用于表示融合权重。融合过程在每一个尺度上单独进行，这意味着权重的急剧变化仅会影响边缘和角点等特定区域，而不会对图像的平坦区域产生影响。通过这种方式，可以在保持边缘细节的同时避免由直接强度融合带来的光晕现象。

具体来说，在获得 T 张不同的输入图像和对应的融合权重后，最直接的方法是利用权重融合的方法得到图像 H。

$$H(u,v)=\sum_{t=1}^{T}W^{t}(u,v)\tilde{X}^{t}(u,v) \tag{3-60}$$

其中，$\tilde{X}^{t}(u,v)$ 表示第 t 幅图像在(u,v)位置处的强度值。但是直接用上述公式融合并不能得到满意的结果。在融合权重发生突然变化的区域，最终的结果会出现光晕的现象。这是由于曝光时间的不同导致所要融合的图像具有不同的绝对强度值。为了消除这些光晕现象，可以通过使用高斯滤波器来平滑融合权重图，避免权重图中突然的变化，但这会导致边缘周围出现其他光晕现象。另外一种选择是使用交叉双边滤波器的边缘平滑操作，但是定义平滑区域的终止条件比较困难，也很难寻求最佳的双边滤波器参数。

为了避免光晕的现象，本章引入多尺度拉普拉斯-高斯金字塔分解方法，如图 3-15 所示。每一幅图像通过多尺度拉普拉斯操作得到一系列不同尺度下的表示。具体过程是输入图像首先卷积高斯核，相当于对原始图像进行低通滤波的结果；然后计算当前尺度图像与低通滤波图像的差异作为当前尺度的表示；后续通过计算高斯金字塔两个相邻层次之间的差异来迭代该过程，最终产生图像的拉普拉斯金字塔。在本问题中，每一幅图像在不同尺度上构建了拉普拉斯金字塔，同样地对每幅图像对应的融合权重 $W(u,v)$可以构建高斯金字塔。因为拉普拉斯金字塔和高斯金字塔具有同样的尺度等级，所以融合过程可以在每一个尺度上单独进行：

$$\mathrm{Lap}^l\left\{H(u,v)\right\}=\sum_{t=1}^{T}\mathrm{Gauss}^l\left\{W^t(u,v)\right\}\mathrm{Lap}^l\left\{\tilde{X}(u,v)\right\} \tag{3-61}$$

其中，l 表示金字塔的第 l 层，$\mathrm{Lap}^l\{\tilde{X}(\cdot)\}$是图像 $\tilde{X}(\cdot)$ 的拉普拉斯金字塔；$\mathrm{Gauss}^l\{W^t\}$表示融合权重的高斯金字塔。整个融合过程是从底向上逐步地融合金字塔的每一层，最终通过拉普拉斯金字塔 $\mathrm{Lap}^l\{H(u,v)\}$重建得到最后的结果。

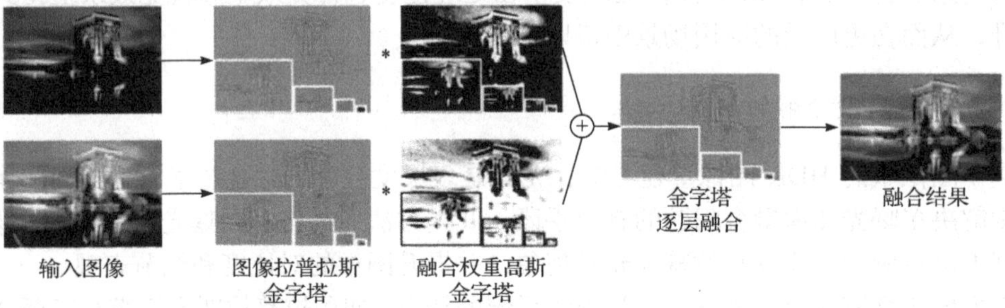

图 3-15 多尺度图像融合过程

多尺度金字塔融合不是直接融合强度值，而是融合图像特征，因此可以非常有效地减少由于融合权重的急剧变化而产生的光晕现象。多尺度融合方法是由人类视觉系统驱动的，在金字塔每个尺度上分别采用融合过程，此时融合权重的急剧变化仅仅会影响边缘和角点。而输入图像中的平坦区域存在一些幅值大小可忽略的系数，因此不会受到融合权重剧烈变化的影响。多尺度金字塔融合考虑了速度和精度的平衡，因此执行速度相对较快。

此类方法属于基于图像域的 HDR 图像重建技术，通常使用金字塔或小波变换等多分辨率框架来表示输入图像，然后通过最大值或平均分解系数等操作将多幅低动态范围图像的信息集成到最终的高动态范围图像中。通过将图像从空间域转换到频率域，可以更好地处理图像中的不同频率成分，实现细节增强与伪影抑制的效果。这种技术在 HDR 图像重建领域得到广泛应用，因为它能够有效地平衡图像质量与计算复杂度，尤其是在多曝光图像融合的过程中，能够避免常见的光晕现象和细节丢失问题。

在 HDR 图像重建领域，多尺度金字塔技术为图像融合提供了重要的支持。其中，拉普拉斯金字塔融合方法是一种经典的技术，该方法通过将图像分解为不同尺度的金字塔层次，有效地分离了高频和低频信息。在融合过程中，拉普拉斯金字塔能够避免图像融合时常见的光晕现象和伪影问题，同时以较低的计算复杂度达到高质量的图像处理效果。这一方法在多曝光图像处理任务中展现了出色的细节保留和视觉效果。

在此基础上，拉普拉斯-高斯金字塔融合方法进一步提升了 HDR 图像的质量。该方法在拉普拉斯金字塔的基础上引入了高斯金字塔，通过对每幅输入图像进行曝光度、饱和度和对比度的评价，生成权值图，并对其进行高斯金字塔分解。与此同时，图像本身则进行拉普拉斯金字塔分解。这种改进使得在不同尺度上分别对图像和权值图进行融合，从而更有效地抑制光晕现象，并在细节保留和对比度表现方面取得了显著提升。通过结合两种金字塔的优势，这一方法在处理复杂图像时能够提供更高质量的 HDR 图像，展现了在细节增强和伪影控制方面的进步。

此外，感知质量融合法、精细细节提取法和平滑滤波器融合法在 HDR 图像重建技术中也展现了显著的改进与创新。感知质量融合法引入了感知质量评价指标，通过结合分层多变量高斯条件随机场(conditional random field，CRF)模型显著提升了图像的视觉效果。该方法的关键在于感知局部对比度和颜色饱和度两个指标的应用。局部对比度通过分析图像中细节的变化，增强了重要结构特征的表现，确保这些细节在融合过程中被保留。同时，颜色饱和度的调整则保证了最终图像的色彩自然且丰富，避免了色彩失真或过度饱和的问题。通过分层 CRF 模型，该方法综合考虑了图像的多尺度特性，将局部细节与全局视觉效果相结合，生成了符合人类视觉系统特性的 HDR 图像。创新点在于将感知质量指标引入图像融合过程，使得融合图像在视觉上更自然、层次更分明。

精细细节提取法专注于通过多尺度图像分解来增强细节表现。该方法首先将图像分解为底层和细节层。底层图像主要捕捉图像的主要结构和大尺度特征，而细节层则专注于小尺度的细节和纹理信息。通过引导滤波技术，对不同尺度的信息进行加权平均，确保底层和细节层在融合时有效整合。此外，采用二次优化向量场技术来保持图像的一致性，避免了细节过度增强带来的图像失真或不自然效果。该方法的改进在于引入多尺度分解与优化技术，使得图像在细节保留和视觉一致性方面取得了显著提升，减少了伪影的产生。

平滑滤波器融合法则结合了平滑滤波器和加权最小二乘优化算法，提升了 HDR 图像的细节表现和整体融合效果。该方法首先利用平滑滤波器提取局部细节，这些微小特征对于图像的细节层至关重要。然后，通过加权最小二乘优化算法进行全局细节提取，确保图像的整体结构一致性和对比度表现。创新之处在于引入空间一致性和交叉图像一致性估计方法，通过计算每幅图像中不同区域的加权图来优化信息融合，确保细节呈现的协调一致。最终，使用多尺度融合方法将不同层次的细节信息结合，生成高质量的 HDR 图像。这种方法的改进在于有效减少了光晕现象和不自然效果，提高了图像的细节保留能力和视觉自然度。

总的来说，多尺度金字塔融合技术在基于图像域的 HDR 图像重建方法中扮演着至关重要的角色。通过将输入图像分解为拉普拉斯金字塔和高斯金字塔，能够有效应对多曝光融合过程中的光晕现象，提升图像的细节保留和对比度表现。这种技术的成功得益于对人类视觉系统特性的模拟，利用多分辨率框架实现了速度与精度的平衡，生成的 HDR 图像更加自然且高效。

4. 基于梯度融合的 HDR 方法

基于梯度融合的 HDR 方法是一种处理多曝光图像的先进技术，它通过融合不同曝光图像的梯度信息，以生成细节丰富的 HDR 图像。这种方法着重保留图像中的高频信息，如边缘和纹理细节，同时避免光晕现象和其他伪影问题。

在传统的 HDR 方法中，通常是通过直接对不同曝光图像的像素进行加权平均或基于权重进行融合。然而，直接融合像素值的方法容易导致图像中的细节丢失，并且在高对比度区域容易出现光晕现象。

与此不同，基于梯度融合的 HDR 方法不是直接融合像素值，而是对图像的梯度信息进行处理。图像梯度是描述图像亮度变化的方向和幅度的一种方式，梯度较大的区域通常对应于图像中的边缘或细节。因此，通过梯度信息的融合，可以更好地保留这些区域的细节。

梯度领域的方法通过分析源图像的梯度信息来确定融合规则，实现图像的融合。Zhang

等使用二维高斯滤波器来计算图像的梯度幅度和方向，其中梯度幅度反映了曝光质量，而梯度方向则反映了图像中运动的细节，如图 3-16 所示。图 3-16(a)展示了六次曝光得到的源图像序列，而图 3-16(b)展示了不同源图像在相同空间位置上的像素梯度，其中，箭头仅指示梯度方向，与梯度幅度无关。第 i 幅图像 $I^i(x, y)$在像素点(x, y)的梯度信息提取公式如下：

$$\begin{cases} I_x^i(x,y) = I^i(x,y) \otimes \dfrac{\partial}{\partial x} g(x,y;\sigma_d) \\ I_y^i(x,y) = I^i(x,y) \otimes \dfrac{\partial}{\partial y} g(x,y;\sigma_d) \end{cases} \tag{3-62}$$

其中，$I^i_x(x, y)$和 $I^i_y(x, y)$分别表示图像 $I^i(x, y)$在 x 和 y 方向的梯度。通常，σ_d 被设定为两个像素的值。梯度的幅度为

$$m^i(x,y) = \sqrt{\left|I_y^i(x,y)^2\right| + \left|I_x^i(x,y)^2\right|} \tag{3-63}$$

梯度方向为

$$\theta^i(x,y) = \text{atctan}\frac{I_y^i(x,y)}{I_x^i(x,y)} \tag{3-64}$$

梯度幅度表示像素值的最大变化，梯度方向表示像素值的最大变化的方向。

(a)

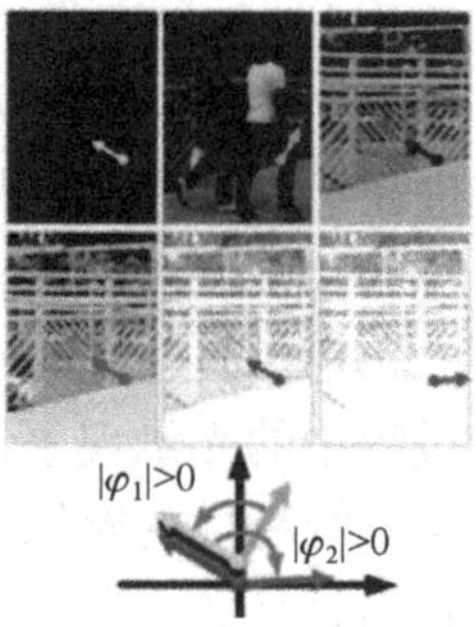

(b)

图 3-16　曝光序列的梯度方向

Paul 等通过结合色彩梯度的幅度与亮度梯度的幅度来提升图像融合技术，这种方法在保持色彩信息方面有较好的表现。Liu 等则提出了一种基于图像的局部对比度、亮度和空间结构的融合权重构建方法。他们通过梯度域计算得出亮度，然后应用多尺度曝光融合技术来合并图像。Gu 等采用 Riemannian 几何来处理梯度，并结合二次平均滤波和多尺度非线性压缩来迭代地修正梯度场。

基于梯度的图像融合方法近年来成为 HDR 图像重建领域的研究热点。这类方法通过在梯度域中处理图像，相较于传统像素域处理，能够更有效地保留不同曝光条件下的图像细节和层次感。同时，这些方法也避免了像素域处理可能引发的失真和伪影问题，使得图像融合的视觉效果更加自然。随着高动态范围技术的不断发展，基于梯度的图像融合方法在各种应用场景中得到了广泛关注和深入研究。

在基于梯度的图像融合技术中，各种方法根据不同应用场景，专注于在细节保留、处理速度、计算复杂度等方面进行优化。梯度块融合法是其中一种高效的方法，它通过评估图像区域的亮度梯度，选择梯度丰富的图像块进行融合。这种方法在快速响应的场景中，能够有效减少计算时间，因此特别适合实时图像处理系统的需求。在需要平衡视觉效果和处理效率的应用中，梯度块融合法能够实现较好的细节保留与处理速度。二值化梯度场融合法主要针对两帧不同曝光的图像，通过生成曝光度的二值图来融合图像的梯度场，成功保留了细节和层次感。这种方法克服了传统像素域处理的局限，尤其在多帧曝光的图像处理中表现优异。概率模型梯度融合法则通过结合亮度、对比度和梯度信息，使用概率模型进行加权融合，既能够保留图像的亮度层次，也有效抑制了亮度梯度反转现象，使生成的图像更为自然，且层次分明。对于对比度变化显著的场景，对比度梯度重建法通过增强图像中的对比度变化，生成了具有强烈视觉冲击力的 HDR 图像，层次感清晰。局部亮度变化优化法则进一步改进了局部细节处理，通过权重矩阵来衡量每个像素的局部亮度变化，优化了融合梯度的大小和方向，不仅保留了细节，还提升了整体亮度和对比度，使得生成的图像更为自然细腻，特别适合需要处理丰富细节的图像。

相比上述方法，权重策略梯度融合法和全局多曝光优化法在原有技术的基础上进行了更为深入的改进与创新。权重策略梯度融合法通过对每幅输入图像的梯度幅度进行加权优化，在不同曝光条件下增强了图像的细节表现。然而，这种增强是在大量计算的基础上完成的，尤其在处理高分辨率图像时，可能导致处理速度显著下降。此外，权重策略梯度融合法依赖于用户手动设定显著性图的阈值，这无形中增加了使用的复杂性和操作难度。尽管如此，经过权重优化后的图像质量在视觉效果上依然表现优异，尤其适合对图像质量要求较高的应用场景。另外，全局多曝光优化法则从全局视角对图像进行了更加精细的处理，通过设计两个函数分别衡量像素值在相邻曝光图像中的强度和其在全局梯度中的重要性。这种方法有效控制了计算复杂度，避免了在处理多曝光图像时的资源浪费，生成的 HDR 图像能够在亮度、对比度和细节表现之间实现自然的平衡，特别适用于对整体效果有较高要求的应用场景。全局多曝光优化法不仅提升了视觉效果，还提高了算法在大规模图像处理中的适用性。

综上所述，这些基于梯度的图像融合方法在不同应用场景下展现了各自的优势与不足。随着技术的不断发展和计算能力的提高，这些方法将会进一步优化，并在实际应用中表现得更加卓越。在未来的研究和发展中，如何在计算复杂度与图像质量之间找到更优的平衡点，仍然是 HDR 图像重建技术的一大挑战。

3.2　三维结构重建

3.2.1　三维结构重建基础知识

1. 三维重建概述

1) 三维重建的定义

人们生活的客观世界是一个三维的世界，如何处理三维世界中包含的海量视觉信息成为计算机视觉这一学科需要处理的终极问题。然而，正如人们依赖双眼感知三维世界一样，计算机获取三维世界的最主要信息源是二维图像，必然存在信息损失的情况。三维重建便是从二维数据中正确恢复完整三维信息的主要方式之一，意在对三维物体构造适合计算机处理的数据表达，以更好地利用计算机分析客观世界。

2) 三维数据的表达形式

能够表征三维物体的数据结构有多种，如深度图、网格、体素等，不同的三维数据拥有不同的数据存取形式与特性。其中，点云是一种简单、常见且通用的三维数据，被用于多个领域的任务中，如计算机视觉、计算机图形学、机器人技术等。

点云是某一坐标空间下一系列点的集合，可以表达三维物体的空间分布与表面形状。点云中每一个点可以被认为是三维物体表面上的某一点，因此点云中所有点作为整体可被看作三维物体连续表面的离散抽象。

点云具有以下性质。

(1) 离散性：点云模型是由离散的点构成的，而不是连续的表面。这使得点云模型在表示复杂物体时具有灵活性。

(2) 无序性：点云是若干点的集合，点的数据排列之间没有任何顺序，顺序交换不改变其蕴含的三维物体信息。

(3) 三维性：每个点具有三维坐标，可以表示物体表面上某点的空间位置信息。这使得点云模型能够准确地表示物体的三维形状。

(4) 高效性：相比于网格等模型，点云省去了大量的冗余信息，因此存储和计算效率更高。

(5) 通用性：点云模型可以表示各种形状和纹理的物体，具有广泛的适用性。

2. 三维重建的光学成像基础

1) 相机模型与相机参数

相机作为最常用的视觉数据传感器，能够将三维世界中的坐标点投影到二维平面以形成图像。这一过程可以用几何模型的形式阐述，其中最简单且最常用的是针孔模型，也是此后一系列关于光学成像的研究和数学推导的基础模型。

针孔模型的坐标系原点是“针孔”，即光心，其到成像平面的距离为焦距 f 。设定模型坐标系时，与成像平面垂直的轴为 z 轴。模型坐标系在成像平面上的投影即为成像平面坐标系。针孔模型的示意图参见图 3-17。

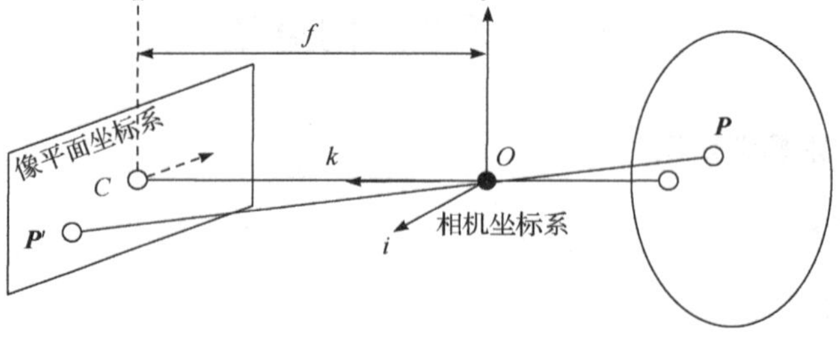

图 3-17 针孔模型示意图

设点 $\boldsymbol{P}$ 为真实世界三维空间中一点，$\boldsymbol{P}'$ 为其在相平面上的投影点，$\boldsymbol{P}$ 点坐标为 (x,y,z)，$\boldsymbol{P}'$ 点坐标为 (x',y',f)，则 f 为相机焦距，根据相似三角形原理可以得到 $\frac{z}{f}=-\frac{y}{y'}=-\frac{x}{x'}$(负号表示倒像)。

虽然针孔模型定义了完备的成像数学模型，但在成像时存在坐标系差异：在图像成像时，像素坐标参考系的原点位于图像左上角，而针孔模型中像平面坐标系以影像中心为原点，因此需要对这一参考系差异进行修正。

设摄像机中心在像素坐标系中坐标为 (c_x,c_y)，则 $\boldsymbol{P}'$ 的像素坐标为 $(fk\frac{x}{z}+c_x,fl\frac{x}{z}+c_y)$，其中 k 和 l 为距离(单位：米)到像素单位的转换系数。用 α 表示 fk，β 表示 fl，同时考虑相机偏斜角 θ，从相机坐标系到像素坐标系的转换过程在齐次坐标系下的表示见式(3-65)：

$$\boldsymbol{P}'=\begin{bmatrix}\alpha & -\alpha\cot\theta & c_x & 0\\ 0 & \beta/\sin\theta & c_y & 0\\ 0 & 0 & 1 & 0\end{bmatrix}\begin{bmatrix}x\\ y\\ z\\ 1\end{bmatrix}=\boldsymbol{MP}=\boldsymbol{K}\begin{bmatrix}\boldsymbol{I} & 0\end{bmatrix}\boldsymbol{P} \tag{3-65}$$

摄像机坐标系可以很清晰地体现三维世界中的点与摄像机的关系。然而，由于摄像机空间位置的改变和相机内参的不同，同一个三维点在不同摄像机坐标系下的表示则会产生差异，这样对三维点位置的描述无法统一。为了方便描述三维物体的空间信息，人们定义了一个新的坐标系概念——世界坐标系，即人为规定一个标准原点位置和轴向，以此描述所有需要的三维点的位置。式(3-66)阐述了如何将相机参考系下的坐标与世界坐标系下的坐标互相转换：

$$\boldsymbol{P}=\begin{bmatrix}\boldsymbol{R} & \boldsymbol{T}\\ 0 & 1\end{bmatrix}\boldsymbol{P}_w \tag{3-66}$$

其中，$\boldsymbol{P}$ 为摄像机坐标系坐标；$\boldsymbol{P}_w$ 为世界坐标系坐标；$\boldsymbol{R}$ 为旋转矩阵；$\boldsymbol{T}$ 为平移矩阵。类似式(3-66)，像素坐标系下坐标和世界坐标系下坐标的转换公式见式(3-67)：

$$\boldsymbol{P}'=\boldsymbol{K}\begin{bmatrix}\boldsymbol{R} & \boldsymbol{T}\end{bmatrix}\boldsymbol{P}_w=\boldsymbol{MP}_w \tag{3-67}$$

其中，$\boldsymbol{M}$ 为投影矩阵，$\boldsymbol{K}$ 为内参矩阵，由摄像机本身决定；$\begin{bmatrix}\boldsymbol{R} & \boldsymbol{T}\end{bmatrix}$ 称为外参矩阵，由摄像机位置决定。

2) 相机标定

三维重建需要确定三维空间中物体表面某点的三维几何位置与其在图像中对应点之间的相互关系，因此必须利用相机参数来确定这种对应关系。然而，相机内参通常不会被标注到摄像机上或易于查询得知，外参又时刻在变化，通常需要通过实验获取光学影像和三维物体之间的关系来计算得出相机参数，这个过程称为摄像机标定。

接下来，为了方便，用 $\boldsymbol{P}$ 表示世界坐标系坐标，用 $\boldsymbol{p}$ 表示像素坐标系坐标，假设已知世界坐标系中一些点的坐标$(P_1, P_2, \cdots, P_n)$，$n\geqslant6$，像素坐标系中一些点的坐标$(p_1, p_2, \cdots, p_n)$，$n\geqslant6$。如果将投影矩阵写作：

$$M=\begin{bmatrix} \boldsymbol{m}_1 \\ \boldsymbol{m}_2 \\ \boldsymbol{m}_3 \end{bmatrix} \tag{3-68}$$

那么可以将像素坐标结合式(3-68)做一个简单的变换：

$$\boldsymbol{p}_i=\begin{bmatrix} x_i \\ y_i \end{bmatrix}=\begin{bmatrix} \dfrac{\boldsymbol{m}_1\boldsymbol{P}_i}{\boldsymbol{m}_3\boldsymbol{P}_i} \\ \dfrac{\boldsymbol{m}_2\boldsymbol{P}_i}{\boldsymbol{m}_3\boldsymbol{P}_i} \end{bmatrix} \tag{3-69}$$

即

$$\begin{cases} \boldsymbol{m}_1\boldsymbol{P}_i - x_i(\boldsymbol{m}_3\boldsymbol{P}_i)=0 \\ \boldsymbol{m}_2\boldsymbol{P}_i - y_i(\boldsymbol{m}_3\boldsymbol{P}_i)=0 \end{cases} \tag{3-70}$$

通过最小二乘法即可解得投影矩阵。将投影矩阵代入其他坐标系转换公式中，可以求解出摄像机内外参。

3. 三维重建的数学基础

有了摄像机的内外参数以及光学影像上点的像素坐标，就容易得到从像素点到三维点的直线，但从单幅图像去恢复场景集合(单目视觉)通常受深度未知的影响，困难重重。再增加一个有场景重叠的视角，通常就能对目标的深度有很好的感知。

1) 三角测量

三角测量是指通过两个视角观察同一个点，并通过视线夹角确定该点到两个视平面的距离的过程，如图 3-18 所示。图中点 p 和 p' 是像平面上的点，O_1、O_2 是两个摄像机光心，$\boldsymbol{K}$、$\boldsymbol{K}'$ 为内参矩阵，$\boldsymbol{R}$ 为旋转矩阵、$\boldsymbol{T}$ 为平移矩阵，$\boldsymbol{l}$ 和 $\boldsymbol{l}'$ 是光心与二维点的连线向量，P 点为两个二维点对应的同一三维点。从图中可以得出 P 点的坐标向量 $\boldsymbol{P}=\boldsymbol{l}\times\boldsymbol{l}'$。

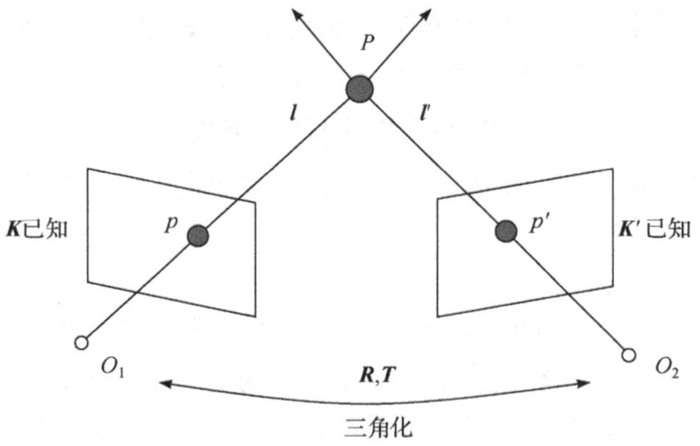

图 3-18 三角测量原理示意图

虽然实际应用中由于噪声的存在，两条线往往不相交，但可以通过解方程组得到一个最优解。

2) 极几何

然而，在实际应用中，内外参数往往不可以直接获得，通常只能观察到两个不同视角下的二维图像，以及这些图像中对应的二维坐标点。这些二维点之间的对应关系提供了关于场景或物体在两个视角间变换的线索。

这时，极几何成为解决问题的有力工具。极几何是一种描述两个不同视角下图像之间几何关系的理论框架，它允许在仅知道二维点对应关系的情况下，推断出三维空间中的几何结构。极几何的核心思想在于，当从一个视角观察一个三维点时，该点在另一视角下的对应点必然位于一条直线上，这条直线称为极线。这种约束使得寻找对应点的工作被限制在了极线上而非整幅图像，大大简化了匹配过程。

极几何的原理示意如图 3-19 所示。图中展示了两个摄像机视角，以及一个三维点 P 在这两个视角下的投影点 p 和 p' 。通过分析这两个投影点的关系，以及利用极几何的数学工具，如基础矩阵和本质矩阵，可以计算出摄像机的内外参数，进而得到出三维点的坐标。

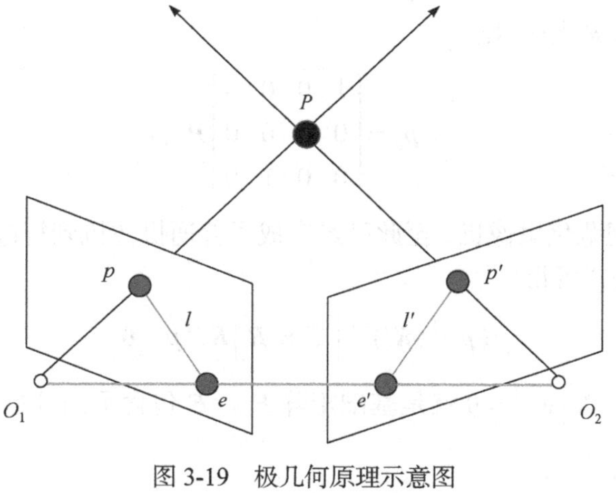

图 3-19　极几何原理示意图

图 3-19 中点 p 和 p' 是像平面上的点，O_1 、O_2 是两个摄像机光心，P 点为两个二维点对应的同一三维点，明确其他概念如下。

(1) 极平面：过点 P 、O_1 、O_2 的平面；

(2) 基线：O_1 、O_2 的连线；

(3) 极线：极平面与像平面的交线 l 、l' ；

(4) 极点：基线与像平面的交点 e 、e' 。

3) 本质矩阵

本质矩阵对规范化摄像机(即内参矩阵为单位矩阵，即焦距为 1)拍摄的两个视点图像间的几何关系进行代数描述。将图 3-19 中 p 点像素坐标设为 (x,y) ，p' 点像素坐标设为 (x',y') 。依据坐标系转换公式可以得到 p' 点在 O_1 摄像机坐标系下的齐次坐标为 $\boldsymbol{R}^{\mathrm{T}}\boldsymbol{p}'-\boldsymbol{R}^{\mathrm{T}}\boldsymbol{T}$ ($\boldsymbol{R}^{\mathrm{T}}$ 表示 $\boldsymbol{R}$ 的转置)，O_2 在 O_1 摄像机坐标系下的齐次坐标为 $-\boldsymbol{R}^{\mathrm{T}}\boldsymbol{T}$ 。由此可以得到

$$\mathbf{new}=\boldsymbol{R}^{\mathrm{T}}\boldsymbol{T}\times\boldsymbol{R}^{\mathrm{T}}\boldsymbol{p}'-\boldsymbol{R}^{\mathrm{T}}\boldsymbol{T}=\boldsymbol{R}^{\mathrm{T}}\boldsymbol{T}\times\boldsymbol{R}^{\mathrm{T}}\boldsymbol{p}' \tag{3-71}$$

向量 **new** 与极平面垂直，所以

$$\left[\boldsymbol{R}^{\mathrm{T}}\boldsymbol{T}\times\boldsymbol{R}^{\mathrm{T}}\boldsymbol{p}'\right]^{\mathrm{T}}\boldsymbol{p}=\boldsymbol{0} \tag{3-72}$$

简化后可以得到

$$(\boldsymbol{p}')^{\mathrm{T}}\left[\boldsymbol{T}\times\boldsymbol{R}\right]\boldsymbol{p}=\boldsymbol{0} \tag{3-73}$$

至此，p'点的坐标向量$\boldsymbol{p}'$和p点的坐标向量$\boldsymbol{p}$通过一个矩阵$[\boldsymbol{T}\times\boldsymbol{R}]$联系起来。这个矩阵即为本质矩阵$\boldsymbol{E}$。

4) 基础矩阵

接下来只要将普通摄像机转换成规范化摄像机，就能够对普通摄像机拍摄的两个视点图像间的几何关系进行代数描述。

之前的推导可以得到

$$\boldsymbol{p}=\boldsymbol{K}\left[\boldsymbol{I}\quad \boldsymbol{0}\right]\boldsymbol{P} \tag{3-74}$$

此时，定义$\boldsymbol{p}_c=\boldsymbol{K}^{-1}\boldsymbol{p}$，则

$$\boldsymbol{p}_c=\begin{bmatrix}1&0&0&0\\0&1&0&0\\0&0&1&0\end{bmatrix}\boldsymbol{P} \tag{3-75}$$

所以$\boldsymbol{p}_c$是一个规范化摄像机，至此已经完成了普通摄像机到规范化摄像机的转换，代入到上一小节中的公式可得

$$(\boldsymbol{p}')^{\mathrm{T}}(\boldsymbol{K}')^{-\mathrm{T}}\left[\boldsymbol{T}\times\boldsymbol{R}\right]\boldsymbol{K}^{-1}\boldsymbol{p}=\boldsymbol{0} \tag{3-76}$$

矩阵$(\boldsymbol{K}')^{-\mathrm{T}}\left[\boldsymbol{T}\times\boldsymbol{R}\right]\boldsymbol{K}^{-1}=\boldsymbol{0}$就是基础矩阵$\boldsymbol{F}$。$\boldsymbol{F}$包含了内外参数信息，可以通过多对像素点对进行估计。

5) 单应矩阵

单应矩阵$\boldsymbol{H}$是空间平面在两个摄像机下的投影几何，如图 3-20 所示。可以由之前的推导得出

$$\boldsymbol{H}=\boldsymbol{K}'(\boldsymbol{R}+\boldsymbol{T}\boldsymbol{n}_d^{\mathrm{T}})\boldsymbol{K}^{-1},\quad \boldsymbol{n}_d=\frac{\boldsymbol{n}}{d} \tag{3-77}$$

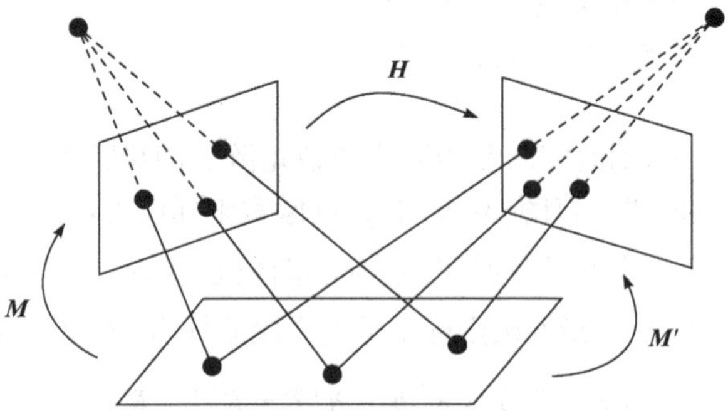

图 3-20 单应矩阵示意图

其中，$\boldsymbol{n}_d$ 为平面在第一个摄像机坐标系下的单位法向量，它是通过将实际法向量除以其长度(即坐标原点到平面的距离 d)得到的单位法向量。

3.2.2　三维结构稀疏重建

1. 稀疏重建的定义

稀疏重建是指根据从不同视角拍摄的一系列图像的投影估计摄像机姿势，并重建稀疏的三维点云的过程。这一过程使用的技术称为运动恢复结构(structure-from-motion，SfM)，可以理解为从运动的视角中恢复三维场景的结构。过程示意如图 3-21 所示。

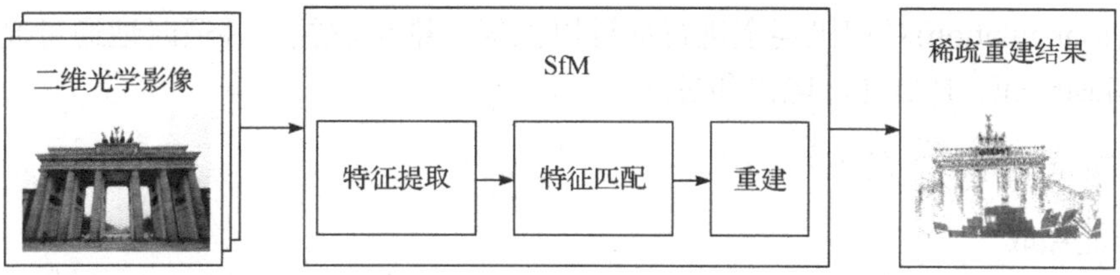

图 3-21　稀疏重建过程示意图

2. 稀疏重建的一般流程

稀疏重建的一般流程包括两个主要阶段：匹配阶段和重建阶段。匹配阶段主要进行特征提取和特征匹配，以及对匹配进行几何验证。重建阶段负责从特征匹配中估计摄像机姿态和三维点。增量式 SfM 的一般流程如图 3-22 所示，它的特点是在重建阶段初始化后，逐张地恢复图像的相机位姿和三维点；而全局式 SfM 在单独的旋转平均和平移平均步骤中一次恢复所有输入图像的相机位姿。两种方法虽框架不同，但本质上求解思想一致。

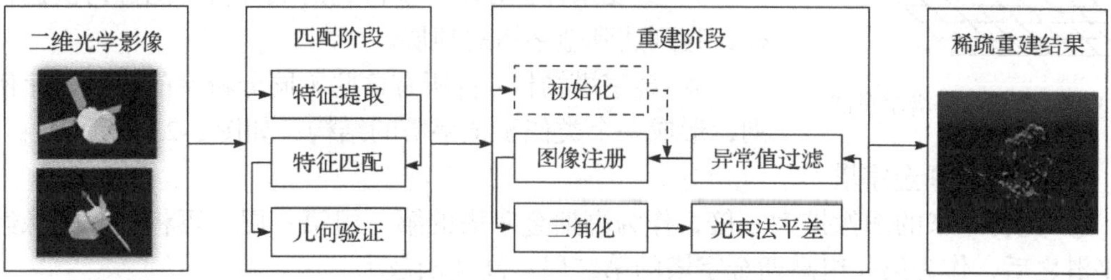

图 3-22　增量式 SfM 流程图

1) 特征提取

在匹配阶段，运动恢复结构技术首先会为每幅图像检测特征，得到局部特征，这个特征集由特征点位置和特征描述符表示，这些描述符需要在辐射和几何变化下保持不变，这样才能保证同个特征在不同图像中的描述符唯一，从而能够明确不同图像之间特征点的对应关系。尺度不变特征转换(scale-invariant feature transform，SIFT)创新性地实现了特征的尺度不变性和旋转不变性。

2) 特征匹配

特征匹配分为两步，首先是图像对匹配，也就是确定哪些图像对之间进行下一步的特征点级别的匹配。这些图像对中各自的“搭档”并不要求是唯一的，所以最直接的匹配方法是暴力匹配，也就是在所有图像中每两幅图像都进行特征点匹配，这样的计算量是非常大的。所以有以先验知识为基础的匹配可以大大提高匹配效率，但其不能适应所有情况。最受欢迎的能够在无序图像上加速匹配的方法就是图像检索方法。也就是通过某些方法检索对图像对评级，使用更有利的图像对进行匹配。确定图像对之后，即在图像对上进行特征点的匹配。

3) 重建

在含有匹配信息的匹配图像基础上即可进行重建。重建的策略有多种，如增量式、全局式、渐进式等。目前的策略都是在增量式和全局式基础上进行改进的。基本思想都是通过三角化(triangulation)对相机姿态进行估计以恢复三维点位置，并适时地通过光束法平差(bundle adjustment，BA)进行优化和过滤。

3. 稀疏重建算法思想

1) 特征提取

以尺度不变特征转换(scale-invariant feature transform，SIFT)为例，一幅图像特征提取的过程如下。

(1) 构建图像金字塔。

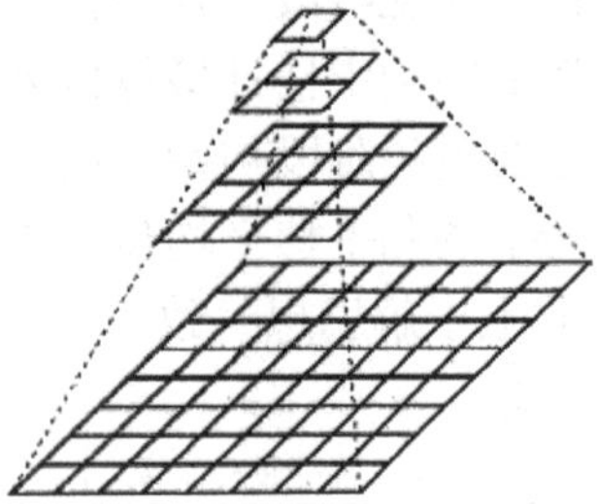

图 3-23　图像金字塔示意图

① 初始图像：这是金字塔的最底层，也是原始的全分辨率图像。

② 采样：从初始图像开始，通过改变图像中的像素数量来改变其分辨率。这可以通过简单的隔行扫描或者更复杂的插值方法来实现。

③ 重复采样：对每一步得到的低分辨率图像再次进行采样，直到达到金字塔的顶层。

④ 金字塔结构：将所有这些不同分辨率的图像按比例排列，形成一个类似于金字塔的结构，如图 3-23 所示。

(2) 构建高斯金字塔。

① 先将原来的图像扩大一倍，作为高斯金字塔的第一组第一层，再将这幅图像经高斯平滑之后，作为第一组高斯金字塔的第二层。高斯函数为

$$G(x,y)=\frac{1}{\sqrt{2\pi\sigma^2}}\mathrm{e}^{-\frac{(x-x_0)^2(y-y_0)^2}{2\sigma^2}} \tag{3-78}$$

其中，参数 σ 在 SIFT 算子中取的是固定值 1.6。

② 将 σ 乘一个比例系数，得到一个新的平滑因子，用它来做刚刚那一层图像的高斯平滑，得到第三层。

③ 重复以上步骤，最后得到若干层图像。在同一组中，每层图像尺寸一样，只是平滑系数不同，分别为 $0, \sigma, k\sigma, 2k\sigma, 3k\sigma, \cdots, (L-2)k\sigma$ 。

④ 将第一组倒数第三层图像作比例因子为 2 的降采样，得到的图像作为第二组的第一层，然后对第二组重复上述步骤①～③的操作，得到第二组的图像。第二组的尺寸是第

一组图像的一半。

⑤ 这样重复执行，这些图像一起构成了高斯金字塔，如图 3-24 所示。

(3) 构建差分金字塔。

以上述高斯金字塔为基础，差分金字塔的第一组第一层是由高斯金字塔的第一组第二层减去第一组第一层得到的。这个过程类似于在连续尺度上寻找图像的局部极值点。然后逐组逐层地生成每一个差分图像，最终构成整个差分金字塔，如图 3-25 所示。

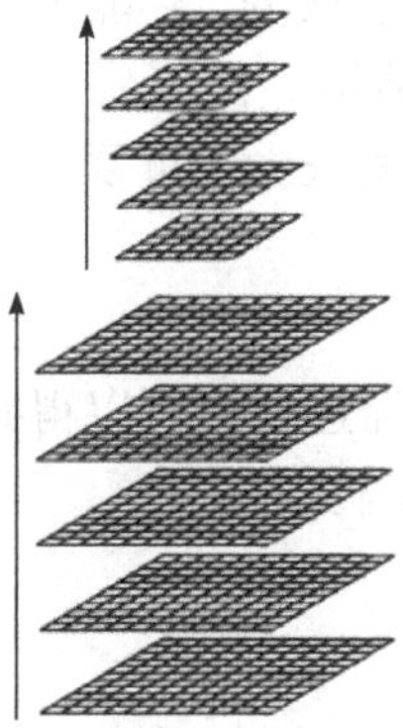

图 3-24　高斯金字塔示意图

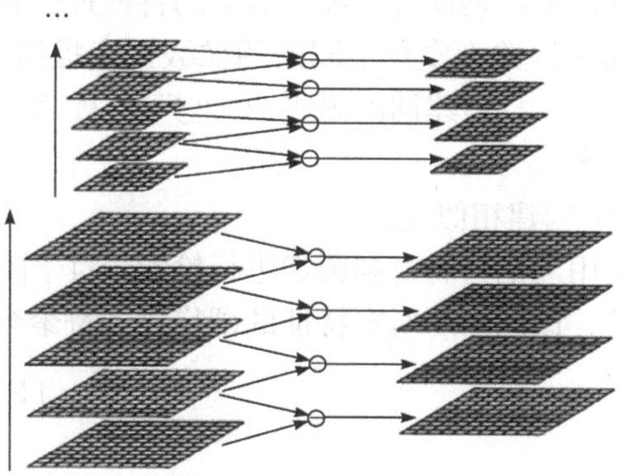

图 3-25　差分金字塔示意图

(4) 对这些差分图像进行归一化处理得到图像的 128 维特征。

特征提取示例如图 3-26 所示，其中标注出的点即为提取的特征点。

图 3-26　特征提取示例

2) 特征匹配

暴力匹配很容易理解，就是最简单的方法，将所有图像对均列为候选图像对去进行匹配，但是高维的特征描述符和越来越多的视角使该方法无法满足效率需求。

基于先验知识的匹配，代表性的有时序匹配，在图像有序的条件下，只对相邻两幅图像进行匹配，但应用范围较小。

在无序数据上，图像检索技术可以用来寻找候选图像对进行进一步的特征匹配，从而提高匹配效率。词汇树是一种具有代表性的图像检索方法，广泛应用于各种稀疏重建系统中。该方法通过聚类特征构建视觉词典，并利用词的分布计算图像之间的相似度。图像检索之后，常用的策略是对每幅图像匹配 R 幅最相似的图像。

以词汇树匹配为例，匹配过程如下。

(1) 构建词汇树。

词汇树可以单独对目标数据集进行构建，也可以使用公共词汇树。然而，在处理大型数据集时，为每个数据库分别构建词汇树无疑是一项计算密集型任务，它可能需要大量的时间和计算资源。这是因为构建过程涉及对大量图像特征进行聚类，以及为每幅图像计算和存储词袋向量。随着数据库规模的增大，这一过程的复杂度和所需时间呈指数级增长，这对于实时或近实时的图像检索应用来说是不切实际的。所以也可以使用公共词汇树。这种公共词汇树是通过对极其庞大的特征描述符集合进行聚类而生成的，它能够覆盖广泛的视觉模式，并为多种不同的图像数据库提供一个统一的索引结构。使用公共词汇树的好处在于，一旦构建词汇树成功，它可以被多个数据库共享，大大减少了重复工作，提高了检索效率。

(2) 构建相似度图。

利用词汇树对每幅图像进行检索，对于图像的每个特征，经过检索可以得到一个词袋描述符，该图像的所有特征的词袋描述符聚合得到图像的描述符如下：

$$\boldsymbol{W} = \mathrm{TF} \times \mathrm{IDF} \tag{3-79}$$

其中，

$$\mathrm{TF} = \frac{\text{某个特征在图像中出现的次数}}{\text{图像的总特征数}} \tag{3-80}$$

$$\mathrm{IDF} = \log \frac{\text{数据库的特征总数}}{\text{包含该特征的图像数+1}} \tag{3-81}$$

得到所有图像的描述符后计算图像描述符的余弦相似度即为图像的相似度分数：

$$S(A,B) = \frac{A \cdot B}{|A||B|} \tag{3-82}$$

其中，A、B 均为描述符。

最终得到每幅图像与其他 R 幅图像的相似度降序集合，其中包含图像对关系。R 通常是在匹配之前依靠经验固定给出。相应地出现了很多方法可以改进这一点。对于图像对确定后的特征点匹配，通常是通过余弦相似度来进行比较的，余弦相似度用向量空间中两个向量夹角的余弦值作为衡量两个向量间差异的大小。余弦值越接近 1，就表明夹角越接近 0°，也就是两个向量越相似，即“余弦相似性”。图 3-27 中左右两图的连线展示了特征匹配关系。

图 3-27 特征匹配示例

3) 重建

增量式重建过程如下。

(1) 首先选择一对基线足够宽且特征点足够多的图像进行初始重建，求解相机的相对位姿，对匹配点进行三角化从而获得相对应的三维点云，最后利用光束法平差优化相机位姿和三维点云模型。

(2) 加入新的图片进行重建，这个过程称为图像注册。依据同时存在于已有视角(相机)与新增视角(相机)中的特征点，新增相机的参数可以利用 perspective-n-point 算法求解。

(3) 对新特征点进行三角测量得到三维点，不断完善初始的三维点云模型。

(4) 进行局部光束法平差和异常值过滤。

(5) 重复步骤(2)～(4)直至最后一幅图像，得到最终的稀疏点云模型。

全局式重建过程如下。

(1) 计算相对运动：使用匹配点计算图像对之间的相对运动，即本质矩阵。常见的计算方法包括五点算法或八点算法。

(2) 构建场景图：根据计算出的相对运动构建场景图，它是一个图结构，其中节点代表图像，边代表图像间的运动关系。

(3) 运动平均：对场景图中的运动进行平均，以获得每个相机相对于全局坐标系的旋转和平移。

(4) 三维重建：利用计算出的相机运动和平移，以及特征点的二维坐标，通过三角化方法恢复场景的三维结构。

(5) 光束平差：对重建的三维结构进行精细调整，以减少重投影误差，提高重建精度。

重建结果示例如图 3-28 所示，其中三角锥形为估计的相机位姿，锥形顶点为相机光心。

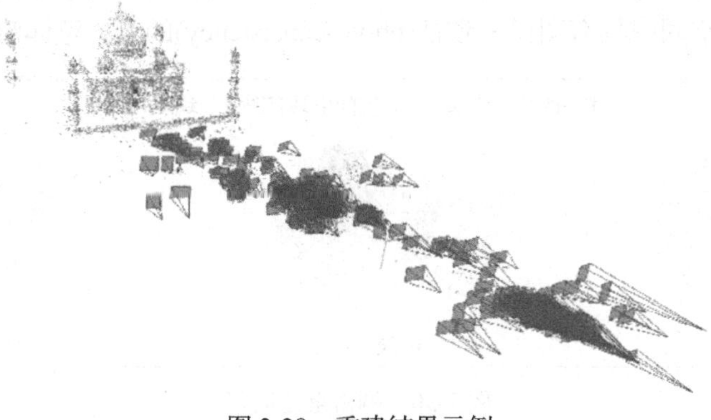

图 3-28　重建结果示例

3.2.3　三维结构稠密重建

1. 稠密重建简介

三维重建目前有四种流行的输出场景表示，分别为深度图(depth map)、点云(point cloud)、体素(voxel)和网格(mesh)，如图 3-29 所示。

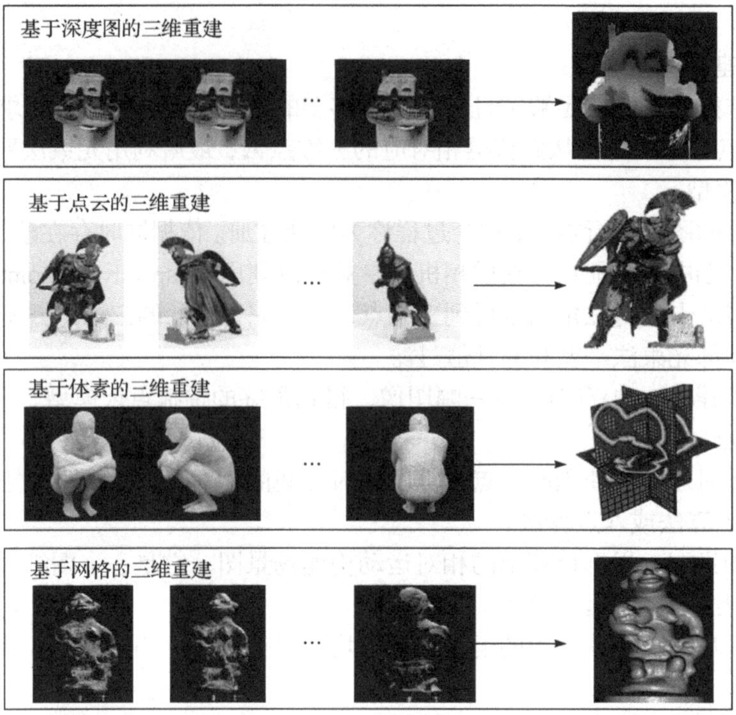

图 3-29　三维表示

稠密重建，即多视图立体几何(multi-view stereo)，目的是在相机位姿已知的前提下，逐像素地计算图像中每一个像素点对应的三维点，得到场景物体表面密集的三维点云。稠密重建前承稀疏重建(即运动结构恢复)，后启表面重建，其本质是一个多视图间的稠密对应问题，许多方法将其视为多视图的深度估计和融合的过程。稠密重建假设相机的位姿、内参都已知，在三维空间中具有图像一致性(photo-consistency)的点，整体流程如图 3-30 所示。

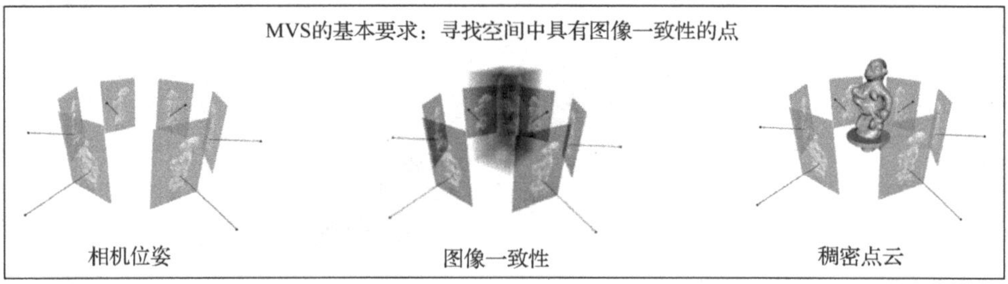

图 3-30　稠密重建流程

2. 稠密重建评估标准

稠密重建的结果通常为一个三维点云，对于三维点云模型评价，一般使用准确度(accuracy)、完整度(completeness)和综合评价指标(即 F_1 分数，F_1 score)来衡量。准确度衡量的是重建模型的点云到真实点云的距离，而完整度衡量的是真实点云被重建模型的点云覆盖的程度。

将真实点云表示为 $\boldsymbol{D}$，重建点云表示为 $\boldsymbol{R}$，当二者配准后，真实点云中的每一点 $d \in \boldsymbol{D}$ 到重建点云 $\boldsymbol{R}$ 的距离为

$$e_{d \to \boldsymbol{R}} = \min_{r \in \boldsymbol{R}} \| d - r \| \tag{3-83}$$

重建点云中的每一点 $r \in \boldsymbol{R}$ 到真实点云 $\boldsymbol{D}$ 的距离为

$$e_{r \to \boldsymbol{D}} = \min_{d \in \boldsymbol{D}} \| r - d \| \tag{3-84}$$

准确度的定义为在给定的阈值 τ 的条件下，重建点云个数占所有重建点云个数的百分比，即

$$A(\tau) = \frac{100}{|\boldsymbol{R}|} \sum_{r \in \boldsymbol{R}} \left[e_{r \to \boldsymbol{D}} < \tau \right] \tag{3-85}$$

完整度的定义为在给定的阈值τ的条件下，真实点云个数占所有真实点云个数的百分比，即

$$C(\tau) = \frac{100}{|\boldsymbol{D}|} \sum_{d \in \boldsymbol{D}} \left[e_{d \to \boldsymbol{R}} < \tau \right] \tag{3-86}$$

则二者的综合分数 F_1 定义为准确度 $A(\tau)$ 和完整度 $C(\tau)$ 的调和平均数，即

$$F_1 = \frac{A(\tau)C(\tau)}{A(\tau) + C(\tau)} \tag{3-87}$$

百分比评估的分数越高，说明重建质量越好。

3. 基线方法

稠密重建常用的基线方法是基于块匹配(PatchMatch)的多视图立体几何方法，其核心假设是在一个相对较大的区域中的像素可以近似通过同一个三维平面进行建模。基于块匹配的方法遵循基础的四步骤流程来为每幅输入图像估计深度图，如图 3-31 所示，包括随机初始化、假设传播、多视图匹配代价估计以及细化，其本质上是一个采样和验证的过程。

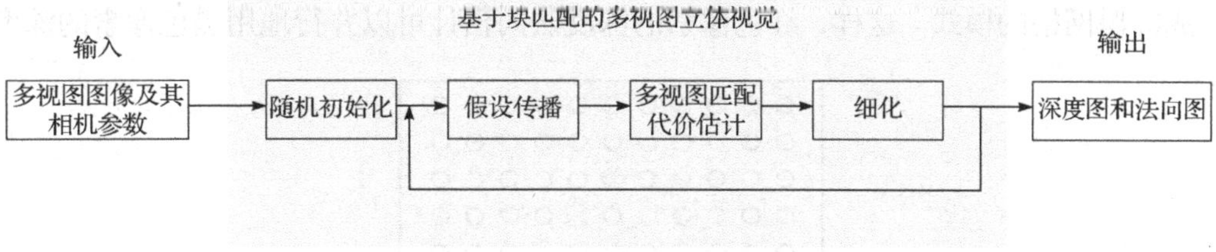

图 3-31 基线方法技术路线

给定一组输入图像和每幅图像对应的相机参数，PatchMatch 算法会轮流地将每幅图像作为参考图像，其他图像作为源图像来为当前的参考图像估计深度图和法向图，具体流程如下。

(1) 随机初始化：将随机地为参考图像的每个像素生成一个三维平面假设。

(2) 假设传播：从每个像素的邻域像素中采样假设，以扩展每个像素的假设空间，以此考虑邻域像素的平滑性约束。

(3) 多视图匹配代价估计：基于像素当前的假设空间，多视图匹配代价评估通过计算多视图的相似性来选出当前的最优假设。

(4) 细化：通过引入扰动和随机假设来优化当前的假设。在这四个步骤中，最后三个步骤将被迭代进行以使算法收敛。

假设传播和多视图匹配代价估计是基于块匹配方法的两个关键步骤，前者对效率很重要，而后者对精度至关重要。

4. 基于传统几何的方法

基于块匹配的基线方法，许多学者在假设传播和多视图匹配代价估计步骤中挖掘更多的几何线索先验，从而提高深度假设的正确性，本章将介绍 Xu 等提出的一种基于自适应棋盘格采样与多假设联合视图选择的多视图立体几何方法。

1) 随机初始化

随机初始化即随机生成一个假设 $\boldsymbol{\theta}=\left[\boldsymbol{n}^{\mathrm{T}},d\right]^{\mathrm{T}}$ (包括深度信息和法线信息)，该假设可为参考图像中的每个像素建立一个三维平面，其中 d 为三维平面到原点的距离，$\boldsymbol{n}^{\mathrm{T}}$ 是法向向量。对于每个假设，通过平面诱导的单应变换来从 $N-1$ 幅源图像中计算匹配代价。具体地，给定参考图像的相机参数以及第 j 幅源图像的相机参数，则参考图像与源图像之间的单应变换计算为

$$H_j = K_j\left(R_j - t_j\frac{\boldsymbol{n}^{\mathrm{T}}}{d}\right)K_{\mathrm{ref}}^{-1} \tag{3-88}$$

有了上述变换，可以获得参考图像上像素 p 包含的图像块在第 j 幅源图像上所对应的图像块，并通过双边加权归一化互相关(bilateral weighted normalized cross correlation)计算它们的匹配代价。随后，通过对前 K 个最好的匹配代价求值，来获得初始多视图匹配代价用于后续的过程。

2) 假设传播

本方法首先将参考图像等分为红黑格的棋盘，目的就是在这种棋盘格中同时用红色像素与黑色像素相互更新彼此的假设，以达到并行加速的目的。如图 3-32 所示，其将图像划分成红黑网格的模式。这样，红色像素的深度法向估计可以并行地用黑色像素的深度法

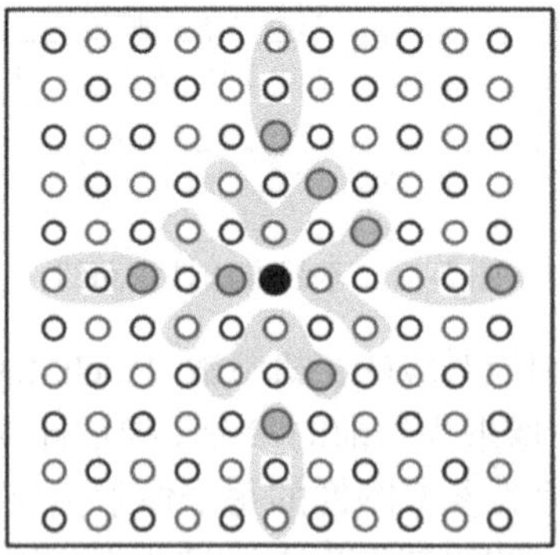

图 3-32　自适应棋盘格采样示意图

圆圈代表图像中的像素，条形区域代表采样区域，实心圆圈代表被采样点

向值来进行推断，反之亦可。在待更新的像素点周围选取了 8 个采样区域，其中包含 4 个长条形区域与 4 个 V 形区域，长条形区域包含 11 个采样点，V 形区域包含 7 个采样点。该采样策略为假设传播提供了更多的机会从不同方向的区域进行采样，从而获得更加合理的假设。然后，对于每个区域，可以根据每个假设之前的多视图匹配代价，从中采样出代价最小的候选假设。这样，该采样方案就为每个待估计像素收集了 8 个候选假设用于后续的传播。

这种采样方案是基于块匹配的多视图立体视觉方法所支持的，其意味着有更小多视图匹配代价的假设能够更好地表征局部三维平面。因此，这种策略使局部共享区域的一个好的三维平面假设能够传播得尽可能远，同时也提供了更为紧凑的估计。

3) 匹配代价估计

为了获得每个像素的稳健的多视图匹配成本，本方法进一步利用自适应棋盘格采样所得到的 8 个候选假设来推断每个相邻视图的权重。对于像素 p，用传播的假说计算其相应的匹配成本，并将其嵌入成本矩阵中。

$$\boldsymbol{M}=\begin{bmatrix} m_{1,1} & m_{1,2} & \cdots & m_{1,N-1} \\ m_{2,1} & m_{2,2} & \cdots & m_{2,N-1} \\ \vdots & \vdots & & \vdots \\ m_{8,1} & m_{8,2} & \cdots & m_{8,N-1} \end{bmatrix} \tag{3-89}$$

对于一个效果差的视图，其对应的 8 个匹配成本总是很高。相反，一个效果好的视图总是有较小的匹配成本。基于上述观察，为了从上述成本矩阵 $\boldsymbol{M}$ 中推断出聚合视图，本方法在每一列中应用投票决策来确定一个视图是否合适。此外，效果好的视图的匹配成本会随着方法迭代而减少。因此，成本边界被定义为

$$\tau(t)=\tau_0\cdot \mathrm{e}^{-\frac{t^2}{\alpha}} \tag{3-90}$$

其中，τ_0 是初始匹配的成本阈值；t 是迭代次数；α 是一个常数。

当每个视图符合条件的匹配成本个数超过一定的阈值时，将该视图纳入当前视图选择集中。由于视图选择集中包含一些由于噪声、观察点和比例等原因而不稳定的视图。这意味着每个被选中的视图将对最终的聚合匹配成本贡献不同的权重。为了评估每个被选中的视图的重要性，在此引入匹配成本的可信度：

$$C(m_{ij})=\mathrm{e}^{-\frac{m_{ij}^2}{2\beta^2}} \tag{3-91}$$

其中，β 是一个常数，则每一个视图的权重可定义为

$$\begin{aligned} w(I_j)&=\frac{1}{|S_{\text{good}}(j)|}\sum_{m_{i,j}\in S_{\text{good}}(j)} C(m_{i,j}), \quad I_j\in S_t \\ w'(I_j)&=\begin{cases}(\mathit{II}(I_j=v_{t-1})+1)\cdot w(I_j), & I_j\in S_t \\ 0.2\cdot \mathit{II}(I_j=v_{t-1}), & \text{其他}\end{cases} \end{aligned} \tag{3-92}$$

其中，S_t 为视图选择集；$\mathit{II}(\text{true})=1$；$\mathit{II}(\text{false})=0$。

最终，像素的多视图聚合光度一致性代价定义为

$$m_{\text{photo}}(p,h_i)=\frac{\sum_{j=1}^{N-1} w'(I_j)\cdot m_{i,j}}{\sum_{j=1}^{N-1} w'(I_j)} \tag{3-93}$$

像素匹配成本的最佳估计即可由最小多视图聚合成本的假设更新，多假设联合视图选择可以使本方法视图选择更加鲁棒，同时泛化能力更强。

4) 细化

细化步骤可以丰富解空间的多样性。对于像素的当前深度和法线存在三种条件，即它们中有一个是最优解，它们都不是最优解，它们都是最优解。基于上述情况，细化步骤产生两个新的假设，旨在通过新假设对原来的结果进一步优化。两个新产生的假设，其中一个是随机产生的，另一个是通过扰动当前的估计获得的。将新的深度和法线假设与当前的深度和法线假设结合起来，即可产生另外六个新的假设。

$$\{(\theta_l,n_l),(\theta_{l-1}^{\text{prt}},n_{l-1}),(\theta_l^{\text{rnd}},n_l),(\theta_l,n_l^{\text{rnd}}),(\theta_l^{\text{rnd}},n_l^{\text{rnd}}),(\theta_l^{\text{prt}},n_l),(\theta_l,n_l^{\text{prt}})\}$$

对原始假设加上六个新的假设进行筛选，具有最小匹配成本的假设被选为该像素的最终估计值。

多次重复执行假设传播、多视图匹配代价评估和细化步骤以获得参考图像的深度图。最后，在获得的深度图上施加窗口大小为 5×5 的中值滤波得到最终估计。

基于传统几何的方法不需要任何训练数据，泛化能力较强，因此，其在自动驾驶、3D 打印、国防工业等领域有着广泛的应用。然而，在非朗伯表面、遮挡、弱纹理区域及重复区域等情况下，高效求解相机参数已知的图像之间准确的匹配对应仍然是目前研究的关键问题和难点。

5. 基于深度学习的方法

近年来，随着深度学习的快速发展，有一种用于多视图立体的标准端到端深度估计网络 MVSNet，充分利用了深度学习强大的特征表征能力。如图 3-33 所示，该类方法包括以下步骤：深度特征提取、代价体构建、代价体深度正则化、深度推断。

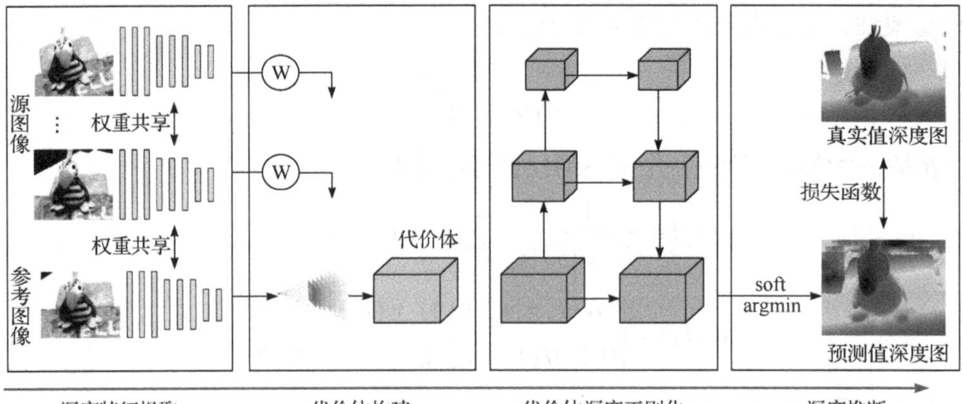

图 3-33　MVSNet 技术路线

具体过程如下。

(1) 深度特征提取：输入一幅参考图像和剩余源图像，然后使用 8 个 2D 卷积提取深度特征，最后，下采样得到原图 1/4 分辨率的 32 通道的深度特征。

(2) 代价体构建：通过不同深度值的可微单应变换将邻域图像的深度特征形变到参考图像坐标系下，再基于方差的度量来构建代价体。

(3) 代价体深度正则化：使用多尺度的 UNet 结构的 3D CNN 来进行正则化。具体地，将 32 通道的代价体正则化为 1 通道，使用 softmax 函数得到初始的结果，然后和参考图进行合并连接，经过卷积得到最后的结果，即得到包含更多三维场景的上下文信息。

(4) 深度推断：根据正则化后的代价体使用深度残差来提取预测的深度值。具体地，使用深度图的残差学习网络，把 3 通道的 RGB 图和初始的深度图合并到一起组成 4 通道，然后经过卷积变成 1 通道，再转换成最终深度图。

基于深度学习的方法虽然充分地利用了深度学习强大的特征表征能力，在弱纹理区域中稠密重建效果优于基于传统几何的方法，但随之也带来许多问题，如需要大量的训练数据、内存消耗过大、泛化能力弱导致的下游应用领域受限等。

3.2.4　三维结构两两配准重建

两两配准需要将给定的源点云和目标点云中的共同区域对齐。为了唯一确定源点云相对目标点云的位置，需要三个同时存在于源点云和目标点云中的点，并且将它们对应起来。通过将第一个源点云中的点平移到目标点云的对应点的位置，可以消除平移自由度；通过对齐第二个和第三个点，可以消除旋转自由度，这样就固定了源点云相对于目标点云的位置。因此，问题转化为获取这三对正确的对应点，称为正确匹配。而对于计算机而言，并不能仅通过两幅点云就直接得到正确匹配，所以还需要对点云进行其他处理。

获取正确匹配的方法有很多，在本节中，介绍基于特征匹配的配准方法。基于特征匹配的配准方法通常遵循以下流程：在原始点云中寻找一些稀疏且标记性强的关键点；构建关键点的特征描述子；根据特征描述子进行特征匹配并对得到的初始匹配结果进行筛选；通过筛选出的匹配估计配准参数；进一步优化得到的配准参数。

1) 关键点提取

点云数据通常包含大量的点。当其数据量过大时，其密度和复杂性可能导致直接处理原始点云数据变得非常耗时且计算成本高昂。通过在原始点云中寻找一些稀疏且标记性强的关键点，可以有效地降低数据的复杂性和处理的难度，因为这些关键点不仅减少了数据量，还保留了点云中最具有信息量和几何特征的部分。

因此，在提取关键点时，需要考虑以下因素：一是在不同视角下的同一关键点可以被重复提取；二是关键点最好落在稳定区域，便于估计唯一法向量和计算特征描述子；三是提取时既要考虑边缘，也要考虑物体表面变化信息。

这些因素使得关键点能够在整个点云中充当代表性的标记，通过它们可以有效地表达点云的结构和形状。同时，为了确保能够捕捉到点云的各个重要局部，提取出的关键点需要分布在整个点云中，而非局限于特定的区域。为了解决这个问题，研究人员设计了三维 Harris (Harris 3D)检测子、NARF 等算法。下面介绍 Harris 3D 关键点提取算法的思想与流程。

Harris 3D 关键点提取算法的思想基于平面中提取角点的 Harris 算法。Harris 算法通过在图像中取一个窗口，获得在该窗口下的灰度值，移动该窗口，则灰度会发生变化：如果在两个方向上平移，灰度变化都较大，则说明窗口内的点为角点；如果仅在一个方向上移动时灰度变化较大，则说明窗口内的点为边缘点；如果响应都很微弱，则说明窗口内的点处于“平坦”的地区。

Harris 3D 关键点提取算法的思想与 Harris 算法类似，只是把窗口转变为垂直于法线的小正方体，而检测灰度则转变为检测正方体内点的数量，相应地，移动该正方体时，如果小正方体沿法线方向移动，那小正方体中的点的数量应该不变，因为点云上的点都在物体表面；如果小正方体位于边缘上，则沿边缘移动时，点云数量几乎不变，沿垂直边缘方向移动时，点云数量才会发生改变；如果小正方体位于角点上，则沿两个方向移动都会大幅改变点云数量。接下来依据这种思想解释 Harris 3D 关键点提取算法的具体流程。

首先，给定一个三维点云数据集，Harris 3D 关键点提取算法会对每个点计算其局部邻域的协方差矩阵。假设点云中的一个点为 $\boldsymbol{p}_i$，其邻域内的点为 $\boldsymbol{p}_j(j=1,2,\cdots,N)$，则该点的局部协方差矩阵 $\boldsymbol{C}_i$ 的计算如式(3-94)所示：

$$\boldsymbol{C}_i=\frac{1}{N}\sum_{j=1}^{N}(\boldsymbol{p}_j-\boldsymbol{\mu})(\boldsymbol{p}_j-\boldsymbol{\mu})^{\mathrm{T}} \tag{3-94}$$

其中，$\boldsymbol{\mu}=\frac{1}{N}\sum_{i=1}^{N}\boldsymbol{p}_i$ 为 $\boldsymbol{p}_i$ 邻域内所有点的质心。由线性代数的知识，已知 $\boldsymbol{C}_i$ 是一个 3×3 的对称矩阵，表示点 $\boldsymbol{p}_i$ 邻域内点的空间分布情况。接下来，对协方差矩阵进行特征值分解，并得到该矩阵的三个特征值 λ_1、λ_2、λ_3，不妨设 $\lambda_1\geqslant\lambda_2\geqslant\lambda_3$，这三个特征值反映了点 $\boldsymbol{p}_i$ 邻域内的几何特性。

接着，通过特征值计算 Harris 响应值 R_i，如式(3-95)所示：

$$R_i=\det(\boldsymbol{C}_i)-\kappa\cdot\mathrm{trace}^2(\boldsymbol{C}_i) \tag{3-95}$$

其中，$\det(\boldsymbol{C}_i)$、$\mathrm{trace}(\boldsymbol{C}_i)$ 分别表示协方差矩阵 $\boldsymbol{C}_i$ 的行列式与迹；κ 是一个常数，用于调节响应值的敏感性。最后，对响应值进行排序，并选择响应值较高的点作为 Harris 3D 关键点。

此外，作为以上提及的关键点检测方法的替代方案，均匀采样或随机采样的方法已经在点云配准等领域展示了其快速且高效的性能。因此，选取关键点时也可以采用均匀采样或随机采样的方法。

2) 描述子构建

在两两配准的流程中，通常需要构建关键点的特征描述子，通过特征描述子匹配两幅点云中的对应点。相比于单个点的信息，特征描述子还包含该点周围的信息。具体来说，特征描述子是一个高维向量，包含关键点周围的一定范围内的点的空间分布、曲率变化等几何信息。这种编码方式不仅提高了匹配的准确性，还增强了对噪声和点云稀疏性的鲁棒性。

一些常用的经典特征描述子有点特征直方图(point feature histogram，PFH)、快速点特征直方图、正交投影与自旋图特征等。下面简单介绍 PFH 的原理。

PFH 算法考虑关键点及其邻域的点的一些几何特征，对邻域内的点进行统计计算，从而有效降低异常点的权重，使得特征更加稳定。PFH 需要先定义一个局部坐标系，如图 3-34 所示。

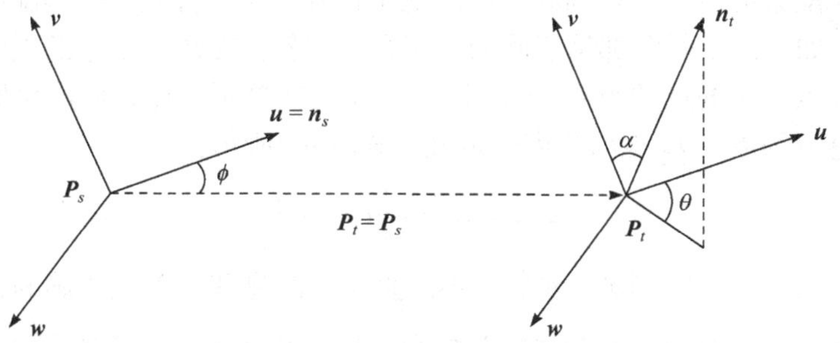

图 3-34　PFH 构建的局部参考坐标系

该局部坐标系的坐标轴定义如式(3-96)所示：

$$\begin{cases} \boldsymbol{u} = \boldsymbol{n}_s \\ \boldsymbol{v} = (\boldsymbol{P}_t - \boldsymbol{P}_s) \times \boldsymbol{u} \\ \boldsymbol{w} = \boldsymbol{u} \times \boldsymbol{v} \end{cases} \tag{3-96}$$

根据该坐标系，计算 $\boldsymbol{P}_s$ 和 $\boldsymbol{P}_t$ 点的三元组特征表示，如式(3-97)所示：

$$\begin{cases} \alpha = \boldsymbol{v} \cdot \boldsymbol{n}_s \\ \phi = \boldsymbol{u} \cdot \dfrac{\boldsymbol{P}_t - \boldsymbol{P}_s}{\left\| \boldsymbol{P}_t - \boldsymbol{P}_s \right\|_2} \\ \theta = \arctan(\boldsymbol{w} \cdot \boldsymbol{n}_t, \boldsymbol{u} \cdot \boldsymbol{n}_s) \end{cases} \tag{3-97}$$

PFH 计算在某一点邻域内，所有点对的三元组特征，并根据这些特征，建立直方图表示，进而得到 PFH 特征表述子。

3) 特征匹配筛选

根据得到的源点云和目标点云的特征向量集 $\{\boldsymbol{f}_1^s, \boldsymbol{f}_2^s, \cdots, \boldsymbol{f}_N^s\}$ 和 $\{\boldsymbol{f}_1^t, \boldsymbol{f}_2^t, \cdots, \boldsymbol{f}_N^t\}$，通过最近邻搜索，为给定的一个源点云特征 $\boldsymbol{f}_i^s$ 在目标点云特征集中找到与其最近和次近的特征 $\boldsymbol{f}_{n1}^t$ 和 $\boldsymbol{f}_{n2}^t$。然后，匹配 $c_i = (\boldsymbol{f}_i^s, \boldsymbol{f}_{n1}^t)$ 对应的特征匹配分数如式(3-98)所示：

$$s_f(c_i) = 1 - \frac{\left\| \boldsymbol{f}_i^s - \boldsymbol{f}_{n1}^t \right\|_2}{\left\| \boldsymbol{f}_i^s - \boldsymbol{f}_{n2}^t \right\|_2} \tag{3-98}$$

将以上操作应用到所有源点云特征上，能够构建一个初步的匹配集合 $C = \{c_1, c_2, \cdots, c_N\}$。这样，在不具有区分度的区域的特征匹配分数将接近零。

由于点的互相遮盖、数据噪声、现有的特征描述子区分度不强和重复模式的干扰等因素，大量的错误匹配通常存在于初始的匹配集合中。需要选出高质量的匹配组成一个匹配子集。我们可能会想到，选出匹配分数高的匹配组成匹配子集。然而，因为在几何信息不足的场景中，点云数据的特征匹配分数往往缺乏足够的可信度，这就导致这样选出的匹配子集中仍然有大量的错误匹配。有许多方法可以解决这个问题，如基于图的极大团搜索和基于投票的匹配筛选等方法。本节介绍基于投票的匹配筛选方法的思想。

筛选正确匹配集的第一步是判断哪些匹配是正确匹配。首先介绍匹配的兼容性：在刚体配准问题中，如果两个匹配都是正确的，那么它们各自在源点云中的点的距离，应当与它们各自在目标点云中的点的距离一致，因为刚体变换并不会让物体产生形变。采用 L_2 距离对这个条件进行约束。L_2 距离约束的定义如式(3-99)所示：

$$e_{\text{dist}}(c_i,c_j)=\left|d_{ij}^s-d_{ij}^t\right| \tag{3-99}$$

其中，$d_{ij}^s=\left\|\boldsymbol{p}_i^s-\boldsymbol{p}_j^s\right\|_2$；$d_{ij}^t=\left\|\boldsymbol{p}_i^t-\boldsymbol{p}_j^t\right\|_2$。不能直接判断哪些匹配是正确的，但由于正确的匹配只会与正确的匹配兼容，而错误的匹配则不易与其他无论正确还是错误的匹配兼容，可以根据这一原理来判断哪些匹配更可能是正确的。并且相距较远的错误匹配间的 L_2 距离通常较大，相距较近的错误匹配的 L_2 距离相对较小，以至于往往会被掩盖，因此还需要通过 L_2 距离计算一致性分数，如式(3-100)所示：

$$s_{\text{cons}}(c_i,c_j)=\exp\left(-\frac{\left(e_{\text{dist}}(c_i,c_j)\right)^2}{\eta^2}\right) \tag{3-100}$$

其中，η 为一个预设的参数，一般根据点云数据分辨率选取。通过这种操作，就能够避免较大的错误值而掩盖较小的错误值，从而排除更多的错误匹配。

投票方法基本的思想与现实中的投票类似：判断投票人与候选人(当前的匹配)的兼容性，如果兼容，当前匹配的票数就加一。当前匹配的票数越多，就说明与其兼容的匹配数量越多，进而当前匹配正确的概率就越高。可以看出，投票人集合中的正确匹配越多，最终筛选出的结果正确的可能性就越高，并且投票可以有效删除错误匹配，因此，希望投票集 C_v 中有尽可能多的正确匹配，而我们并不太关心错误匹配的数量。因此使用初始的匹配集合作为投票集是一种合理的选择，即 $C_v=C$。接下来，为 C 中任一匹配计算投票分数，如式(3-101)所示：

$$s_v(c_i)=\sum_{c_j\in C_v} w_j s_{\text{cons}}(c_i,c_j) \tag{3-101}$$

其中，w_j 表示投票集中 c_j 所占的比重，可以理解为其所持有的票数。因为正确匹配更有可能有更高的特征匹配分数，自然地，与该匹配兼容的匹配更有可能是正确匹配，所以 c_j 的权重就是它的特征匹配分数 $s_f(c_j)$。对每一匹配都进行投票过程，最终，投票分数在前 k 名的匹配将组成正确匹配占比更高的匹配子集。

4) 配准参数估计

根据筛选后的匹配集，可以进行参数的估计。对于刚体变换，配准参数是一个 3×3 的旋转矩阵 $\boldsymbol{R}$ 与一个三维的平移向量 $\boldsymbol{t}$。我们的目标是估计出一个刚体变换，使得对于源点云和目标点云中的每个匹配的点(分别使用 $\boldsymbol{p}_{ci}^s$ 与 $\boldsymbol{p}_{ci}^t$ 表示)都有 $\boldsymbol{p}_{ci}^t\approx\boldsymbol{R}\boldsymbol{p}_{ci}^s+\boldsymbol{t}$。更准确地说，实际上是寻找一个刚性变换 $\boldsymbol{T}=(\boldsymbol{R},\boldsymbol{t})$，使得匹配误差最小，即式(3-102)：

$$\min_{\boldsymbol{R},\boldsymbol{t}}\sum_{i=1}^{N}\left\|\boldsymbol{R}\boldsymbol{p}_i^s+\boldsymbol{t}-\boldsymbol{p}_i^t\right\|_2^2 \tag{3-102}$$

其中，N 为匹配的数量。

在本节中将介绍一种经典并且常用的方式：随机抽样一致性(random sample consensus，RANSAC)与奇异值分解(singular value decomposition，SVD)。奇异值分解在这一阶段的作用是根据 RANSAC 算法选取的匹配实现式(3-102)的优化目标，具体的推导过程，读者可以自行参见线性代数教材，在这里只给出计算方式，见式(3-103)～式(3-105)。

定义给定的两组点的质心分别为

$$\boldsymbol{\mu}_s=\frac{1}{N}\sum_{i=1}^{N}\boldsymbol{p}_i^s,\quad \boldsymbol{\mu}_t=\frac{1}{N}\sum_{i=1}^{N}\boldsymbol{p}_i^t \tag{3-103}$$

设 $\boldsymbol{p}_i^{s'}=\boldsymbol{p}_i^s-\boldsymbol{\mu}_s,\boldsymbol{p}_i^{t'}=\boldsymbol{p}_i^t-\boldsymbol{\mu}_t$，令 $\boldsymbol{W}=\sum_{i=1}^{N}\boldsymbol{p}_i^{t'}(\boldsymbol{p}_i^{s'})^{\mathrm{T}}$，通过 SVD 分解有

$$\boldsymbol{W}=\boldsymbol{U\Sigma V}^{\mathrm{T}} \tag{3-104}$$

其中，对于点云数据，$\boldsymbol{\Sigma}$ 为对角阵，且 $\boldsymbol{W}$ 对应唯一的 $\boldsymbol{U}$、$\boldsymbol{V}$ 组合，对应地有

$$\begin{cases}\boldsymbol{R}=\boldsymbol{UV}^{\mathrm{T}}\\ \boldsymbol{t}=\boldsymbol{\mu}_t-\boldsymbol{R}\boldsymbol{\mu}_s\end{cases} \tag{3-105}$$

下面介绍 RANSAC 算法。RANSAC 的思想是通过随机抽样来寻找最佳模型，从而将噪声和错误数据排除在外。具体来说，RANSAC 首先在匹配集中随机选择一小部分匹配对，并计算它们的配准参数。然后，RANSAC 评估该配准参数对其他匹配的适用性，计算符合该配准参数的匹配数量，这个过程称为内点评估。通过重复这一过程，RANSAC 不断选择不同的随机匹配并评估其配准参数的内点数量，最终选择内点数量最多的参数作为最佳配准参数。这一方法的优势在于，即使数据集中含有大量的噪声和错误匹配对，RANSAC 仍能通过足够多次的随机抽样找到可靠的配准参数。

具体过程如下：RANSAC 首先随机选择少量的匹配，通常是最小数量的匹配，因为这样选取的匹配中含有错误匹配的概率最低。在前面提到，在三维点云配准中，需要三个匹配来确定一种刚体变换。因此选取三个匹配，并根据这些匹配，使用 SVD 算法计算出配准参数。接下来，使用这些参数对所有匹配进行评估，计算每个匹配是否符合该模型。如果一个匹配 $c_i=(\boldsymbol{p}_i^s,\boldsymbol{p}_i^t)$ 满足式(3-106)：

$$\left\|\boldsymbol{p}_i^t-(\boldsymbol{R}\boldsymbol{p}_i^s-\boldsymbol{t})\right\|_2<\epsilon \tag{3-106}$$

其中，ϵ 是一个预设的阈值，通常根据点云分辨率来选取。当单个匹配的配准误差小于该阈值时，这个匹配 c_i 就被认为是内点。RANSAC 会记录当前配准参数对应的内点数量。

RANSAC 会重复上述过程多次，每次随机选择新的匹配，计算新的配准参数，并评估内点数量。经过足够多次的迭代后，RANSAC 选择内点数量最多的配准参数作为最终的配准参数。这个过程确保即使在数据集中含有大量噪声和错误匹配对的情况下，RANSAC 仍能够通过足够多次的随机抽样找到一个可靠的配准参数。

5) 精配准

由于采集的点云数据可能会受到干扰，两个对应点的位置实际上存在一些误差，从而导致估计出的配准参数也存在误差。为了进一步减小这种误差，可以使用其他算法对得到的配准参数进行进一步优化，这一步称为精配准。相应地，之前使用匹配估计配准参数的步骤称为粗配准。在精配准中最经典、最为广泛使用的算法是迭代最近点(iterative closest point，ICP)算法。下面介绍 ICP 算法的流程。

ICP 算法首先利用现有的配准参数，使源点云和目标点云初步对齐。接着，针对源点云中的每一个点，在目标点云中找到最近的点作为对应点。获得对应点后，寻找新的旋转矩阵和平移向量使得配准误差最小，即实现式(3-106)的目标。不断迭代进行上述步骤，直到满足设定的迭代次数或收敛条件，如对应点不再变化、配准误差变化小于一定值等。下面解释 ICP 算法的具体流程。

首先，对源点云应用初始的配准参数，将源点云变换到目标点云坐标系下。接着，为了降低性能开销，可以仅为源点云中的关键点 $\boldsymbol{p}_{\text{key}_i}^{s}$ 寻找目标点云中与之最近的点 $\boldsymbol{p}_{\text{key}_i}^{t}$ 。之后，计算筛选出的源点云与目标点云各自的质心，如式(3-107)所示：

$$\boldsymbol{\mu}_s = \frac{1}{N}\sum_{i=1}^{N}\boldsymbol{p}_{\text{key}_i}^{s}, \quad \boldsymbol{\mu}_t = \frac{1}{N}\sum_{i=1}^{N}\boldsymbol{p}_{\text{key}_i}^{t} \tag{3-107}$$

并将它们平移到质心坐标系中，如式(3-108)所示：

$$\boldsymbol{p}_{\text{key}_i}^{s'} = \boldsymbol{p}_{\text{key}_i}^{s} - \boldsymbol{\mu}_s, \quad \boldsymbol{p}_{\text{key}_i}^{t'} = \boldsymbol{p}_{\text{key}_i}^{t} - \boldsymbol{\mu}_t \tag{3-108}$$

由于ICP算法的目标是得到一组变换 $(\boldsymbol{R},\boldsymbol{t})$ ，使得均方误差MSE最小，即使得式(3-108)的值最小：

$$\text{MSE} = \frac{1}{N}\sum_{i=1}^{N}\left\|\boldsymbol{p}_{\text{key}_i}^{t} - (\boldsymbol{R}\boldsymbol{p}_{\text{key}_i}^{s} - \boldsymbol{t})\right\|_2 \tag{3-109}$$

所以仍然可以应用 SVD 算法从新的点对中估计配准参数。对得到的在质心坐标系中的新点云 $\boldsymbol{p}_{\text{key}}^{s'}$、$\boldsymbol{p}_{\text{key}}^{t'}$ ，依照式(3-110)计算相关矩阵 $\boldsymbol{H}$ ，并依照式(3-111)对 $\boldsymbol{H}$ 进行 SVD 分解，按照式(3-112)得到旋转矩阵 $\boldsymbol{R}$ 和平移向量 $\boldsymbol{t}$ 。

$$\boldsymbol{H} = \sum_{i=1}^{N}\boldsymbol{p}_{\text{key}_i}^{t'}(\boldsymbol{p}_{\text{key}_i}^{s'})^{\text{T}} \tag{3-110}$$

$$\boldsymbol{H} = \boldsymbol{U}\boldsymbol{\Sigma}\boldsymbol{V}^{\text{T}} \tag{3-111}$$

其中，对于点云数据，$\boldsymbol{\Sigma}$ 为对角阵，且 $\boldsymbol{H}$ 对应唯一的 $\boldsymbol{U}$、$\boldsymbol{V}$ 组合。

$$\begin{cases}\boldsymbol{R} = \boldsymbol{U}\boldsymbol{V}^{\text{T}} \\ \boldsymbol{t} = \boldsymbol{\mu}_t - \boldsymbol{R}\boldsymbol{\mu}_s\end{cases} \tag{3-112}$$

最后，判断迭代条件是否满足，如果不满足，将新得到的配准参数继续应用于源点云，进行下一轮 ICP 的流程，直到满足迭代条件后退出，并将最后一次迭代得到的配准参数作为最终的配准参数。

ICP 算法也存在全局最优化迭代最近点(globally optimal solution to 3D ICP，Go-ICP)等许多变种，这些算法的核心思想仍与介绍的 ICP 算法相同，但是它们通过改变最近点搜寻策略、改变估计配准参数和增加输入的点云信息(颜色、法向量)等方式，提高了 ICP 算法的效率和鲁棒性。

3.2.5　三维结构多视图融合重建

1. 多视图点云融合重建概述

多视图点云融合重建，又称多视图点云配准，是众多三维研究和应用领域的基础和关键步骤，其目的是将来自多个视角的点云数据配准并重建为一个高精度、稠密的目标或场景。

多视图点云配准可以用数学符号描述为：给定一组初始不同视角获取的 N 个点云并记为 $\{P_1,P_2,\cdots,P_N\}$，利用多视图点云配准算法求得每个点云 P_i 对应的坐标变换 $\boldsymbol{T}_i=(\boldsymbol{R}_i,\boldsymbol{t}_i)$，得到变换集合 $\{\boldsymbol{T}_1,\boldsymbol{T}_2,\cdots,\boldsymbol{T}_N\}$，以达到多个视图点云在全局参考坐标系拼接对齐的效果。这里坐标变换 $\boldsymbol{T}_i$ 以变换矩阵的形式给出，还可以用四元数等其他求解表示。

多视图点云配准的结果可以用旋转误差和平移误差来定量评估，即算法输出的变换集合 $\{\boldsymbol{T}_1,\boldsymbol{T}_2,\cdots,\boldsymbol{T}_N\}$ 与真值变换集合之间的旋转误差 RE 和平移误差 TE，可表示为

$$\mathrm{RE}=\frac{1}{N}\sum_{i=1}^{N}\arccos\left(\frac{\mathrm{tr}(\boldsymbol{R}_{i,\mathrm{est}}\boldsymbol{R}_{i,\mathrm{gt}}^{\mathrm{T}})-1}{2}\right) \tag{3-113}$$

$$\mathrm{TE}=\frac{\left(\dfrac{1}{N}\sum_{i=1}^{N}\|\boldsymbol{t}_{i,\mathrm{est}}-\boldsymbol{t}_{i,\mathrm{gt}}\|\right)}{\mathrm{pr}} \tag{3-114}$$

其中，pr 为点云平均分辨率。

在实际应用中，多视图点云配准通常分为两个主要阶段，图 3-35 展示了多视图点云配准的两个阶段，由粗到精进行，可分为多视图点云粗配准和多视图点云精配准。多视图点云粗配准的目的是建立不同视图点云之间的拓扑关系，借助拓扑关系将不同视图点云大致对齐到一个全局参考坐标系；而多视图点云精配准则旨在消除多视图点云粗配准阶段引入的累积误差，从而进一步提高配准和重建的精度。

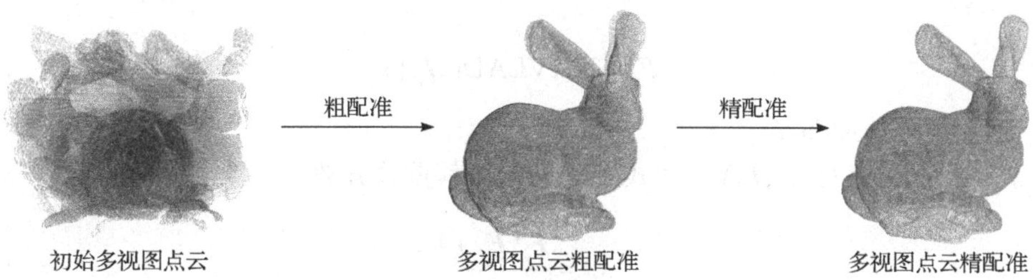

图 3-35　多视图点云配准流程示意图

下面，本章将从多视图点云粗配准和多视图点云精配准两个阶段分别介绍现有主流技术方法。

2. 多视图点云粗配准

多视图点云粗配准建立不同视图点云之间的拓扑关系，借助拓扑关系将不同视图点云大致对齐到一个全局参考坐标系。主要方法包括基于生成树的多视图点云粗配准方法和基于点云中点位置估计的多视图点云粗配准方法。下面将介绍这两种方法的核心思想以及其代表性方法。

1) 基于生成树的多视图点云粗配准方法

基于生成树的方法在多视图点云粗配准中占据主流地位，已被广泛研究和应用。这些方法通常先进行成对配准，然后通过连通图来描述重叠点云之间的拓扑关系，最终将它们转换到统一的坐标系中。关键步骤包括特征提取和匹配、连通图构建以及六自由度变换。这类方法根据是否需要穷举两两点云配准，可以再分为两种：基于穷举两两配准的生成树多视图点云粗配准和基于最小生成树的多视图点云粗配准。下面将详细介绍基于穷举两两配准的生成树多视图点云粗配准方法，并简要介绍基于最小生成树的多视图点云粗配准方法。

(1) 基于穷举两两配准的生成树多视图点云粗配准。

这类方法的核心思想是对所有视图的点云进行穷举成对配准。具体而言，它会将所有视图点云组合成所有可能的两两配准组合，并记录每一对点云的旋转和平移矩阵。在每一对点云之间，通常将点云变换至一种局部坐标系，以最小化它们之间的距离。同时，建立起以每个视图点云为节点、相对变换 $\boldsymbol{T}_{ij}$ 为边的全连通图，并根据某种计算方式评估两视图之间的重叠率或配准置信度作为边的权重。基于穷举两两配准的多视图点云粗配准通常是一个迭代优化的过程，每次迭代尝试不同的配准变换参数，以寻找最佳变换。

本节将以可靠位姿图初始化和历史重加权的鲁棒多视图点云粗配准方法为例，详细介绍基于穷举两两配准的多视图点云粗配准流程。该方法其借助深度学习的特征描述符提取多个视图点云的局部和全局特征，并以此计算两视图点云之间的重叠率，从而构建稀疏且可靠的连通图。再通过历史重加权的方法不断迭代连通图的权重，达到不断优化的效果。该方法流程可分为提取点云特征、建立稀疏连通图、迭代优化连通图求解变换矩阵三部分。

① 提取点云特征。

对每个视图点云 P_i，先利用 YOHO 描述符提取每个采样点 p 局部领域的特征 $\boldsymbol{f}_p \in \mathbf{R}^d$。随后，其利用 NetVLAD 网络将提取的局部领域特征 $\boldsymbol{f}_p$ 再获得点云的全局特征 $\boldsymbol{F}_i$，可表述为

$$\boldsymbol{F}_i = \mathrm{NetVLAD}(\{\boldsymbol{f}_p\}) \tag{3-115}$$

② 建立稀疏连通图。

对于一个点云点对 (P_i, P_j)，用式(3-116)计算其重叠分数 s_{ij}：

$$s_{ij} = \frac{\boldsymbol{F}_i^{\mathrm{T}} \boldsymbol{F}_j + 1}{2} \tag{3-116}$$

根据重叠分数，对于每个多视图点云，在其包含的所有点对组合中选取 k 个重叠分数最高的点云并建立边关系，连通图 $G(V, \mathcal{E})$ 构建完成，其边集可以表示为

$$\mathcal{E} = \{(i, j : \text{arg-topk } s_{ij}), \forall P_i \in \mathcal{P}\}_{P_j \in \mathcal{P}, j \neq i} \tag{3-117}$$

③ 迭代优化连通图求解变换矩阵。

迭代求解开始前，先对所有边上的点云对进行两两配准。边权重 $w_{ij}^{(0)}$ 是每个边的视图点云成对配准通过匹配质量分数 r_{ij} 乘以重叠分数 s_{ij} 计算得到的。给定边权重和输入相对变换 $\{w_{ij}, \boldsymbol{T}_{ij} = (\boldsymbol{R}_{ij}, \boldsymbol{t}_{ij}) | (i,j) \in \mathcal{E}\}$，求解全局扫描位姿 $\{\boldsymbol{T}_i = (\boldsymbol{R}_i, \boldsymbol{t}_i)\}$。采用闭式同步算法，首先通过旋转同步计算每个视图点云全局旋转：

$$\{\boldsymbol{R}_1, \cdots, \boldsymbol{R}_N\} = \underset{\boldsymbol{R}_1, \cdots, \boldsymbol{R}_N \in \mathrm{SO}(3)}{\arg\min} \sum_{(i,j) \in \mathcal{E}} w_{ij} \| \boldsymbol{R}_{ij} - \boldsymbol{R}_i^{\mathrm{T}} \boldsymbol{R}_j \|_F^2 \tag{3-118}$$

再通过平移同步计算每个视图点云的全局平移：

$$\{\boldsymbol{t}_1, \cdots, \boldsymbol{t}_N\} = \underset{\boldsymbol{t}_1, \cdots, \boldsymbol{t}_N \in \mathbf{R}^3}{\arg\min} \sum_{(i,j) \in \mathcal{E}} w_{ij} \| \boldsymbol{R}_i \boldsymbol{t}_{ij} + \boldsymbol{t}_i - \boldsymbol{t}_j \|^2 \tag{3-119}$$

得到同步后的全局变换后，重新计算边上的权重 w_{ij}，使得异常边的权重小于内点边的权重。假设第 n 次迭代时的同步位姿为 $\{\boldsymbol{T}_i^{(n)} = (\boldsymbol{R}_i^{(n)}, \boldsymbol{t}_i^{(n)})\}$。首先通过式(3-120)计算旋转残差 $\delta_{ij}^{(n)}$：

$$\delta_{ij}^{(n)} = \varDelta(\boldsymbol{R}_{ij}, \boldsymbol{R}_i^{(n)\mathrm{T}} \boldsymbol{R}_j^{(n)}) \tag{3-120}$$

其中，$\varDelta(\boldsymbol{R}_1, \boldsymbol{R}_2)$ 表示旋转 $\boldsymbol{R}_1$ 和 $\boldsymbol{R}_2$ 之间的角度差，通过将 $\boldsymbol{R}_1^{\mathrm{T}} \boldsymbol{R}_2$ 转换为轴角形式并输出旋转角来实现。更新后的权重根据前几次迭代的旋转残差计算为

$$w_{ij}^{(n)} = w_{ij}^{(0)} \exp\left(-\sum_{m=1}^{n} g(m) \delta_{ij}^{(m)}\right) \tag{3-121}$$

其中，$g(m)$ 是迭代次数的预定义系数函数。得到更新后的边权重后，重复步骤③，直到预设最大迭代次数已达到对稀疏图历史重加权来优化全局变换 $\{\boldsymbol{T}_i = (\boldsymbol{R}_i, \boldsymbol{t}_i)\}$ 的目的。

基于穷举两两配准的生成树多视图点云粗配准方法的一个显著优点是有较大可能性找到最优的所有视图间变换位姿。然而，这种方法通常需要较大的计算开销，特别是当点云视图数量非常大时，其性能将受到显著影响。

(2) 基于最小生成树的多视图点云粗配准。

生成树结构通常用于描述从不同视角捕获的点云空间关系。与基于穷举两两配准的生成树多视图点云粗配准类似，在生成树中，节点代表点云，边的权重表示两个相连点云之间的重叠关系。通过连通图描述重叠点云之间的关系，确定两视图点云配准的拓扑次序，最终将它们依次转换至统一的坐标系。

基于最小生成树的多视图点云粗配准方法往往先将具有某一特性的视图点云(如具有最大曲面的视图点云)选为根节点，然后将其余视图点云与根节点逐次进行两两点云配准，按一定次序从根开始添加到生成树中。根据最小生成树逐层计算出全局变换 $\{\boldsymbol{T}_i = (\boldsymbol{R}_i, \boldsymbol{t}_i)\}$。

2) 基于点云中点位置估计的多视图点云粗配准方法

基于点云中点位置估计方法，将点云多视图粗配准问题转化为点云聚类或位置占用问题。通常，点云经过变换后的位置概率被用来估计点云的位姿。目前主要有两种方法：基于深度学习的多视图点云粗配准和基于概率估计的多视图点云粗配准。

(1) 基于深度学习的多视图点云粗配准。

随着深度学习技术的发展，研究人员开始应用无监督学习方法解决多视图点云粗配准问题。利用定位网络来估计输入点云的姿态参数，同时使用网络预测离散空间的占位概率，并通过损失函数(loss function)最小化这些未占用空间的概率。然而，随着点云视图数量的增加，多视图点云粗配准的占用概率计算开销变得越来越高昂。

(2) 基于概率估计的多视图点云粗配准。

基于概率的方法假设所有点云从一个中心概率模型中采样，并将配准问题转化为聚类问题。该问题通过迭代优化模型参数来解决，使用期望最大化(expectation maximization, EM)方法求解变换矩阵。这种方法适用于将点云视为概率模型的混合分布，如高斯和冯·米塞斯-费雪分布混合模型。点云视图的数量会影响其时空复杂性和配准结果。

3. 多视图点云精配准

多视图点云精配准消除粗配准阶段引入的累积误差，从而进一步提高配准和重建的精度。本节介绍基于点空间信息的多视图点云精配准方法，并详细介绍其中基于动态元形状的多视图点云精配准方法。

基于点空间信息的多视图点云精配准方法充分利用潜在的可用点对应信息，并将其作为约束来寻找最佳的变换参数。根据多视图点云精配准的参考目标，本节进一步将其分为基于真实形状的多视图点云精配准和基于元形状的多视图点云精配准方法两类。

1) 基于真实形状的多视图点云精配准

基于真实形状的多视图点云精配准已经得到了许多学者的深入研究，这些方法可以进一步分为基于真实形状集成、基于混合分布模型和基于深度学习的多视图点云精配准方法。

基于真实形状集成的方法：这类方法依次执行成对点云精配准，然后将精配准结果作为目标点云。虽然这种方法简单，但往往没有考虑整体点云视图的全局约束。同时，这类方法通常需要良好的多视图粗配准结果，并且随着点云视图数量的增加，仍然可能会产生累积误差。此外，基于真实形状集成的方法通常表现出较差的时间效率。

基于混合分布模型的方法：这类方法用分布模型表征点云数据，使用期望最大化来估计高斯混合模型参数，但这需要估计大量与所有点相关的模型参数，导致计算成本较高。

基于深度学习的方法：随着深度学习的快速发展，部分方法利用深度神经网络作为辅助模块，通过网络来自动确定输入的成对变换和相关的权重，将点云视图对齐到全局一致的框架。尽管深度学习方法具有很大的潜力，但它们通常需要大量的训练数据，而在实际应用中获取这样的数据可能是困难的。

2) 基于元形状的多视图点云精配准

元形状，可理解为由多个视图点云以某种方式重采样生成的辅助点云。基于元形状的多视图点云精配准方法，在生成元形状后将不同视图点云配准到元形状，以达到进一步消除累计误差的目的。根据在视图配准到元形状过程中元形状是否更新的情况，可将这一类方法分为基于静态元形状和基于动态元形状的多视图点云精配准方法，本节将详细介绍静态元形状多视图点云精配准方法的流程。

静态元形状多视图点云精配准方法：在静态元形状多视图点云精配准方法中，元形状在视图配准之前一次性生成。本节将以基于 K 近邻更新元形状的算法为例介绍基于元形状的多视图点云精配准的流程，图 3-36 展示了该算法的流程，可分为生成/更新元形状和视图点云误差优化两个步骤。

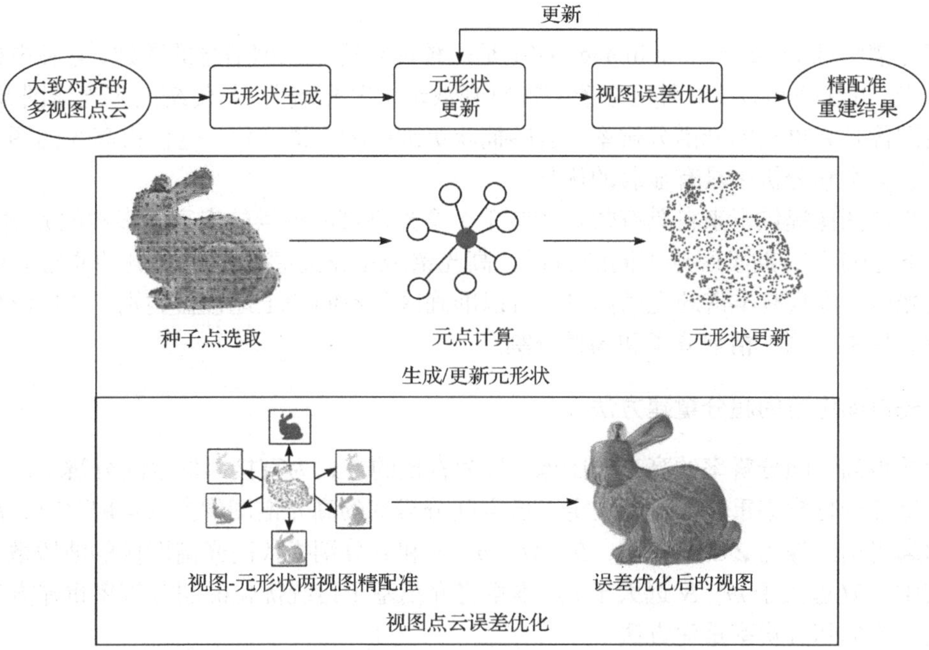

图 3-36　基于 K 近邻的静态元形状多视图点云精配准方法流程图

(1) 生成/更新元形状。

对于 N 个视图点云 $\{P_1, P_2, \cdots, P_N\}$，首先将这 N 个点云合并为一个初始元形状点云 P_{init}，对初始元形状点云 P_{init} 随机采样 N_{static} 个种子点。对每个种子点，计算其在 P_{init} 中周围领域 k 个近邻点作为该种子点的局部点云 P_{local}，并计算 P_{local} 的质心。将这 N_{static} 个质心作为更新后的元形状 P_{meta}：

$$P_{\text{meta}} = \{\text{centroid}(P_{\text{local}})\}_{m=1,\cdots,N_{\text{static}}} \tag{3-122}$$

(2) 视图点云误差优化。

得到更新后的元形状 P_{meta} 后，以其为目标点云，并行地将所有视图点云 $\{P_1, P_2, \cdots, P_N\}$ 利用最近点迭代(iterative closest point，ICP)算法对目标点云进行配准，更新得到每个视图点云的变换矩阵 $\{\boldsymbol{T}_i = (\boldsymbol{R}_i, \boldsymbol{t}_i)\}$ 并应用到视图点云上。该方法在更新元形状和视图点云误差优化之间不断迭代，逐渐缩小每个视图点云的误差。

动态元形状多视图点云精配准方法：这类方法旨在通过动态更新元形状以提高多视图点云精配准的准确性，元形状在每次迭代过程中都会动态更新。部分学者提出由粗到精的方法，采用 Tr-ICP 算法执行视图点云到元形状的精优化方法，依次遍历并细化每个点云的刚性变换。该方法首先对齐根节点及其直接连接的点云，然后迭代更新根节点。部分学者采取一种局部到全局的思路，先对齐根节点及其直接连接的点云，然后迭代更新根节点，直到只保留根节点。与基于真实形状的方法相比，基于元形状的方法简单有效，并在效率和精度之间取得了良好的平衡。

3.3 多维光谱重建

微课

高光谱图像(hyperspectral image，HSI)是一种捕获连续光谱信息的图像，它在电磁光谱的可见光、近红外和短波红外区域覆盖数百到数千个窄光谱带。与传统的多光谱图像相比，高光谱图像具有更高的光谱分辨率，能够捕获更细微的光谱变化。这使得高光谱图像在物质识别、分类和分析中具有显著的优势。

高光谱图像提供了来自具有数百或数千个窄光谱带的场景的丰富和多样的光谱信息。丰富的光谱特征有助于区分不同的目标。高光谱卫星是遥感和地球观测的非常有效的工具。高光谱图像具有丰富的光谱信息，可以准确区分不同的土地覆盖类别，并广泛用于目标检测、异常检测、精细分类和场景分割。

3.3.1 光谱图像空间超分重建方法

为获得高空间分辨率的高光谱图像，最为直接的方式为直接对低空间分辨率高光谱进行空间维度的分辨率重建。本算法定义低空间分辨率的高光谱图像为 $\boldsymbol{X} \in \mathbf{R}^{B\times m\times n}$，高空间分辨率高光谱图像为 $\boldsymbol{Z} \in \mathbf{R}^{B\times M\times N}$，$B$、$M$、$m$、$N$ 和 n 分别指代高光谱图像的波段数、长和宽，其中，M 远大于 m，N 远大于 n。本章将介绍基于传统优化的超分辨率重建方法与基于深度学习的超分辨率重建方法。

1. 基于传统优化的超分辨率重建方法

在早先的算法中，最直接的高光谱超分辨率方法是通过插值直接提升低分辨率高光谱图像的空间分辨率。这类方法主要利用相邻像素的信息来重建目标像素。常用的插值方法主要包括最近邻插值、双线性插值和双三次插值。其中，双三次插值相比其他插值算法能够更好地保留图像的空间和光谱信息。本章将介绍双三次插值。

双三次插值通常运用于图像处理软件、打印机驱动程序以及数码相机中，主要用于对原图像或某些区域进行放大。例如，Adobe Photoshop CS 提供了两种不同的双三次插值方式：双三次插值平滑化和双三次插值锐化。

在数值分析领域，双三次插值是二维空间中最常用的插值方法之一。在这种方法中，函数 f 在点 (x, y) 的值是通过矩形网格中最近的 16 个采样点的加权平均得到的。这个过程需要使用两个多项式插值函数，每个方向对应一个三次函数。

双三次插值，也称为双立方插值，是一种用于图像的插值方法，或用于增加图像像素数量/密度的技术。通常，插值技术用于增加图像数据，以便在打印或显示时，能够增大打印面积或提升分辨率。

目前有多种插值技术可供选择。双立方插值通常能够产生最精确的图像，但其速度较慢。而双线性插值的速度较快，但精度不如双立方插值。商业图像编辑软件中常用的是速度最快但最不精确的“最近邻”插值。其他一些插值技术通常只在高级或特定应用程序中使用。

通过双三次插值，可以得到一个连续的插值函数，该函数的一阶偏导数连续，并且交叉导数也处处连续。在新生成图像中，像素点是 $f(x,y)$，先映射到源图像中的坐标为 $f(i+u,j+v)$，需要找到对应的原图像中最近的 16 个点。双三次插值对行和列依次进行处理。

因此，双三次插值的具体计算公式如下：

$$f(x,y)=f(i+u,j+v)=\boldsymbol{ABC}$$

$$\boldsymbol{A}=\begin{bmatrix} s(1+v) \\ s(v) \\ s(1-v) \\ s(2-v) \end{bmatrix}^{\mathrm{T}}$$

$$\boldsymbol{B}=\begin{bmatrix} f(i-1,j-1) & f(i-1,j) & f(i-1,j+1) & f(i-1,j+2) \\ f(i,j-1) & f(i,j) & f(i,j+1) & f(i,j+2) \\ f(i+1,j-1) & f(i+1,j) & f(i+1,j+1) & f(i+1,j+2) \\ f(i+2,j-1) & f(i+2,j) & f(i+2,j+1) & f(i+2,j+2) \end{bmatrix} \tag{3-123}$$

$$\boldsymbol{C}=\begin{bmatrix} s(1+u) \\ s(u) \\ s(1-u) \\ s(2-u) \end{bmatrix}$$

其中，$s(\cdot)$ 表示权值，有多种计算方法(模型)，常用的有 Bicubic、Mitchell 和 Lanczos 等。

2. 基于深度学习的超分辨率重建方法

考虑到可用来训练的高光谱数据往往较为稀少，可以通过迁移学习的方法，将在大量自然图像上训练好的卷积网络迁移到高光谱图像中。然后通过非负矩阵分解来实现低分辨率和高分辨率高光谱图像之间的协同。本章将介绍一种图像超分辨率的新型高效超分辨率 Transformer(ESRT)。

ESRT 是一个混合模型，结合了轻量级 CNN 主干(LCB)和轻量级 Transformer 主干(LTB)。其中，LCB 可以动态地调整特征图的大小，从而以较低的计算成本来提取深度特征。LTB 则由一系列高效 Transformer(ET)组成。得益于专门设计的高效多头注意力(EMHA)，该模型在占用极少 GPU 内存的情况下，仍能保持较高的计算效率。本算法结构如图 3-37 所示。

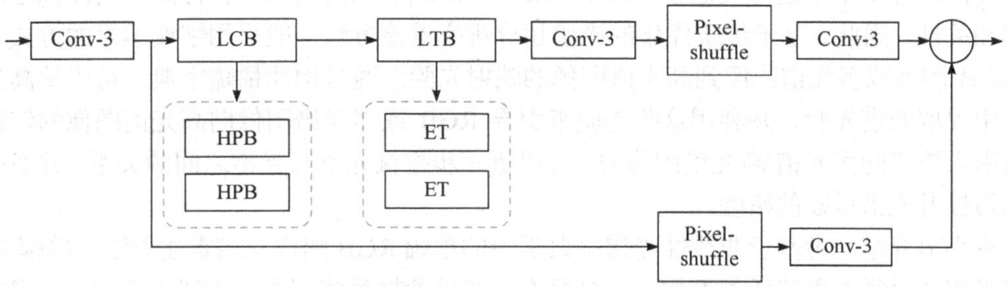

图 3-37　图像超分辨率的新型高效超分辨率 Transformer 结构

具体来说，LCB 通过减少特征分辨率来降低计算成本。同时，它通过一个高频滤波模块，从低分辨率的图像中提取高频信息，并通过适应性特征残差模块保留分辨率降低后的关键信息。另外，LTB 则通过卷积操作，将二维图像“展开”成多个一维像素，保留每个一维像素在原始图像中的空间位置信息。

由于“展开”操作使得原本庞大的 Transformer 中的 QKV 计算变得更加复杂，因此，为了降低计算成本，本算法仅使用了原始 Transformer 的编码器部分，并将 QKV 分解为许多相同大小的块来处理空间超分辨率。这是因为每个高分辨率的像素主要与低分辨率图像的邻近像素相关联。

图 3-38 展示了本算法的实验结果：左图为超分辨的原始图像，右图为经过空间超分辨处理后的图像。可以明显看到，经过本算法的空间超分，图像的空间分辨率得到了显著提升，图像变得更加清晰。

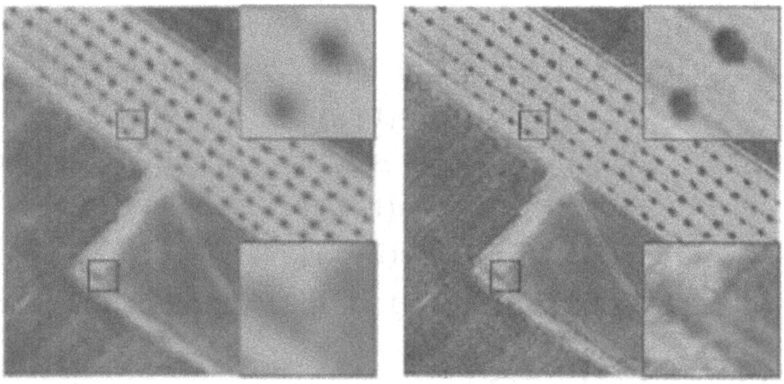

图 3-38 图像超分辨率的新型高效超分辨率 Transformer 实验结果

3.3.2 图像光谱重建方法

面向光谱的超分辨率重建方法通过提升 RGB 或多光谱图像的光谱分辨率，来获得目标高光谱图像。光谱超分辨率问题中的降质因素通常较为简单。RGB 或多光谱图像可以视为高光谱图像经过光谱降质处理后的结果，而这种光谱降质通常是已知的。本小节介绍基于传统优化的光谱超分辨率重建方法和基于深度学习的光谱超分辨率重建方法。

1. 基于传统优化的光谱超分辨率重建方法

光谱超分辨率重建的关键在于提取 RGB 图像或多光谱图像与目标高光谱图像之间的光谱相关性。因此，基于传统优化的光谱超分辨率重建方法一般采用字典学习的方式来实现 RGB 图像或多光谱图像到高光谱图像的映射先验。通过构建稀疏字典，可以从高光谱图像中提取光谱先验，并利用这些先验来引导 RGB 或多光谱图像向高光谱图像的转换。通过引入更多的多光谱/高光谱图像对，可以进一步挖掘光谱与光谱之间的关系，并通过字典学习提升光谱重建的精度。

本小节介绍一种基于非线性光谱字典学习的单幅 RGB 图像光谱重建方法。单幅 RGB 图像光谱超分辨率重建任务本质是一个病态非线性数据反演问题。为解决此问题，提出了一种基于非线性光谱字典学习的重建技术。首先，对自联想神经网络中的非线性主成分分析算法进行改进，以便更好地适应线性和非线性数据，并通过此算法从训练的光谱数据集中学习低维光谱字典，用于光谱重建过程，以缓解病态情况。

在此基础上，采用阻尼高斯-牛顿法结合截断奇异值分解的正则化方法，进一步缓解非线性问题的病态性，最终达到从单幅 RGB 图像重建高光谱图像的目的。

图像 RGB 数据与光谱反射率数据之间的映射方程如式(3-124)所示。

$$
\begin{aligned}
p_r(m) &= \sum_{n=1}^{N} E(\lambda_n) s_r(\lambda_n) r(\lambda_n, m) \\
p_g(m) &= \sum_{n=1}^{N} E(\lambda_n) s_g(\lambda_n) r(\lambda_n, m) \\
p_b(m) &= \sum_{n=1}^{N} E(\lambda_n) s_b(\lambda_n) r(\lambda_n, m)
\end{aligned}
\tag{3-124}
$$

其中，$p_r(m)$、$p_g(m)$和 $p_b(m)$分别为第 m 像素点的 RGB 数据，且 m=1,…, M，M 为图像总的像素数；$E(\lambda_n)$为光源的光谱功率分布；$s_r(\lambda_n)$、$s_g(\lambda_n)$和 $s_b(\lambda_n)$分别为 RGB 三条光谱响应曲线；$r(\lambda_n, m)$为第 m 像素、第 n 波段数的波长 λ_n处的光谱反射率；N 为可见光光谱范围内光谱反射率波段数。由此，映射方程可进一步表示为

$$
\boldsymbol{p} = \boldsymbol{A}\boldsymbol{r} \tag{3-125}
$$

其中，$\boldsymbol{p}=[p_r(m) \quad p_g(m) \quad p_b(m)]^{\mathrm{T}} \in \mathbf{R}^{3\times 1}$为 RGB 数据构成的列向量；$\boldsymbol{A} \in \mathbf{R}^{3\times N}$为由 $E(\lambda_n)s_r(\lambda_n)$、$E(\lambda_n)s_g(\lambda_n)$和 $E(\lambda_n)s_b(\lambda_n)$构成的光谱响应矩阵；$\boldsymbol{r} = [r(\lambda_1, m), r(\lambda_n, m), \cdots, r(\lambda_N, m)] \in \mathbf{R}^{\mathrm{N}\times 1}$表示光谱反射率数据构成的列向量。由式(3-125)，重建光谱反射率的关键在于求矩阵 $\boldsymbol{A}$ 的逆。$\boldsymbol{A}$ 为 $3\times N$ 矩阵且 $N \gg 3$，则矩阵 $\boldsymbol{A}$ 的秩 rank($\boldsymbol{A}$)⩽min(3, N)，但所求光谱反射率 r 的维数为 N，由此 r 的解不唯一。依前面所述，假设已知光谱反射率数据的低维光谱字典，式(3-125)可重写为

$$
\boldsymbol{p} = \boldsymbol{A}f(\boldsymbol{D}, \boldsymbol{u}) \tag{3-126}
$$

其中，$\boldsymbol{D} \in \mathbf{R}^{N\times K}$表示低维光谱字典；$\boldsymbol{u} \in \mathbf{R}^{K\times 1}$为系数向量；$K$ 为系数向量的维数，且 $K \ll N$。$\boldsymbol{r}=f(\boldsymbol{D}, \boldsymbol{u})$为光谱低维表达，$f(\cdot)$表示线性或非线性光谱表达函数，若 $f(\cdot)$是线性的，光谱可表达为 $\boldsymbol{r}=\boldsymbol{D}\boldsymbol{u}$，且式(3-126)可写作：

$$
\boldsymbol{p} = f(\boldsymbol{A}\boldsymbol{D}, \boldsymbol{u}) \tag{3-127}
$$

式(3-127)所求系数向量 $\boldsymbol{u}$ 的维数为 K。$\boldsymbol{AD} \in \mathbf{R}^{K\times 1}$为 $N\times K$ 矩阵，其秩为 rank($\boldsymbol{AD}$)⩽MIN(N, K)=K。若矩阵 $\boldsymbol{AD}$ 的秩等于 K，则式(3-127)存在 $\boldsymbol{u}$ 的唯一解。在此情况下，K 越接近 3，越有利于缓解 $\boldsymbol{u}$ 反演的病态，但光谱表达精度越低。在本章中，使用平衡光谱字典 $\boldsymbol{D}$ 表达原光谱反射率数据的准确性，同时降低式(3-127)反演时出现的病态问题。为此，采用 $f(\cdot)$方法，使其能够线性或非线性地自适应训练光谱反射率数据。此外，为了保证模型的稳定性，参数 K 一般远小于 N 且大于等于 3，本章 K 取 6。此外，$\boldsymbol{A} \in \mathbf{R}^{3\times N}$非方阵，求解式(3-125)一般需乘以 $\boldsymbol{A}^{\mathrm{T}}$。转换为方阵 $\boldsymbol{A}^{\mathrm{T}}\boldsymbol{A} \in \mathbf{R}^{N\times N}$，即式(3-128)：

$$
\boldsymbol{A}^{\mathrm{T}}\boldsymbol{p} = \boldsymbol{A}^{\mathrm{T}}\boldsymbol{A}\boldsymbol{r} \tag{3-128}
$$

式(3-128)中，方阵 $\boldsymbol{A}^{\mathrm{T}}\boldsymbol{A}$ 的秩 rank($\boldsymbol{A}^{\mathrm{T}}\boldsymbol{A}$)=min(rank($\boldsymbol{A}^{\mathrm{T}}$, rank($\boldsymbol{A}$)))⩽$N$。唯一解的充分必要

条件是 $A^{\mathrm{T}}A$ 满秩，即 $\mathrm{rank}(A^{\mathrm{T}}A)=N$。若 $A^{\mathrm{T}}A$ 满秩，其 N 个特征值 $\sigma_1>\sigma_2>\cdots>\sigma_{N-1}>\sigma_N$ 均不为 0。依据衡量解稳定性指标，病态条件数 $\mathrm{cond}(A^{\mathrm{T}}A)=|\sigma_1|/|\sigma_N|\geqslant 1$ 越大，则解的稳定性越差。若采用光谱字典策略且 $K>3$，虽其病态条件数 $\mathrm{cond}([AD]^{\mathrm{T}}[AD])=|\tilde{\sigma}_1|/|\tilde{\sigma}_k|$ 可能小于 $\mathrm{cond}(A^{\mathrm{T}}A)$，但仍不能保证其获得一个邻近 1 的病态条件数。因此，本章方法在使用字典策略的同时，还利用阻尼高斯-牛顿法结合截断奇异值分解的正则化法，降低病态状况，改善解的稳定性。

鉴于此，本章提出的光谱图像重建框架如下：首先，选取光谱反射率数据作为光谱训练数据集，并通过本章所提出的光谱字典学习方法，获得低维光谱字典与光谱表达函数。接着，利用阻尼高斯-牛顿法结合截断奇异值分解的正则化方法，最终实现单幅 RGB 图像的光谱图像重建。

在此过程中，NLPCA(非线性主成分分析)作为 PCA(主成分分析)的非线性扩展，被用来训练低维光谱字典(即固有光谱特征向量组)，并取得了较好的效果。NLPCA 是一种基于五层结构的自联想人工神经网络的特征向量提取方法。其优化求解方程为

$$\begin{gathered}\tilde{\boldsymbol{D}}=\arg\min_{\boldsymbol{D}}(J(\boldsymbol{D}))\\ J(\boldsymbol{D})=\frac{1}{M}\sum_{m=1}^{M}\{\|\boldsymbol{r}-\tilde{\boldsymbol{r}}\|_2\}_m\end{gathered}\tag{3-129}$$

其中，$\boldsymbol{D}=[d_1\cdots d_k\cdots d_K]\in\mathbf{R}^{N\times K}$ 表示获得光谱字典；$\boldsymbol{r}$ 和 $\tilde{\boldsymbol{r}}$ 均为光谱反射率数据，$\boldsymbol{r}$ 为测量值，$\tilde{\boldsymbol{r}}$ 为此 NLPCA 利用前馈神经网络方法重构值。

本章将在 NLPCA 的基础上，在优化方程中添加正则化项，用于约束非线性传递函数，避免过度非线性化，从而获得更优的光谱字典。具体而言，对前馈神经网络中的权重引入正则化项，以避免权重值过大，进而有效控制非线性程度。这样可以使所得的特征向量更加符合训练数据的特征，并使解趋于全局最优。因此，最终的求解方程组为

$$J(\boldsymbol{D})=\frac{1}{M}\sum_{m=1}^{M}\{\|\boldsymbol{r}-\tilde{\boldsymbol{r}}\|_2\}_m+\mu(\|W^{(r)}\|_2+\|W^{(D)}\|_2)\tag{3-130}$$

由上所述，通过一组训练光谱数据集获得低维光谱字典 $\boldsymbol{D}$，并依据式(3-127)的光谱表达函数，建立 RGB 数据 p 与其光谱反射率数据 $\boldsymbol{r}$ 在光谱字典 $\boldsymbol{D}$ 下的系数向量 $\boldsymbol{u}$ 的求解优化方程：

$$\tilde{\boldsymbol{u}}=\arg\min_{\boldsymbol{u}}\|p-f(\boldsymbol{AD},\boldsymbol{u})\|^2\tag{3-131}$$

式(3-131)中，$\boldsymbol{u}$ 的维数为 K，远小于光谱 $\boldsymbol{r}$ 的维数(即 $K\ll N$)，但仍高于维数 p(即 $K>3$)。因此，式(3-131)的求解仍然面临着病态非线性数据反演问题。本章将采用阻尼高斯-牛顿法对相关系数矩阵 $\boldsymbol{u}$ 进行求解，并结合截断奇异值分解的正则化方法以缓解该非线性反演的病态问题。

2. 基于深度学习的光谱超分辨率重建方法

早期基于深度学习的光谱超分辨方法通常利用不同的网络结构来挖掘成对 RGB/多光谱数据与高光谱数据之间的空-谱关系，并学习如何直接将 RGB/多光谱数据映射到高光谱

数据。例如，层级回归网络可以从 RGB 数据中重建目标高光谱图像。将高光谱的物理特性引入光谱超分辨网络的训练过程中，一方面可以更好地挖掘光谱相关性，另一方面也可以利用光谱反向映射来有效约束超分辨过程。

下面介绍一种基于多尺度 CNN 的图像光谱超分辨率方法。该方法通过级联范式对称地对中间特征图进行下采样和上采样，联合编码局部和非局部的图像信息，以实现光谱表示的优化，最终提升光谱重建的精确度。该方法受到 U-Net 架构的启发，遵循编码器-解码器的模式。具体来说，在编码器部分，每个下采样步骤由一个带有下采样块的双卷积操作组成。随着空间的逐渐减小，特征数量在每一步都会翻倍。解码器与编码器路径对称，解码器部分的每个步骤由一个上采样操作和一个后续的双卷积块组成。通过解码器路径，特征的空间逐步恢复，特征数量在每一步都会减半。最后，通过 1 × 1 卷积操作将输出特征映射到 31 通道的高光谱图像。

此外，除了前向传播路径外，还使用跳跃连接，将编码器与解码器中相应的特征图直接连接起来，以更好地保留细节和信息。该方法的结构如图 3-39 所示。

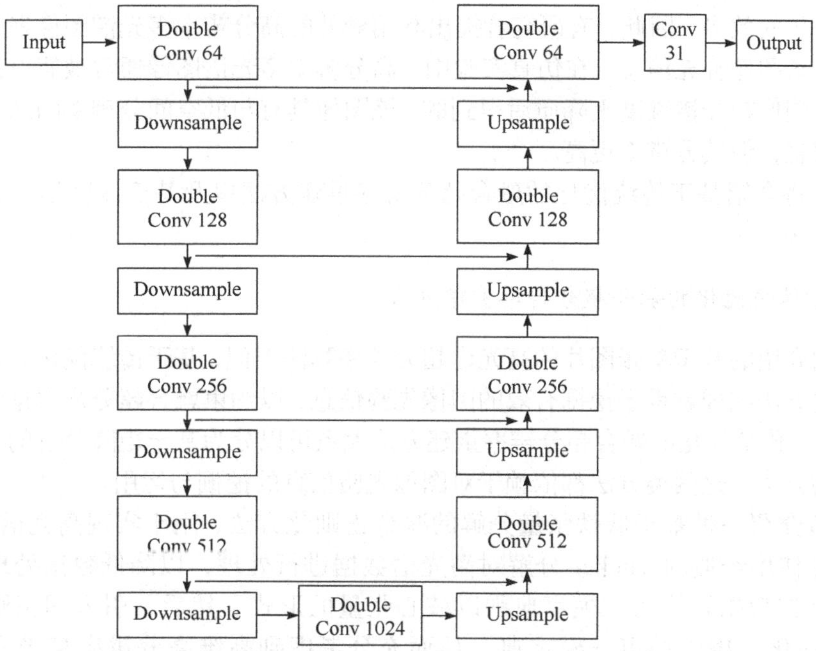

图 3-39　基于多尺度 CNN 的图像光谱超分辨率方法结构

基于多尺度 CNN 的图像光谱超分辨率方法自然适合光谱重建任务。编码器可以解释为从 RGB 图像中提取特征。通过级联方式下采样，网络的接收不断增加，这使得网络能够在更大的视野中“看到”更多的像素。通过这样做，可以对局部和非局部信息进行编码，以更好地表示潜在光谱。采用对称解码器程序重建这些深度和紧凑的特征，从而得到潜在的高光谱图像。带有级联的跳跃连接对于引入多尺度信息和更好地估计光谱至关重要。

图 3-40 展示了基于多尺度 CNN 的图像光谱超分辨率的实验结果。其中，左侧是高分辨率 RGB 图像，右侧是高空间分辨率的高光谱图像。

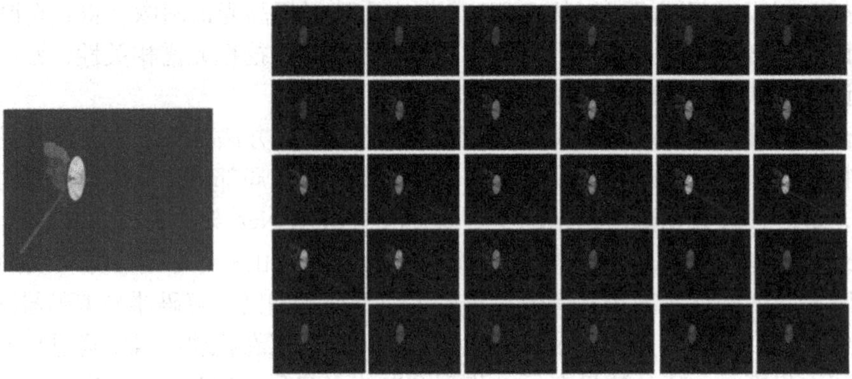

图 3-40　基于多尺度 CNN 的图像光谱超分辨率实验结果

3.3.3　异源图像融合光谱超分重建方法

由于低分辨率高光谱图像中损失了太多空间信息，直接对其进行空间超分辨率重建并不能取得理想的效果。因此，有研究者提出利用额外的高分辨率多光谱图像来为低空间分辨率的高光谱图像补充信息。在仿真实验中，高分辨率多光谱图像通常被假设为目标高分辨率高光谱图像在光谱维度上降质后得到的。该图像具有与低空间分辨率的高光谱图像一致的光谱信息，但其分辨率更高。

本小节将介绍基于传统优化的融合超分辨率重建方法以及基于深度学习的融合超分辨率重建方法。

1. 基于传统优化的融合超分辨率重建方法

与前面介绍的基于单张图片的高光谱超分辨率算法类似，基于传统优化方式的融合超分辨率重建方法同样着重于挖掘有效的图像先验信息，以约束融合超分辨率重建这一病态逆问题。基于传统优化的融合超分辨率重建方法大致可以分为基于矩阵分解的方法与基于张量分解的方法。这两类方法都依赖于对图像先验信息的挖掘与运用。

本小节介绍一种基于低秩张量分解的联合正则化方法，用于实现高光谱超分辨率。该方法首先使用经典的 Tucker 分解对高光谱数据进行处理，以降低数据处理的计算成本，将高光谱数据转换为三模字典乘以核心张量的形式。然后，引入图正则化和总变分模型正则化，用于约束三模字典，从而充分考虑到高维高分辨率高光谱图像(high resolution-hyperspectral image，HR-HSI)的流形结构。此外，该方法在核心张量上附加了 L_1 范数来表示稀疏性，从而在保留融合后的高光谱图像的空间和光谱结构的同时，减少异常噪声对图像的影响。

该算法将高光谱图像的超分辨率问题转化为基于张量分解的联合正则化优化问题，并通过交替方向乘数法(ADMM)和近端交替优化(PAO)算法的混合框架进行求解。

对于张量数据，随着维数和阶数的增加，参数数量会呈现指数级暴涨，这种现象通常称为维数灾难或维数诅咒，而张量分解则能够有效缓解这一问题。Tucker 分解是一种经典的张量分解方法，因此在本算法中采用了 Tucker 分解。

对于图正则化，为了保留高维 HR-HSI 的流形结构，本算法假设高分辨率多光谱图像(high resolution-multispectral image，HR-MSI)和低分辨率高光谱图像(low resolution-hyperspectral image，LR-HSI)之间的空间和光谱流形信息与目标高分辨率高光谱图像中嵌入的信息相似，并分别通过两幅图像来描述 HR-MSI 和 LR-HSI 中的流形信息：一幅基于空间维度，另一幅基于光谱维度。因此，可以通过空间和光谱图正则化将 HR-MSI 和 LR-HSI 的空间与光谱信息转移到 HR-HSI 中，从而尽可能保留 HR-MSI 和 LR-HSI 的固有几何结构信息。

如何生成 HR-MSI 和 LR-HSI 的代表图呢?

我们知道，HR-MSI 中的像素并不是独立存在的，相邻像素之间具有很高的相关性。学者们通常采用分块策略来定义相邻像素，但这种方法忽略了图像的空间结构和一致性。超像素技术作为一种超分割方法，不仅能够捕获图像的冗余信息，还可以自适应地调整空间区域的形状和大小。考虑到超像素技术的兼容性和计算复杂度，本算法采用了熵率超像素分割方法，能够自适应地寻找空间区域。

空间图的构建包括以下四个步骤：生成强度图像、进行超像素分割、定义空间邻域、生成空间图。相比之下，对于 LR-HSI，其相邻波段通常是连续的，这意味着相邻波段在光谱域中具有极强的相关性。为了进一步保留 HR-HSI 中的相关性和一致性，采用最近邻策略来建立光谱图。

高光谱图像容易受到噪声的影响，这会严重影响图像的视觉质量，并降低后续图像识别、图像分类、边缘信息提取等算法的准确性和鲁棒性。常见的降噪算法主要分为以下三类：滤波法，包括空域滤波和变换域滤波；匹配法，包括矩匹配法和直方图匹配法；变分法，其中，总变分模型是最有效的降噪算法之一。

总变分模型是一种各向异性模型，通过梯度下降进行图像平滑处理，旨在尽可能在图像内部(即相邻像素之间差异较小的区域)进行平滑处理，同时在图像边缘保持不平滑处理。这种模型的最大特点在于，在去除图像噪声的同时，能够保留图像的边缘信息。

下面讨论用何种正则化方式来加入总变分模型。当模型采用 L_1 范数时，对较小的异常值不敏感，对较大的异常值敏感；当采用 L_2 范数时，对较大的异常值不敏感，对较小的异常值敏感；L_σ 范数可以通过调节参数 σ 在 L_2 范数和 L_1 范数之间进行平衡，使其能够同时兼顾两者的稳健性。然而，这种方法增加了参数 σ 的调整负担。为了减少参数调整的复杂性，$L_{2,1}$ 范数被引入，使总变分模型能够更有效地处理异常值，同时解决了 L_σ 范数需要额外参数调整的问题。因此，本方法在单阶总变分模型中采用 $L_{2,1}$ 范数作为正则化方式，以提高鲁棒性并降低参数调整的难度。

因此，最终的超分问题可以描述成：

$$\begin{aligned}&\min_{p_1,p_2,p_3,c}\|Y-\boldsymbol{C}\times\hat{P}_1\times\hat{P}_2\times P_3\|_F^2+\|Z-\boldsymbol{C}\times P_1\times P_2\times\hat{P}_3\|_F^2+\lambda_1\|\boldsymbol{C}\|_1\\&+\beta\operatorname{tr}(P_3^{\mathrm{T}}\boldsymbol{P}_S P_3)+\gamma\operatorname{tr}((P_-\otimes P_1)^{\mathrm{T}}\boldsymbol{P}_D(P_2\otimes P_1))\\&+\lambda_2\|D_y P_1\|_{2,1}+\lambda_3\|D_y P_2\|_{2,1}+\lambda_4\|D_y P_3\|_{2,1}\\&\qquad\text{s.t.}\quad X=\boldsymbol{C}\times P_1\times P_2\times P_3\end{aligned}\tag{3-132}$$

其中，X 表示期望的 HR-HSI；Y 表示获取的 LR-HSI；Z 表示同一场景的 HR-MSI；P_1、

P_2、P_3是三种模式下的字典；$\boldsymbol{C}$是核心张量；$\hat{P}_1$、$\hat{P}_2$、$\hat{P}_3$是三种模式下的下采样字典；$\boldsymbol{P}_S$、$\boldsymbol{P}_D$是图拉普拉斯矩阵；β、γ是图正则化的平衡参数；$\lambda_{\hat{i}}(\hat{i}=1,2,3,4)$是正则化参数；$D_y$是沿垂直方向的有限差分算子。

式(3-132)所提出的模型是一个非凸问题，通过联合求解P_1、P_2、P_3和$\boldsymbol{C}$，几乎无法获得P_1、P_2、P_3和$\boldsymbol{C}$的闭式解。然而，对于每个变量块，在保持其他变量不变的情况下，式(3-132)中提出的模型都是凸的。在这种情况下，利用近端交替优化方案来求解它，保证在一定条件下收敛到一个驻点。将式(3-132)中的非凸问题使用近端交替优化转化成一些凸问题，再通过快速准确的ADMM技术有效解决。

2. 基于深度学习的融合超分辨率重建方法

近年来，随着深度学习的进展，通过深度网络来挖掘低分辨率的高光谱图像与高分辨率多光谱图像之间的空间和光谱相关性，以提升超分重建的效果，成为一种颇受青睐的方式。高光谱图像融合超分辨率重建网络，将观测到的图像沿着光谱维度拼接在一起，直接输入重建网络中。首先，将低空间分辨率的高光谱图像进行上采样，然后与高空间分辨率图像在光谱方向上进行拼接。接着，使用残差卷积网络来进行图像的超分辨重建。通过这种方式，该网络能够联合提取输入数据中的空间与光谱信息。本章介绍了一种基于CNN的算法，逐步从RGB图像中学习高光谱图像。

基于CNN的由粗到细地从RGB图像中学习高光谱图像算法是一个两阶段的卷积神经网络，用于从训练数据中学习RGB图像与HSI之间的转换模型。该模型包括一个用于从RGB图像预测高光谱波段的波段预测网络(BP-Net)，以及一个用于进一步减少波段预测步骤中的光谱失真的细化网络(RF-Net)。因此，该方法能够学习到联合特征，可以直接从RGB图像中预测出相应场景的HSI，而不需要任何额外的先验知识。

BP-Net直接从输入的RGB图像中重建所有高光谱波段，不需要任何辅助信息。所提出的BP-Net利用全卷积层来完成这一类预测任务。与只能输出单个波段图像的传统图像预测网络不同，所提出的BP-Net可以同时预测数十甚至上百个高光谱波段。BP-Net不是构建数十或数百个独立的网络，而是首先从RGB图像中提取联合的特征用于所有波段的预测。接下来，它设计了多个卷积核层，从这些提取的联合特征中预测不同的波段图像。因此，所提出的BP-Net包含了以下两个阶段：联合特征的学习和波段图像的预测。该算法的结构如图3-41所示。

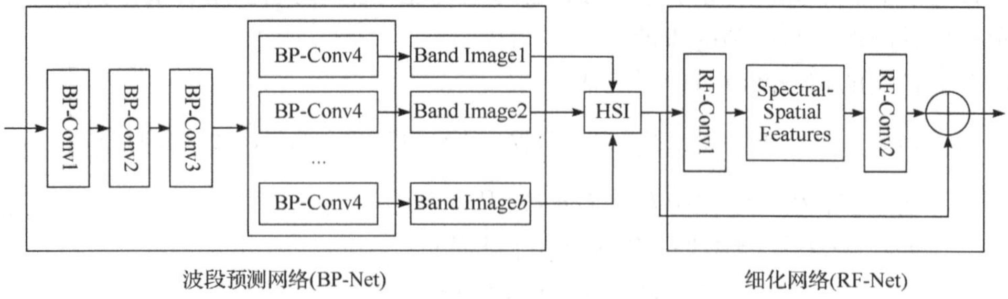

图3-41　基于CNN的由粗到细地从RGB图像中学习高光谱图像算法图

联合特征学习通过三个连续的三维卷积层从 RGB 输入中学习有效的特征，这些特征被共同用于波段图像的预测。此三维卷积不仅能够探索 RGB 通道内的空间背景，还能捕捉光谱信息。

波段图像预测则使用卷积层从学习到的联合特征中分别估计 HSI 的所有波段图像。每个波段图像的预测都依赖于单个卷积层，而要估计所有波段，则需要总共 b 个卷积层。

在上述的 BP 网络中，由于 HSI 的每个波段都是独立进行估计的，因此很容易出现光谱失真的情况。因此，另一个 RF 网络被设计出来，以缓解这一问题。上下文信息在图像重建和图像预测等任务中起到了关键作用。本算法中，RF 网络充分考虑了光谱的上下文信息。

为了减少光谱失真，可以通过增加网络的深度或扩大卷积核的尺寸来捕捉更多空间光谱的上下文信息。然而，这样的操作会导致网络学习变得更加困难，因为参数数量会显著增加。扩张卷积，也称为空洞卷积，是一种能够在不减少空间维度或增加参数的情况下，显著扩大视野的方法。与传统卷积不同，扩张卷积可以从非连续的波段中学习特征，从而在类似规模的网络中探索更大尺寸的光谱上下文。因此，扩张卷积被用于减轻光谱失真。图 3-42 展示了基于 CNN 的从 RGB 图像逐步学习高光谱图像的算法实验结果。左图为融合前的图像，右图则为融合后的高分辨率高光谱图像。

图 3-42　基于 CNN 的由粗到细地从 RGB 图像中学习高光谱图像算法实验结果

3.4　实践练习

3.4.1　单幅图像空间超分重建方法实践

1. 环境设置

确保开发环境中已经安装了必要的库，如 PyTorch、OpenCV 等。

2. 数据准备

获取并准备训练和测试数据集。常用的数据集包括 DIV2K、Set5、Set14 等。这里以 DIV2K 数据集为例。

```
class SRDataset(Dataset):
    def __init__(self, lr_dir, hr_dir, transform=None):
        self.lr_dir = lr_dir
        self.hr_dir = hr_dir
        self.lr_images = os.listdir(lr_dir)
        self.hr_images = os.listdir(hr_dir)
        self.transform = transform
    def __len__(self):
        return len(self.lr_images)
    def __getitem__(self, idx):
        lr_image_path = os.path.join(self.lr_dir,
                                     self.lr_images[idx])
        hr_image_path = os.path.join(self.hr_dir,
                                     self.hr_images[idx])
        lr_image = cv2.imread(lr_image_path)
        hr_image = cv2.imread(hr_image_path)
        lr_image = cv2.cvtColor(lr_image, cv2.COLOR_BGR2RGB)
        hr_image = cv2.cvtColor(hr_image, cv2.COLOR_BGR2RGB)
        if self.transform:
            lr_image = self.transform(lr_image)
            hr_image = self.transform(hr_image)
        return lr_image, hr_image
```

3. 定义超分辨模型

这里使用一个简单的卷积神经网络作为示例模型。实际应用中可以使用更复杂的模型，如 SRCNN、VDSR、ESPCN 等。

```
class SimpleSRCNN(nn.Module):
    def __init__(self):
        super(SimpleSRCNN, self).__init__()
        self.conv1 = nn.Conv2d(3, 64, kernel_size=9, padding=4)
        self.conv2 = nn.Conv2d(64, 32, kernel_size=1, padding=0)
        self.conv3 = nn.Conv2d(32, 3, kernel_size=5, padding=2)
    def forward(self, x):
        x = F.relu(self.conv1(x))
        x = F.relu(self.conv2(x))
        x = self.conv3(x)
        return x
```

4. 训练模型

定义损失函数和优化器，并进行模型训练。

5. 测试模型

加载测试图像并进行超分辨率重建。

6. 评估

可以使用 PSNR(峰值信噪比)、SSIM(结构相似性)等指标来评估模型的性能。

3.4.2　单幅图像光谱超分重建方法实践

1. 环境设置

确保开发环境中已经安装了必要的库，如 PyTorch、NumPy、OpenCV 等。

2. 数据准备

获取并准备训练和测试数据集。光谱图像数据集通常包含多个波段，这里以一个光谱图像数据集为例。

```
class SpectralDataset(Dataset):
      def __init__(self, lr_dir, hr_dir, transform=None):
           self.lr_dir = lr_dir
           self.hr_dir = hr_dir
           self.lr_images = os.listdir(lr_dir)
           self.hr_images = os.listdir(hr_dir)
           self.transform = transform
      def __len__(self):
           return len(self.lr_images)
      def __getitem__(self, idx):
           lr_image_path = os.path.join(self.lr_dir,
                                        self.lr_images[idx])
           hr_image_path = os.path.join(self.hr_dir,
                                        self.hr_images[idx])
           lr_image = np.load(lr_image_path)
           hr_image = np.load(hr_image_path)
           if self.transform:
                  lr_image = self.transform(lr_image)
                  hr_image = self.transform(hr_image)
           return lr_image, hr_image
```

3. 定义超分辨模型

这里使用一个基于卷积神经网络的示例模型。实际应用中可以使用更复杂的模型，如3D-CNN、ResNet、UNet等。

```
class SpectralSRCNN(nn.Module):
    def __init__(self, num_bands):
        super(SpectralSRCNN, self).__init__()
        self.conv1 = nn.Conv3d(1, 64, kernel_size=(3, 3, 3),
                               padding=(1, 1, 1))
        self.conv2 = nn.Conv3d(64, 32, kernel_size=(3, 3, 3),
                               padding=(1, 1, 1))
        self.conv3 = nn.Conv3d(32, num_bands,
                               kernel_size=(3, 3, 3), padding=(1, 1, 1))
    def forward(self, x):
        x = F.relu(self.conv1(x))
        x = F.relu(self.conv2(x))
        x = self.conv3(x)
        return x
```

4. 训练模型

定义损失函数和优化器，并进行模型训练。

5. 测试模型

加载测试图像并进行光谱超分辨率重建。

6. 评估

可以使用PSNR(峰值信噪比)、SSIM(结构相似性)等指标来评估模型的性能。

3.4.3 异源图像融合光谱超分重建方法实践

1. 环境设置

确保开发环境中已经安装了必要的库，如PyTorch、NumPy、OpenCV等。

2. 数据准备

获取并准备训练和测试数据集。需要低分辨率光谱图像和对应的高分辨率RGB图像。

```
class MultimodalDataset(Dataset):
    def __init__(self, lr_hsi_dir, hr_rgb_dir, hr_hsi_dir,
            transform=None):
        self.lr_hsi_dir = lr_hsi_dir
```

```
        self.hr_rgb_dir = hr_rgb_dir
        self.hr_hsi_dir = hr_hsi_dir
        self.lr_hsi_images = os.listdir(lr_hsi_dir)
        self.hr_rgb_images = os.listdir(hr_rgb_dir)
        self.hr_hsi_images = os.listdir(hr_hsi_dir)
        self.transform = transform
    def __len__(self):
        return len(self.lr_hsi_images)
    def __getitem__(self, idx):
        lr_hsi_image_path = os.path.join(self.lr_hsi_dir,
               self.lr_hsi_images[idx])
        hr_rgb_image_path = os.path.join(self.hr_rgb_dir,
               self.hr_rgb_images[idx])
        hr_hsi_image_path = os.path.join(self.hr_hsi_dir,
               self.hr_hsi_images[idx])
        lr_hsi_image = np.load(lr_hsi_image_path)
               hr_rgb_image = cv2.imread(hr_rgb_image_path)
        hr_rgb_image = cv2.cvtColor(hr_rgb_image,
               cv2.COLOR_BGR2RGB)
        hr_hsi_image = np.load(hr_hsi_image_path)
        if self.transform:
            lr_hsi_image = self.transform(lr_hsi_image)
            hr_rgb_image = self.transform(hr_rgb_image)
            hr_hsi_image = self.transform(hr_hsi_image)
        return lr_hsi_image, hr_rgb_image, hr_hsi_image
```

3. 定义超分辨模型

这里使用一个简单的多输入卷积神经网络。实际应用中可以使用更复杂的模型，如基于注意力机制的网络。

```
class FusionSRCNN(nn.Module):
    def __init__(self, num_bands):
        super(FusionSRCNN, self).__init__()
        # 光谱图像分支
        self.hsi_branch = nn.Sequential(
            nn.Conv2d(num_bands, 64, kernel_size=3, padding=1),
            nn.ReLU(inplace=True),
            nn.Conv2d(64, 32, kernel_size=3, padding=1),
            nn.ReLU(inplace=True)
```

```
        )
        # RGB 图像分支
        self.rgb_branch = nn.Sequential(
              nn.Conv2d(3, 64, kernel_size=3, padding=1),
              nn.ReLU(inplace=True),
              nn.Conv2d(64, 32, kernel_size=3, padding=1),
              nn.ReLU(inplace=True)
        )
        # 融合层
        self.fusion_layer = nn.Sequential(
              nn.Conv2d(64, 32, kernel_size=3, padding=1),
              nn.ReLU(inplace=True),
              nn.Conv2d(32, num_bands, kernel_size=3, padding=1)
        )
    def forward(self, lr_hsi, hr_rgb):
              hsi_feat = self.hsi_branch(lr_hsi)
              rgb_feat = self.rgb_branch(hr_rgb)
              fused_feat = torch.cat((hsi_feat, rgb_feat), dim=1)
              sr_hsi = self.fusion_layer(fused_feat)
              return sr_hsi
```

4. 训练模型

定义损失函数和优化器，并进行模型训练。

5. 测试模型

加载测试图像并进行光谱超分辨率重建。

6. 评估

可以使用PSNR(峰值信噪比)、SSIM(结构相似性)等指标来评估模型的性能。

本章小结

本章对高光谱图像超分辨率重建算法的发展进行了详尽的总结。根据重建信息的不同(如空间信息和光谱信息)，现有的高光谱图像超分辨率重建算法大致可以分为面向空间的超分辨率重建方法和面向光谱的超分辨率重建方法。面向空间的超分辨率重建方法进一步细分为图像超分辨率重建方法和融合超分辨率重建方法。为详细介绍这三类方法，本章将其分为基于传统优化的算法和基于深度学习的算法。

由于超分辨率重建是一个典型的病态逆问题，传统方法通常通过引入强有力的图像先验(如稀疏性、低秩性等)来约束重建结果。然而，基于启发式设计的人工先验信息往往存在局限性。相比之下，基于深度学习的方法可以从大量的成对数据中自动挖掘有效的先验信息，用于提升重建效果，但这种方法对大量训练数据的需求使得其训练过程代价高昂。

针对这些问题，许多学者提出了多种解决方案。例如，将深度学习的先验信息与传统优化方法相结合，利用深度学习为传统优化提供更强的先验信息。此外，如无监督学习和迁移学习等方法的引入，也在一定程度上缓解了深度学习对大规模数据的依赖。

综上所述，高光谱超分辨重建算法在近年来得到蓬勃发展，但是新问题也层出不穷。我们应当把握热点方向，为解决高光谱图像中的新问题提出合理的解决方案。

习　题

1. 简述投影与反投影的定义。
2. 在二维光学重建的一般流程中，参数调整与迭代估计包含哪些过程?
3. 在二维光学重建的算法思想中，逆滤波的主要缺点是什么?
4. 点云的性质有几种? 分别是什么?
5. 简述稀疏重建的一般流程。
6. 简述基于深度学习的三维结构稠密重建的基本步骤。
7. 请详细推导基于 RANSAC 算法进行匹配选择后，将奇异值分解(SVD)方法用于优化式(3-102)目标函数的数学过程，包括关键步骤和推导逻辑。
8. 在基于深度学习的空间超分辨率重建方法中，所介绍的 ESRT 算法使用什么技巧降低计算成本?
9. 在三维重建中有三个重要的矩阵：基本矩阵、本质矩阵、单应性矩阵。请分别解释其含义，并写出它们之间的区别和联系。
10. 编写代码，手动实现 RANSAC 算法，估计给定的源点云、目标点云及其匹配集合之间的配准参数。
11. 在多视图配准任务中，需要将每个视图点云变换到全局坐标系；现有视图点云 P 和视图点云 Q，到全局坐标系的变换(旋转和平移)分别为(R_i, t_i)和(R_j, t_j)。已知视图点云 P 到视图点云 Q 的相对变换为(R_{ij}, t_{ij})，试推导全局变换和相对变换需满足的约束关系。
12. 为什么在基于多尺度 CNN 的图像光谱超分辨率中需要通过级联方式下采样?
13. 基于 CNN 的由粗到细地从 RGB 图像中学习高光谱图像算法如何解决模型中光谱失真的问题?
14. 连续傅里叶变换将一个函数从时域(空间域)转换到频域，其定义是什么?
15. 在超分辨率算法中，常见的插值方法包括哪些算法?
16. 列举一些能够表征三维物体的数据结构。
17. 本章提及的基于块匹配的多视图立体几何方法的核心是什么?
18. 基于特征匹配的配准方法中，关键点提取需要考虑哪些因素?
19. 介绍图像 RGB 数据与光谱反射率数据之间的映射方程。
20. 基于深度学习的融合超分辨率重建方法的一般步骤是什么?

21. 在基于传统优化的融合超分辨率重建方法中，如何生成 HR-MSI 和 LR-HIS 的代表图？

22. 为何基于低秩张量分解的联合正则化实现高光谱超分辨率在单向总变分模型上施加 $L_{2,1}$ 范数，以达到去除噪声的目的？

23. 基于 CNN 的由粗到细地从 RGB 图像中学习高光谱图像算法为了减少光谱失真，在网络结构上做了哪些改进？

24. 本章在二维光学重建的数学基础中提及的卷积与在卷积神经网络中提及的卷积有何区别与相同点？

25. 在二维光学重建的主要流程中，为什么需要正则化约束？

26. 在高动态成像算法中，加权融合与色调映射这两个步骤之间有什么关系？

27. 什么是高动态范围(HDR)图像重建技术？请简要描述其基本原理和目的。

28. 解释低动态范围(LDR)图像在处理高对比度场景时存在的主要问题。

29. 基于辐照度融合的 HDR 方法主要包括哪些步骤？请简要列出。

30. 什么是相机响应函数？在 HDR 图像重建中，它有什么作用？

31. 描述拉普拉斯金字塔和高斯金字塔在多尺度金字塔融合方法中的作用。

32. 比较基于辐照度融合的 HDR 方法和基于多尺度分解的 HDR 方法的主要区别及各自优缺点。

33. Debevec 和 Malik 提出的相机响应函数估计方法中，为什么要引入权重函数？请解释其原理及如何影响最终的 HDR 图像质量。

34. 基于辐照度融合的 HDR 方法中，Grossberg 提出的低参数经验响应模型如何降低计算复杂度？该方法如何改进传统 HDR 方法的效率？

35. 你认为在摄像机标定中，有哪些外参特别值得标定？

36. 在三维结构稀疏重建的树算法思想的特征匹配中，本章只讨论了无序数据的情况，请思考在有序数据上有哪些更简便的思想。

37. 深度学习因其强大的特征表征能力而发展迅速，你认为在三维重建中传统方法和深度学习方法各有什么优劣，未来哪类方法更有发展意义？

38. 从流程上看，ICP 算法不仅仅能用于精细配准。通过提供随机的初始配准参数，ICP 似乎也能实现粗略配准。然而，实际应用中，ICP 用于粗配准的效果往往不佳。请进行实验，比较在不同初始配准参数下，ICP 算法的时间消耗和配准精度。你也可以从 ICP 算法的工作流程出发，分析其为何需要较好的初始配准参数才能获得理想的效果。

39. 请从实用性角度思考如何全面地评判一种多视图配准算法的优劣。

40. 本章在基于传统几何的三维结构稠密重建介绍细化时，提及需要在不同假设中进行筛选，具有最小匹配成本的假设被选为该像素的最终估计值。请问如何设计最低匹配成本？

41. 在基于特征匹配的配准方法中，通常指的是什么特征？

42. 在基于元形状的多视图点云精准配准中，动态元形状多视图点云精配准方法与静态元形状多视图点云精配准方法有哪些优劣势？

43. 在基于传统优化的光谱超分辨率重建方法中，本章提及了阻尼高斯-牛顿法，请问它的数学原理是什么？为什么用它结合截断奇异值分解构建正则化？

44. 在异源图像融合光谱超分重建方法中，输入的多光谱与高光谱图像为重建分别贡献了什么？

45. 除了张量分解，还有什么好方法可以缓解维数灾难或维数诅咒吗？

46. 最近邻插值、双线性插值和双三次插值的优劣势是什么？

47. 基于非线性光谱字典学习的单幅 RGB 图像光谱重建如何处理病态非线性数据反演问题？

48. 交替方向乘数法的具体步骤是什么？它是针对什么问题的解决方法？

49. 天基影像的重建相比一般重建，应该格外注意哪点？

50. 在三维点云模型评价指标中，完整度的计算公式是什么？

第4章

空间目标的姿态估计

4.1 姿态的定义

4.1.1 姿态估计概述

伴随着首颗人造卫星“Sputnik I”的发射升空，人类对外太空探索的新纪元便拉开序幕。在近十年时间里，伴随着太空技术的飞速发展以及对宇宙探索热情的持续升温，人造卫星数量呈现出指数级增长的趋势。在2010～2020年，活跃卫星的数量显著增长，从不足1000颗飙升至超过3300颗。人造卫星数量的剧烈膨胀，显著提升了它们相互碰撞的可能性，进而对太空安全构成了严峻挑战。因此，开展空间态势感知(space situational awareness，SSA)任务，即对目标进行监测并获取其位姿信息，对于避免航天器之间的潜在碰撞具有至关重要的作用，已成为保障外太空安全的核心策略。此外，随着太空活动的不断增加，航天器对接、故障卫星在轨捕获与维修，以及碎片清除等领域的能力需求日益增长。对空间目标在轨姿态的精确预测是这些紧迫任务得以顺利完成的关键。目标姿态数据能够揭示其运动特性，通过对姿态数据的分析，可以进一步开展目标状态检测、探测器方向估计、卫星平台识别以及异常行为检测等任务。因此，研究空间目标姿态估计方法和技术，对于推动航空航天技术发展以及保障外太空领域的国家安全具有深远影响。

根据监测数据来源不同，空间目标姿态估计技术大致可分为姿态内测法和姿态外测法两大类，下面对其分别进行简要介绍。

1. 姿态内测法

姿态内测法是一种利用目标自身配备的传感器(如陀螺仪和惯性测量单元等)来收集姿态信息的策略。此方法对应的技术已高度成熟，具备较高姿态估计精度，因此在航天器交会对接等领域得到广泛运用。这类方法涵盖了基于惯性导航的测量设备以及依托GPS的测量装置等以实现姿态估计。其中，基于惯性导航的测量系统，通过内部的惯性测量装置，获取目标的位置与姿态数据。尽管其操作简便、响应迅速，但在长期使用过程中，为了消除测量误差的累积问题，需与其他设备协同工作。而在基于GPS的测量框架中，可以实时获取目标与各 GPS 卫星之间的相对坐标，进而通过分析这些相对坐标得出目标的三维姿态信息。该方法具有较高的测量精度，但仅适用于大型远程目标，不适用于小型近处目标。

2. 姿态外测法

在宇宙环境中，诸如失效的卫星、太空垃圾以及其他不可控制的航天器等大量存在。鉴于这些目标并未内置位姿传感器，因此可采用姿态外测法以获得其姿态数据。姿态外测法是采用非接触式测量装置，以获取目标三维姿态信息的一种测量技术。各类检测系统主要可归纳为激光跟踪技术驱动的检测系统以及机器视觉驱动的检测系统等。激光跟踪检测技术作为一种主动式测量方法，通过单个或多个位姿检测装置，对目标进行位姿检测的能力。然而，该技术的制造费用相对较高。而视觉测量系统利用成像测量装置采集空间目标的观测图像，随后对这些图像进行特征提取与分析。最后，通过结合测量设备的位姿信息，可以实现对目标在三维空间中位置和姿态的精确获取。视觉测量系统在功耗和成本方面相较于激光跟踪测量系统具有显著优势，并且其实时处理能力强大，因此在航天航空、人体运动监测等领域得到了广泛应用。

当前，主流的外部成像观测手段可归纳为光学探测成像与雷达探测成像两大类。其中，雷达探测成像技术是一种主动探测手段，其显著优势在于能够全方位、无时限地对目标进行成像。雷达探测成像技术通过主动发射电磁波，并分析反射回波来解析目标的特征信息。这种方式具备全天候、全时段、主动探测的优势，不受天气状况及昼夜变化的制约，观测周期长，因此在空间目标观测领域占据重要地位。这类方法中，逆合成孔径雷达(inverse synthetic aperture radar，ISAR)能够实现对目标的高分辨率二维成像，如图 4-1 的例图所示。通过对 ISAR 图像的分析，可以提取出目标的形态结构、几何尺寸、散射点分布等关键特征信息。同时，随着 ISAR 系统向高频范围和大带宽演进，其成像解析度持续提升，从而对目标特征的描绘变得更为细致。

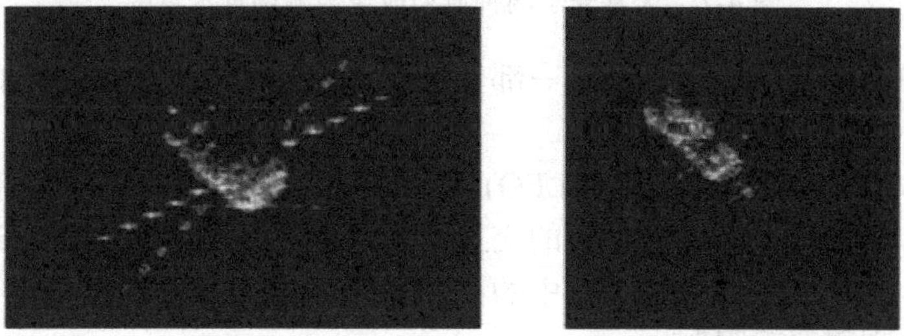

(a) ATV-3　　(b) Envisat 的ISAR图像

图 4-1　TIRA 对典型空间目标成像结果

空间目标运行状态保持稳定，有利于通过 ISAR 系统实施长时间、大范围的观测，以获取不同视角下的高清晰度 ISAR 图像。运用成像数据实现对空间目标轨道姿态的精准预测，已成为当前合成孔径雷达图像分析解析与空间目标特征提取领域研究的焦点。然而，鉴于雷达接收到的信号能量与目标距离的四次方成反比关系，其探测范围通常受限，地基雷达难以实现对地球同步轨道及高轨道目标的成像探测。而光学探测成像是一种被动式探测方法，通过接收目标反射的太阳光进行成像。其传感器所接收到的光照强度与目标距离的平方成反比关系，从而可有效弥补雷达探测成像距离限制的问题。

不同于雷达这种主动式的探测技术，光学探测成像技术无须向空间目标主动发射光波，通过被动地探测空间目标表面反射的光波记录目标的光学图像。这类技术根据所搭载的平台不同，又可以划分为地基光学探测和天基光学探测两大类。其中，地基光学探测的观测图像质量易受天气状况等因素影响，且由于地域范围广泛，难以实现对目标的连续监测。天基光学探测主要关注被观测目标的轨道位置及其运动特性，因此可以分为低地球轨道(LEO)目标交会和地球静止轨道(GEO)目标掠飞两种典型情景。在 LEO 目标交会情况下，遥感观测卫星在实现成像条件的轨道位置上，对目标卫星进行拍摄，如图 4-2(a)所示；而在地球观测卫星 GEO 目标掠飞场景中，由于光学观测卫星与目标卫星的轨道高度不同，光学观测卫星从目标卫星一侧飞过，二者距离经历由大到小再由小到大的过程，当二者相对距离满足观测条件时，观测卫星指向目标卫星并进行拍摄，如图 4-2(b)所示。相较于地面光学探测技术，天基光学探测在处理复杂地理位置和气象条件方面具有显著优势，因此在空间目标运动状态估计领域得到了广泛应用。

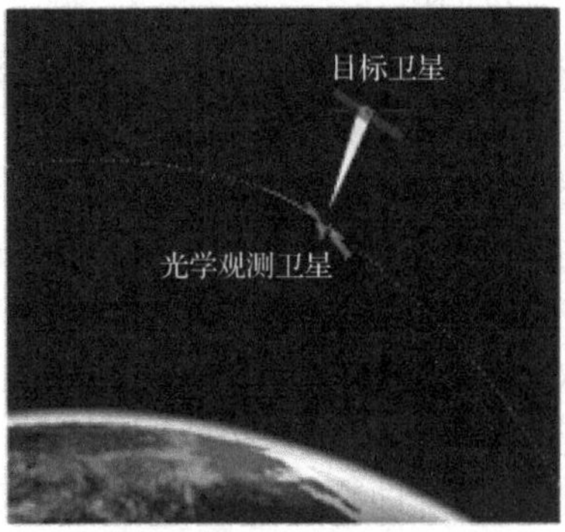

(a) 交会场景下的成像观测过程

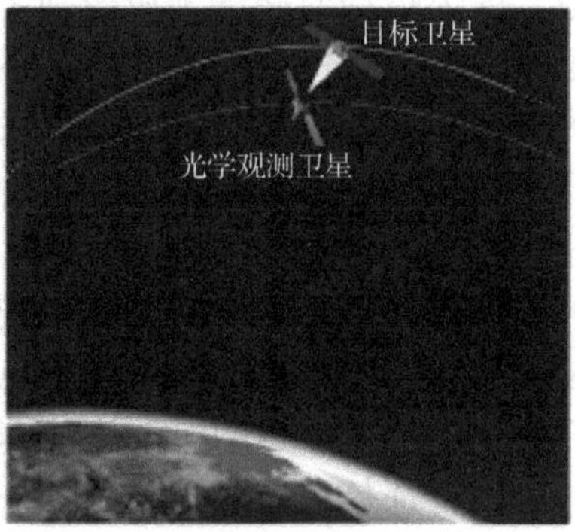

(b) 掠飞场景下的成像观测过程

图 4-2　天基光学两种典型成像观测场景示意图

虽然太空中的光学探测可以解决一部分问题，但在面对太空环境下的多种未知情况时，LEO 和 GEO 也存在许多难点。

(1) 在交会场景中，低地球轨道(LEO)目标的成像图像往往仅包含有限的信息。鉴于在特定环境下，成像目标与观测平台的交互时间极为短暂且相对距离较远，获得的观测图像数量有限，同时目标在观测图像中的有效像素占比较低。因此，二维观测图像所能提供的信息量受到了严重限制。

(2) 在掠飞场景中，地球静止轨道(GEO)目标的图像往往会呈现出一定程度的质量下降。这是由于在观测平台与成像目标掠飞过程中，整个观测时间跨度较大，而在太空高动态观测环境中，较长的观测过程中可能存在太阳光照强度的急剧波动。同时，太空观测环境中存在的各种环境干扰噪声也有可能对观测图像质量产生干扰。另外，在较长的观测时段内，GEO 目标可能会出现局部形态变化和姿态调整，导致目标实际形态结构与先验参考模型存在差异，进而影响姿态估计的准确性。

综合对比，相比于雷达成像方式仅能获取目标的稀疏表面数据，光学图像能够获取更为高质量、全面的空间目标信息，包括能够准确记录空间目标表面的纹理、结构等信息，且成像空间分辨率和时间分辨率均在不断提升。同时，光学图像的获取整体较雷达图像成本更低。另外，近年来数字图像处理技术以及深度学习、人工智能等技术的快速发展，也进一步为基于光学图像的姿态估计方法的发展奠定了基础，使其成为目前研究的热点和重要趋势之一。为此，下面将注重从基于光学图像的姿态估计技术进行介绍。其中，所涉及的方法包含了部分针对通用目标(如室内场景中的水杯、椅子等)的姿态估计方法，但由于可把空间目标视为通用目标中的某一特定类别(即卫星这一类别)，因此这类用于通用目标的姿态估计的方法原理上同样适用于空间目标姿态估计领域。因此，下面也将不加区分地对这类通用目标姿态估计方法进行介绍。

在介绍目前目标姿态估计的典型方法前，首先对姿态定义的参考坐标系进行介绍，包括常用坐标系以及姿态表示参数等，这部分是所有姿态估计方法的基础和前提；进而，围绕目前本领域的前沿技术，从较为早期的给定已知三维参考模型下的姿态估计方法开始介绍，逐步过渡到最新的无须参考模型的非参考模型目标姿态估计方法，给出了这两类方法中的几个典型代表；最后，对空间目标姿态估计方法进行总结。

4.1.2　姿态参数的定义

姿态参数是一种相对的概念，必须在一定的参考坐标系下进行定义，才具有实际意义，即目标姿态是目标相对于某一参考坐标系下的姿态。而不同的参考坐标系又可以相互转换。为了明确不同的姿态参数定义，首先给出不同的参考坐标系的定义。

1. 参考坐标系

在进行空间目标姿态描述时，通常需要引入三个常用的参考坐标系。其中，两个固定坐标系分别为空间参考坐标系和卫星本体坐标系，而第三个坐标系则用于辅助前两个坐标系之间的转换。所涉及的坐标系涵盖了轨道坐标系 $O_oX_oY_oZ_o$、卫星本体坐标系 $O_bX_bY_bZ_b$、地心惯性坐标系 $O_iX_iY_iZ_i$，如图 4-3 所示。

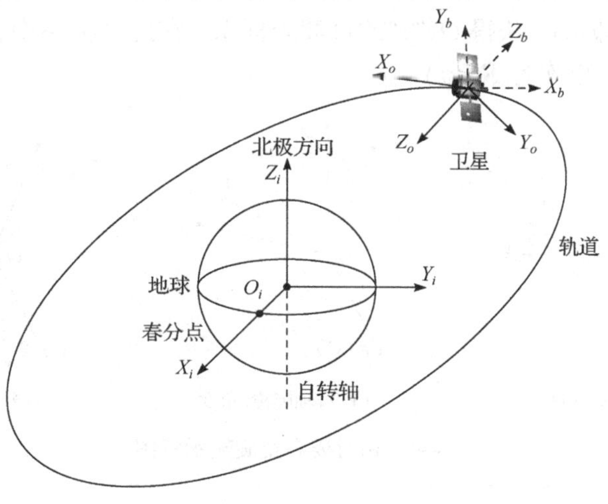

图 4-3　坐标系示意图

1) 轨道坐标系 $O_oX_oY_oZ_o$

坐标原点 O_o 定位于卫星质心，X_o 轴与卫星运动方向一致，并且与 Z_o 轴垂直。Z_o 轴与卫星质心指向地心的方向保持一致，Y_o 轴则指向轨道面法线的相反方向，遵循右手螺旋定则。

2) 卫星本体坐标系 $O_bX_bY_bZ_b$

卫星质心坐标原点 O_b 为坐标系起始点，Y_b 轴指向帆板中轴线，X_b 轴垂直于帆板中轴线并沿卫星主体，Z_b 轴根据右手螺旋定则确定。

3) 地心惯性坐标系 $O_iX_iY_iZ_i$

地心惯性坐标系 $O_iX_iY_iZ_i$ 以地心为起始点，其中 X_i 轴从地球质心指向春分点，而 Z_i 轴则指向北极方向并与地球自转轴保持平行。鉴于坐标系遵循右手螺旋定则，因此可以通过右手坐标系规则来确定 Y_i 轴。

2. 姿态描述

在定义好参考坐标系后，需要给出空间目标姿态的参数化表示。通常，目标姿态可以由欧拉角、姿态四元数以及罗德里格斯参数(Rodrigues parameter，RP)等来表示。下面分别进行介绍。

1) 欧拉角

欧拉角是一种将目标绕固定点的旋转表示为若干次旋转的合成方法。以地球卫星为例，欧拉角将卫星从参考坐标系转换到卫星本体坐标系的旋转过程分解为三个阶段。在每个阶段中，某一轴被视为旋转轴，绕该轴的旋转角度即构成了欧拉角。欧拉角由于其原理简洁、意义明确，因此在卫星姿态描述领域得到了广泛应用。

如图 4-4 所展示，通过按照 z、x、y 轴的顺序进行旋转操作，即可获得目标相对姿态角。首先绕 z 轴转动角度 θ (θ 称为偏航角)，获得 $Ox'y'z'$ 过渡坐标系，z' 轴与 z 轴视为同一个，相应的坐标转换矩阵是 $\boldsymbol{R}_z(\theta)$；其次绕 x' 轴转动角度 γ (γ 称为滚转角)，获得 $Ox''y''z''$ 过渡坐标系，x' 轴与 x'' 轴视为一致，对应的坐标转换矩为 $\boldsymbol{R}_x(\theta)$；最后绕 y'' 轴转动角度 φ (φ 称为俯仰角)，获得 $Ox'''y'''z'''$ 过渡坐标系。在此坐标系中，y''' 轴与 y'' 轴保持一致，相应的坐标转换矩阵为 $\boldsymbol{R}_y(\varphi)$。

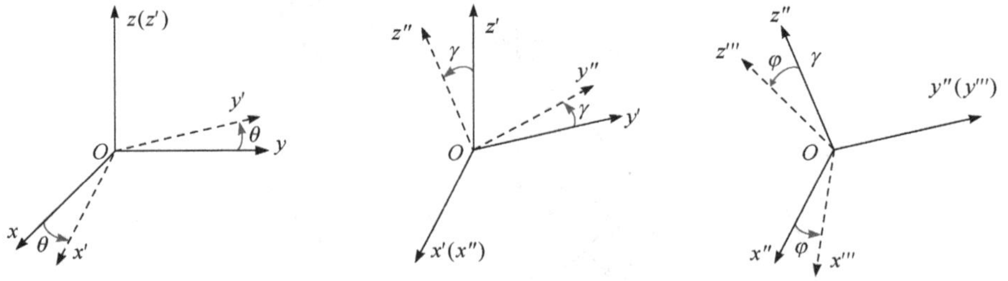

(a) 绕z轴旋转θ角度　(b)绕x轴旋转γ角度　(c) 绕y轴旋转φ角度

图 4-4　相对姿态角旋转示意图

$$\boldsymbol{R}_z(\theta)=\begin{bmatrix}\cos\theta & \sin\theta & 0\\ -\sin\theta & \cos\theta & 0\\ 0 & 0 & 1\end{bmatrix} \tag{4-1}$$

$$\boldsymbol{R}_x(\gamma)=\begin{bmatrix}1 & 0 & 0\\ 0 & \cos\gamma & \sin\gamma\\ 0 & -\sin\gamma & \cos\gamma\end{bmatrix} \tag{4-2}$$

$$\boldsymbol{R}_y(\varphi)=\begin{bmatrix}\cos\varphi & 0 & -\sin\varphi\\ 0 & 1 & 0\\ \sin\varphi & 0 & \cos\varphi\end{bmatrix} \tag{4-3}$$

在 $Z \to X \to Y$ 的旋转顺序下，相应的三个变换矩阵的乘积可以求得姿态矩阵，其公式如下：

$$\begin{aligned}\boldsymbol{C}(\theta,\gamma,\varphi)&=\boldsymbol{R}_y(\varphi)\boldsymbol{R}_x(\gamma)\boldsymbol{R}_z(\theta)\\ &=\begin{bmatrix}\cos\varphi\cos\theta-\sin\gamma\sin\theta & \cos\gamma\sin\theta+\sin\gamma\sin\varphi\cos\theta & -\cos\gamma\sin\varphi\\ -\cos\varphi\sin\theta & \cos\gamma\cos\theta & \sin\gamma\\ \sin\varphi\cos\theta-\cos\varphi\sin\gamma\sin\theta & \sin\varphi\sin\varphi-\sin\gamma\cos\varphi\cos\theta & \cos\varphi\cos\gamma\end{bmatrix}\end{aligned} \tag{4-4}$$

根据式(4-4)可解得姿态角：

$$\theta=-\arctan\frac{C_{21}}{C_{22}},\quad \gamma=\arcsin C_{23},\quad \varphi=-\arctan\frac{C_{13}}{C_{33}} \tag{4-5}$$

其中，C_{ij} 为矩阵 $\boldsymbol{C}(\theta,\gamma,\varphi)$对应的第 i 行、第 j 列的元素。

当误差角在一个较小的值域范围内时，姿态矩阵与欧拉角的旋转顺序几乎没有区别，可以表示为

$$\boldsymbol{C}_0^b=\begin{bmatrix}1 & \theta & -\varphi\\ -\theta & 1 & \gamma\\ \varphi & -\gamma & 1\end{bmatrix} \tag{4-6}$$

尽管欧拉角理论具有简洁性和直观性，但在进行姿态矩阵计算时，需要执行复杂的运算步骤，这对实际工程应用造成了一定的不利影响。

2) 四元数

W.R.Hamilton 首次提出四元数的理论，它成为描述卫星姿态的关键技术。在 20 世纪 60 年代，四元数作为一种数学工具，因其在控制系统和飞行器姿态估计领域的快速发展而广泛应用于航空航天等相关领域。

定义卫星姿态四元数 $\boldsymbol{q}$ 是一个四维向量，具体表示为

$$
\boldsymbol{q}=\begin{bmatrix}\boldsymbol{\rho}\\ q_4\end{bmatrix}=\begin{bmatrix}q_1\\ q_2\\ q_3\\ q_4\end{bmatrix}=\begin{bmatrix}e_x\sin\dfrac{\Phi}{2}\\ e_y\sin\dfrac{\Phi}{2}\\ e_z\sin\dfrac{\Phi}{2}\\ \cos\dfrac{\Phi}{2}\end{bmatrix} \tag{4-7}
$$

其中，$\boldsymbol{\rho}=\begin{bmatrix}q_1 & q_2 & q_3\end{bmatrix}^{\mathrm{T}}$ 为矢量；q_4 为标量；Φ为旋转角；$\boldsymbol{e}=[e_x,e_y,e_z]^{\mathrm{T}}$ 为旋转轴的单位向量。定义四元数的乘法规则如下：

$$
\boldsymbol{q}\otimes\boldsymbol{p}=\begin{bmatrix}q_4 & -q_3 & q_2 & q_1\\ q_3 & q_4 & -q_1 & q_2\\ -q_2 & q_1 & q_4 & q_3\\ -q_1 & -q_2 & -q_3 & q_4\end{bmatrix}\begin{bmatrix}p_1\\ p_2\\ p_3\\ p_4\end{bmatrix}=\begin{bmatrix}p_4 & p_3 & -p_2 & p_1\\ -p_3 & p_4 & p_1 & p_2\\ p_2 & -p_1 & p_4 & p_3\\ -p_1 & -p_2 & -p_3 & p_4\end{bmatrix}\begin{bmatrix}q_1\\ q_2\\ q_3\\ q_4\end{bmatrix} \tag{4-8}
$$

由四元数表示卫星姿态矩阵为

$$
\boldsymbol{A}(\boldsymbol{q})=(q_4^2-\boldsymbol{\rho}^{\mathrm{T}}\boldsymbol{\rho})\boldsymbol{I}_{3\times3}+2\boldsymbol{\rho}\boldsymbol{\rho}^{\mathrm{T}}-2q_4[\boldsymbol{\rho}\times] \tag{4-9}
$$

其中，

$$
[\boldsymbol{\rho}\times]=\begin{bmatrix}0 & -q_3 & q_2\\ q_3 & 0 & -q_1\\ -q_2 & q_1 & 0\end{bmatrix} \tag{4-10}
$$

对应的姿态矩阵展开式为

$$
\boldsymbol{A}(\boldsymbol{q})=\begin{bmatrix}q_1^2-q_2^2-q_3^2+q_4^2 & 2(q_1q_2+q_4q_3) & 2(q_1q_3-q_4q_2)\\ 2(q_1q_2-q_4q_3) & -q_1^2+q_2^2-q_3^2+q_4^2 & 2(q_2q_3+q_4q_1)\\ 2(q_1q_3+q_4q_2) & 2(q_2q_3-q_4q_1) & -q_1^2-q_2^2+q_3^2+q_4^2\end{bmatrix} \tag{4-11}
$$

当欧拉角都位于$\left(-\dfrac{\pi}{2},\dfrac{\pi}{2}\right)$时，四元数和欧拉角有如下转换关系：

$$
\begin{cases}\gamma=\arcsin\left(2\left(q_2q_3+q_4q_1\right)\right)\\ \varphi=\arctan\left(\dfrac{2\left(q_4q_2-q_1q_3\right)}{-q_1^2-q_2^2+q_3^2+q_4^2}\right)\\ \theta=\arctan\left(\dfrac{2\left(q_4q_3-q_1q_2\right)}{-q_1^2+q_2^2-q_3^2+q_4^2}\right)\end{cases} \tag{4-12}
$$

欧拉角的计算过程较为复杂，而四元数描述法则显著降低了计算量。此外，四元数解决了欧拉角在三角函数运算中出现的奇异性问题，在某些欧拉角接近±90°时，其对应的正切三角函数值接近无穷大。然而，四元数参数相对冗余。

3) 罗德里格斯参数

罗德里格斯参数(RP)由法国数学家罗德里格斯所创立。刚体转动的描述方式在 RP 中采用三个参数，并且可以转换为四元数形式进行表达。

定义 RP 为 $\boldsymbol{g}=[g_x, g_y, g_z]^{\mathrm{T}}$，那么就有

$$\boldsymbol{g}=\boldsymbol{e}\tan\frac{\phi}{2} \tag{4-13}$$

其中，$\boldsymbol{e}$ 是绕固定轴方向旋转的向量；ϕ 是转动角度。由式(4-13)可知，当转动角度ϕ接近 ±π 时，$\boldsymbol{g}$ 会趋向于无穷大，从而导致奇异性的出现。

RP 描述的姿态矩阵为

$$A(\boldsymbol{g})=\frac{(1-\boldsymbol{g}^2)\boldsymbol{I}_{3\times3}+2\boldsymbol{g}\boldsymbol{g}^{\mathrm{T}}-2[\boldsymbol{g}\times]}{1+\boldsymbol{g}^2} \tag{4-14}$$

在这种情况下，$\|\boldsymbol{g}\|$表示向量的长度。$\boldsymbol{g}\times$表示向量 $\boldsymbol{g}$ 的斜对称矩阵形式。

与四元数表示法相比，RP 具有无冗余参数特性，且运算过程更为简洁。然而，在姿态描述方面，该方法可能导致奇异问题的出现。

4) 修正 Rodrigues 参数

修正 Rodrigues 参数(modified Rodrigues parameter，MRP)是对 RP 的扩展，能够实现与四元数的转换。

以变量 $\boldsymbol{p}$ 表示 MRP，定义 $\boldsymbol{p}=[p_x\ p_y\ p_z]^{\mathrm{T}}$，可以得到

$$\boldsymbol{p}=\boldsymbol{e}\tan\frac{\phi}{2} \tag{4-15}$$

其中，$\boldsymbol{e}$ 是围绕固定轴旋转的向量；ϕ 是旋转角度。当旋转角度 ϕ 接近±2π时，$\boldsymbol{p}$ 会趋于无穷大，从而产生奇异现象。

MRP 下的姿态矩阵为

$$A(\boldsymbol{p})=\boldsymbol{I}-\frac{4(1-\boldsymbol{p}^{\mathrm{T}}\boldsymbol{p})}{\left(1+\boldsymbol{p}^{\mathrm{T}}\boldsymbol{p}\right)^2}[\boldsymbol{p}\times]+\frac{8}{\left(1+\boldsymbol{p}^{\mathrm{T}}\boldsymbol{p}\right)^2}[\boldsymbol{p}\times]^2 \tag{4-16}$$

其中，$\boldsymbol{p}\times$表示向量 $\boldsymbol{p}$ 的斜对称矩阵。

相较于 RP，MRP 仅需借助三个参数进行描述，然而，这并未彻底解决姿态表达中的奇异性问题。

各种姿态参数具备独特的属性及适用环境。例如，欧拉角因其原理清晰易懂，常用于姿态估计的理论研究；而四元数与 RP 运算简便，适合应用于惯性导航领域。通过四种方法相互转换，可以实现不同姿态参数间的优势互补，从而在卫星姿态估计中简化计算的同时，有效规避奇异问题的发生。表 4-1 展示了各种姿态参数的性能表现。

表 4-1　姿态描述方式对比

姿态参数	优点	缺点
欧拉角	物理意义明确	存在奇异值
四元数	无奇异，计算简单	存在冗余参数

续表

姿态参数	优点	缺点
Rodrigues 参数	三角函数运算较少	±180°时存在奇异
修正 Rodrigues 参数	三角函数运算较少	±360°时存在奇异

4.2 基于三维参考模型的目标姿态估计

4.2.1 概述

在给定目标的单幅(光学)图像或图像序列后，姿态估计方法旨在检测图像中的目标并估计其相对于参考坐标系的姿态和平移。因为目标姿态和平移分别包括 3 个自由度，姿态估计方法同样也定义为 6D(即 6 自由度，包括 3 个平移运动和 3 个旋转运动)姿态估计。而基于参考模型的姿态估计方法通常假设目标的三维模型事先已知，通过分析所拍摄的目标图像与三维模型的对应关系，结合透视 n 点(perspective-n-point，PnP)算法，实现目标的姿态估计。传统方法通常探测图像和参考模型的手工特征来建立上述对应关系。然而，由于目标不同的结构特征、纹理特征以及遮挡和光照等影响，传统方法常常难以获取较稳定的姿态估计结果，尤其是当面对复杂场景时，传统方法在准确性和稳健性方面表现出严重不足。近年来，随着深度学习以及人工智能技术的发展，传统方法逐渐被基于深度学习的方法所替代，这类方法采用端到端的神经网络模型，将目标图像作为输入，利用模型的学习和映射能力，直接输出目标的对应特征甚至目标姿态，并在姿态估计性能方面取得了不断进步，成为近几年的研究热点之一。本节将在此基础上，首先介绍这类方法的参考模型定义，进而对目前较为典型的姿态估计方法进行介绍。

4.2.2 参考模型定义

三维模型是指通过数字化手段在计算机中构建的目标的三维表示，是计算机图形学、虚拟现实、游戏开发、医学成像等领域的基础。三维模型有多种表示格式，每种格式在不同应用场景中具有独特的优势和适用性。常见的三维模型格式包括三维点云、网格、体素和隐式表示。

(1) 三维点云：由大量三维空间中的点构成，每个点具有(x, y, z)坐标。点云通常通过激光扫描或摄影测量技术获取，能够精确描述物体的表面几何信息。

(2) 网格：由顶点、边和面构成的多边形网络，是最常见的三维模型表示方法。三角网格是一种特殊的网格形式，其因简洁性和计算效率高而被广泛使用。

(3) 体素：类似于三维空间中的像素，由立方体单元组成。体素模型常用于医学成像和地质勘探，因为它们能够有效表示三维空间中的内部结构。

(4) 隐式表示：通过数学函数隐式定义物体表面，常见形式包括距离场和有理函数。隐式表示在处理复杂表面和拓扑变化时具有优势。

在三维模型处理中，关键点定义是一个重要概念，用于标识模型的显著特征点。关键点的定义有助于提高模型的分析和处理效率，常见的关键点定义方法包括三维包围框和表面特征点。

(1) 三维包围框(3d bounding box)：一个最小的长方体，用于完全包围模型。它的六个面与坐标轴平行，通过模型的最大和最小坐标计算得到。

(2) 表面特征点(surface keypoints)：指在模型表面上具有显著几何特征的点，如曲率突变点或纹理显著点。在现有方法中，特征点曾被用于增强目标识别和姿态估计的精度。

三维模型的多样化表示和关键点定义，赋予其在实际应用中的高度灵活性和精确性。通过合理选择和利用这些模型表示和关键点定义，能够有效提升三维数据处理和分析的效率与效果，为各类技术和应用提供强有力的支持。

4.2.3 算法介绍

1. 基于多尺度图像特征的目标姿态估计方法

由于拍摄距离、结构尺寸的影响，不同的目标在图像中往往呈现不同的大小，这使得单一尺度对目标图像特征进行提取和匹配无法达到预期效果，限制后续的姿态估计精度。而通过提取图像中的多尺度特征，可以有效避免上述问题。这一思路的典型方法包括 PyraPose 方法，下面对其原理进行简要介绍。

PyraPose 的基本思想即通过神经网络模型探测目标图像不同尺度的特征，并构建姿态特征金字塔来同时实现目标图像特征和对应的参考模型间的匹配对应、位置估计以及目标分割，而匹配对应结合 PnP 算法可以直接获取目标的旋转姿态，结合所估计的位置，实现 6D 姿态估计。PyraPose 所采用的具体模型如图 4-5 所示。其算法处理流程包括两个阶段，其中，第一个阶段为端到端多任务 CNN 模型。该网络负责图像中的目标检测并识别分类。此外，其还回归了目标图像和 3D 参考模型之间的 2D-3D 对应关系。在第二个阶段中，基于第一个阶段所估计的对应关系，其采用 PnP 算法计算目标的 6D 姿态。各个模块的介绍如下。

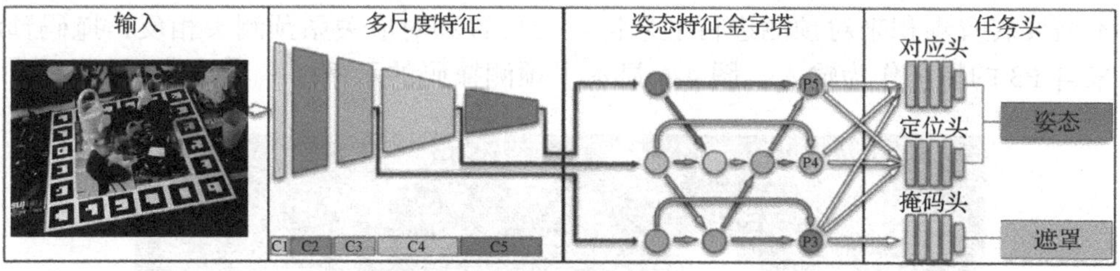

图 4-5 PyraPose 单镜头 6D 物体姿态估计方法

1) 姿态特征金字塔 PFPN

在图 4-5 中，每个节点表示一个加法运算，然后是步长为 1 的 3×3 卷积以及 ReIU 激活函数。对于物体姿态估计，物体尺度的变化通常较小。此外，物体姿态估计在很大程度上依赖于主干网络早期阶段提取的特征。因此，PyraPose 的网络设计忽略了通常用于物体检测的特征金字塔中较高层特征，仅依赖 ResNet_骨干网络所提取的特征金字塔中的 C3、C4 和 C5 层的特征。PyraPose 组合了来自 C3 和 C4 层的低层特征来构建特征金字塔中的P3层特征。而特征金字塔中的P4层特征则包含了主干网络所提取的所有层特征，并且采用了比P3或P5更高数量的卷积，以保证具有较好的性能。对于特征金字塔的C5层，PyraPose则分配了尽可能少的处理操作，以保持较低的计算开销。另外，EyIES还在C5层设计了交叉连接，让不同层级的特征进行信息互通，而P3和P4层的跳跃连接则对进步保证方法性能的提升。最后，将聚合的特征传递给任务头。

2) 任务头

任务头通过2D和3D边界框以及分割掩码进行监督。3D边界框和分割掩码预测更新可训练权重，而2D边界框仅用于计算姿势假设预测的图像位置。位置和对应关系预测头用于姿态估计，掩码预测头则负责预测图像中物体实例的分割掩码。在训练过程中，使用相机帧中的对象姿势和相机内部特性将3D边界框投影到图像空间中。推理过程中，在图像空间中估计3D边界框。随后，使用PnP和相机内部参数来估计目标的姿态。

(1) 姿态假设预测。

定位头和对应关系预测头分别对包含对象的图像区域进行分类并创建2D-3D对应假设。对于位置分类，每个金字塔级别的每个像素都充当锚点位置，并为每个像素创建边界框先验。这些先验是根据取决于相应特征图分辨率的不同纵横比、比例和大小的组合来计算的。与具有大于0.5的并集交集(IoU)的2D边界框重叠的结果先验被视为真实位置。因此，在实践中，比率、比例和大小是基于预期的边界框大小来调整的。使用先前的角位置以及先前的宽度和高度来归一化对应关系。只有真实的位置用于更新通信头中的网络权重。所有其他锚都与背景类相关，因此不对对应性估计做出贡献。使用锚盒进行先验计算迫使网络学习从不同的尺度和局部视图产生假设。位置和对应关系预测头使用来自PFPN的所有三个特征图分辨率进行预测(即P3、P4、P5)。

(2) 掩码预测。

由于深度数据在机器人平台上广泛可用，迭代最近点算法(iterative closest point, ICP)可用于细化初始姿态估计。因此，掩码预测对于ICP实现高质量估计至关重要。PyraPose以图像分辨率的1/8预测掩码，这样既生成了可用的掩码，同时又保持较低的计算开销，因为不需要转置卷积来对预测进行上采样。与位置和对应关系预测头相反，掩码预测头仅将来自P3的特征作为输入。图4-6显示了预测掩码的示例。

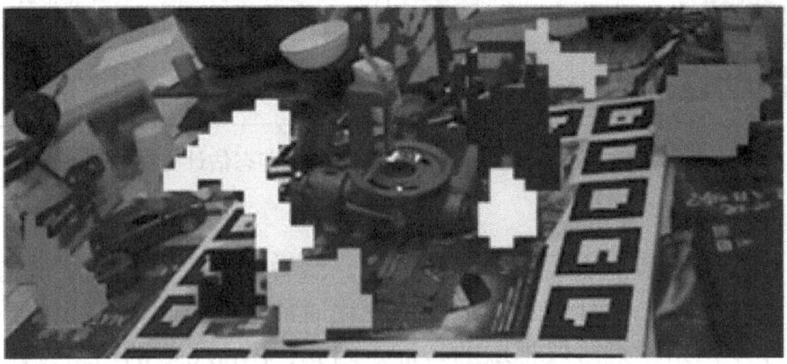

图4-6 预测掩码示例

(3) 任务头架构和损失。

所有三个任务头共享相同的体系结构。每个卷积模块由四个卷积层组成，核大小为3×3，步长为 1，ReLU 激活，然后是另一个 3×3 卷积，以线性激活回归 8 个 2D-3D 对应的图像位置，或使用 sigmoid 激活进行分类。定位头和掩码预测头中的前四个卷积每个位置提取 256 个特征。对应关系预测头中的相同卷积提取 512 个特征。此外，使用 L_2 正则化将对应头中前四个卷积的权重正则化，其中 λ 设置为 0.001。对于对应关系预测头，使用有利于损失的正交性，其中 δ 设置为 0.8。通过惩罚真值 3D 边界框和估计值之间的差异，实现 3D 信息的预测。定位头和掩码预测头都使用焦点损失进行优化，当类别不平衡时，焦点损失通常用于改善交叉熵损失。在损失计算过程中，通过对易于分类的例子进行加权，并将重点放在困难的例子上，这种损失可以纠正错误分类的例子。在训练过程中，对批次、锚(定位头)和锚位置(掩码预测头)的损失进行归一化。应用于对应关系预测头、定位头和掩码预测头的归一化损失的权重分别为 0.125、1.0 和 0.1。

3) 姿态估计

通过上述结构预测的对应关系直接用于后续的姿态估计。具体地，PyraPose 对定位头的 sigmoid 分数输出进行阈值设置，以选择真正的锚点位置，并使用特定对象的分类得分高于 0.5 的所有锚点位置来生成集合对应假设。使用 RANSAC 版本的 PnP 进行 300 次迭代，恢复 3D 姿势。当深度数据可用时，将推断出的姿态和掩码相结合，以使用 ICP 细化初始姿态估计。

图 4-7 是 PyraPose 在遮挡数据集图像上正确估计(绿色)、错误估计(红色)和真值(蓝色)姿态的可视化示例。

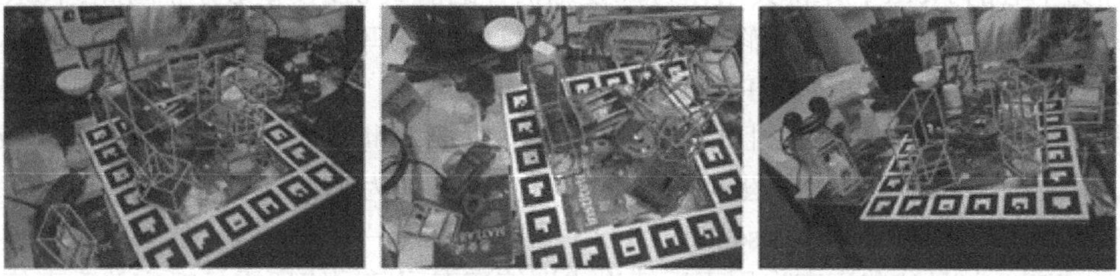

图 4-7　姿势的可视化示例

2. 基于隐式参考模型的目标姿态估计

现有方法受限于已知参考模型这样的假设，无法应用于未知模型(如太空碎片等某些非合作目标)的目标场景中。如何利用仅有的图像数据估计这类目标的姿态一直是相关领域的挑战和难点之一。当前，三维重建方法可以利用目标的多视角图像，从中恢复得到目标的三维模型，从而利用该重建模型作为参考模型，可以像基于参考模型的姿态估计方法那样，对未知模型的目标进行姿态估计。这一思路的典型方法包括 NeRFPose 方法，下面对其原理进行简要介绍。

NeRFPose 遵循先重建后估计姿态的思想，首先以隐式神经表示的形式从目标的多个视图中重建目标，然后，训练姿态回归网络来预测图像和重建模型之间的逐像素 2D-3D 对应关系，进而采用 PnP 算法实现目标的姿态估计。其基本思路如图 4-8 所示。NeRFPose

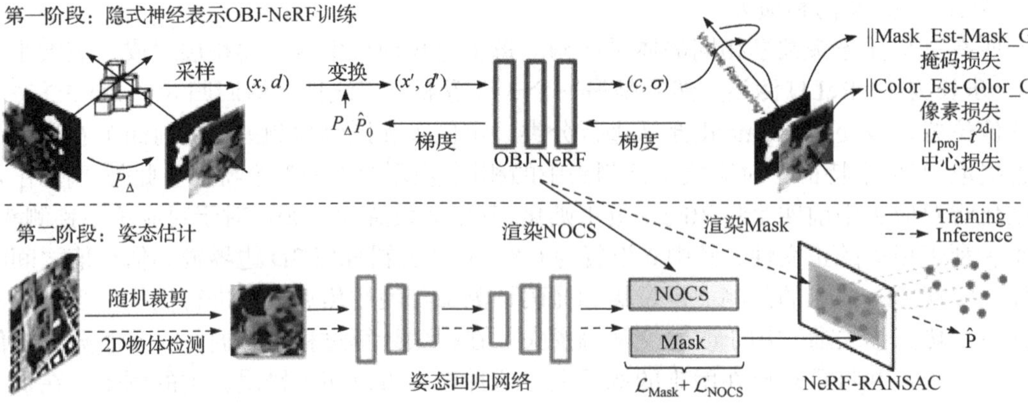

图 4-8　NeRFPose 的模型

首先对其输入图像进行如下介绍：已知目标在图像中的 2D 真值分割掩码，以及不同视角图像间的相对相机姿态。给定上述输入数据的前提下，NeRFPose 包含两个不同阶段：第一阶段中使用 OBJ-NeRF 学习目标的隐式 3D 模型表示；在此基础上，第二阶段进一步采用姿态回归网络预测 2D 图像和 3D 隐式表示的对应关系，最后结合 PnP+RANSAC 算法，迭代估计得到目标姿态。下面对其主要组成模型进行详细介绍。

1) OBJ-NeRF

NeRF(neural radiance fields)即神经辐射场，其主要任务是从已知相机姿态的多个视图中恢复目标的 3D 表示。由于 NeRFPose 处理的是 6D 目标姿态估计问题，目的是计算以目标为中心的 NeRF，并将其用作目标姿态估计的隐式 3D 模型表示。因此，NeRFPose 对原来的 NeRF 方法作了一些修改。它将图像、分割掩码和相对相机姿态作为输入，并输出隐式的特定于目标的 NeRF 表示，称为 OBJ-NeRF。由于 OBJ-NeRF 重建仅依赖于相对相机姿态，因此所生成的目标 3D 表示并非真值的世界坐标系，而是任意定义的坐标系，如第一个视角下的相机坐标系作为参考坐标系。为了消除参考坐标系不唯一的影响，在 NeRF 重建时，NeRFPose 同时回归了目标相对于一些人为选定的参考帧(特定视图图像)的姿态，并且这些姿态也用于后续生成训练姿态回归网络所需的对应关系真值。

典型 NeRF 的主体为简单的多层感知机(multilayer perceptron，MLP)N_φ: $\mathbf{R}^3\times\mathbf{R}^3\rightarrow\mathbf{R}^3\times\mathbf{R}$ 和$(x; d)\rightarrow(c; \sigma)$将 3D 场景编码为连续的 3D 表示，该函数预测每个输入 3D 点的 RGB 颜色 $c\in\mathbf{R}^3$ 和体密度 $\sigma\in\mathbf{R}$(为某一实数)及其观察方向 $d\in\mathbf{R}^3$。它可以概括为 $N_\varphi(x, d)=(c, \sigma)$，其中，$\varphi$ 是网络参数集。基于 NeRF 的 3D 表示原理，OBJ-NeRF 从多幅图像重建目标，同时优化参考目标的姿态。它将图像 I、目标掩码 M、相机内参 K、相对姿态 P_Δ 作为训练输入，并且相对于参考图像 I_o 输出渲染目标视图 $\hat{I}$ 、掩码 $\hat{M}$ 、对应图 $\hat{O}$ 以及参考目标姿态 P_0。如图 4-8 中的第一阶段所示，整个过程的步骤，从输入图像到渲染输出，可以命名为点采样、点变换、点计算和渲染。下面对上述各个环境进行介绍。

(1) 点采样。

给定输入图像 I 中的 2D 像素坐标 $u\in\mathbf{R}^2$，将沿深度 z 的观察光线的 3D 点 x 表示为 $x=K^{-1}(u, z, k)$，其中 $z\in[Z_{near}, Z_{far}]$是深度采样间隔，K^{-1} 是从图像平面到 2D 空间的逆投影

函数。为了重建对象中心模型，将光线采样间隔限制为接近估计对象中心 $\hat{t}^{3d}$ 的一定范围内，该范围记为 $[Z_{\text{near}}, Z_{\text{far}}] = (|\hat{t}^{3d} - s|, |\hat{t}^{3d} + s|)$，其中 $|\hat{t}^{3d}|$ 是估计对象中心到相机中心的距离，$s \in \mathbf{R}$ 大于对象比例。NeRFPose 采用均匀采样或权重引导采样等策略生成沿每条射线的 N 个采样点。

(2) 点变换。

根据对象相对于图像 I_i 的姿态 $\hat{P}_i$，来自相机坐标系的采样点(x, d)被变换到对象坐标系(x', d')。然后因为图像中对象的姿态不可用，需要对其进行估计。由于方法的弱监督设置，从 I_0 到 I_i 的相对相机姿态是可以访问的，只有 P_0 需要优化。因此，可以通过 $\hat{P}_i = P_{\Delta i_0} P_0$ 来计算任意姿态。由此，进一步定义了变换函数：$W_{P_0}^x(x, P_{\Delta i_0}) \to x'$ 和 $W_{P_0}^d(d, P_{\Delta i_0}) \to d'$，它们将坐标 x 和视角方向 d 转换成统一的以对象为中心的坐标，其中的参数 P_0 需要优化。

(3) 点计算。

到目前为止，上述流程可以得到变换后的射线点及其方向(x', d')。然后，将(x', d')输入原始的 NeRF 网络 N_φ 中以得到颜色和体积密度预测(c, σ)。于是 OBJ-NeRF 网络 N_φ 可以表示为

$$N_\varphi(x', d') = N_{\varphi, P_0}\left(W^x(x, P_i), W^d(x, P_i)\right) = (c, \sigma) \tag{4-17}$$

(4) 渲染。

类似于 NeRF，OBJ-NeRF 使用体渲染方法，将一组计算结果(c, σ)沿着光线映射到成像像面上。其中，体渲染方程通过累加所有 N 个采样点的透射率 T_i 和 alpha 值 α_i 的乘积而得。其中，所绘制的颜色 $\hat{C}$、掩码 $\hat{M}$ 和坐标 $\hat{O}$ 可表示为

$$\hat{C}(u) = \sum_{i=1}^{N} T_i \alpha_i c_i, \quad \hat{M}(u) = \sum_{i=1}^{N} T_i \alpha_i, \quad \hat{O}(u) = \sum_{i=1}^{N} T_i \alpha_i x_i \tag{4-18}$$

其中，$T_i = \exp\left(-\sum_{1 \leqslant j \leqslant i-1} \sigma_j \delta_j\right)$；$\alpha_i = 1 - \exp(-\sigma_j \delta_j)$，$\delta_j$ 是采样的邻近点之间的采样距离。

2) 姿态估计

在获取目标的隐式 3D 表示后，NeRFPose 进一步采用姿态回归网络，实现目标的姿态估计，即图 4-8 中的第二阶段。其主要流程包括三步：第一步为目标探测，即在图像中探测目标的位置并裁剪目标图像块区域，用于后续处理。这一步可以用常规目标探测方法，如 Yolo 系列模型等。第二步，通过训练姿态回归网络来预测所裁剪目标图像所对应的归一化坐标 O 和目标分割掩码 M。第三步是采用 PnP+RANSAC 算法，实现目标姿态估计。下面分别进行介绍。

(1) 归一化坐标预测。

姿态回归网络的灵感来自 DPoD 和 CDPN 等类似的方法，通过预测输入图像所对应目标在特定坐标系下的归一化三维坐标，实现 2D 图像和 3D 模型的密集对应关系建立。NeRFPose 中的姿态回归网络的主体结构为残差网络模型，其解码器包含四个上采样层，

最后输出所预测的目标分割掩码 $\hat{M}$ 和目标归一化坐标 $\hat{O}$，后者即隐含着上述 2D-3D 密集对应关系。

(2) PnP 结合 RANSAC 获取姿态。

在获取预测的 2D-3D 密集对应关系后，通常使用 PnP 与 RANSAC 结合的方法来估计目标姿态 $\hat{P}$。如图 4-9 所示，PnP 与 RANSAC 结合的方法迭代地选择最小数目的对应关系来进行姿态估计，并使用 PnP 方法计算目标姿态。通过筛选最多内点数量下的姿态假设，获取最终的目标姿态估计结果。而在 NeRFPose 中，为了使 PnP 与 RANSAC 结合的方法更稳定，其进一步增加了两个独立于对应关系的额外姿态选择准则。如图 4-9 所示，利用计算出的姿态假设和隐式目标表示，NeRFPose 可以在没有遮挡的情况下，在图像平面上渲染对应估计姿态假设下的目标掩码 $\hat{M}_{\text{nerf}}$。然后计算该目标掩码 $\hat{M}_{\text{nerf}}$ 和姿态回归网络预测的掩码 $\hat{M}_{\text{pose}}$ 之间的重叠召回率 S_{Recall} 和重叠精度 S_{Prec}，作为最终的筛选分数 S。其计算公式如下：

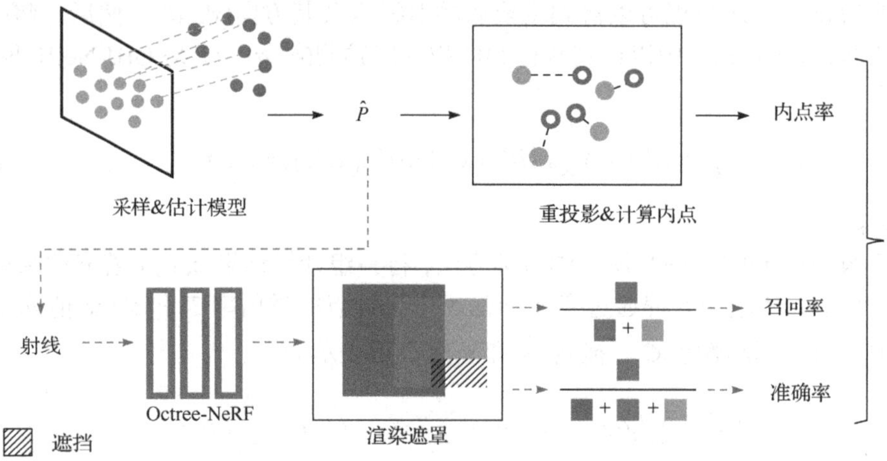

图 4-9 基于 PnP+RANSAC 的方法

$$S_{\text{Recall}} = \frac{\left|\hat{M}_{\text{nerf}} \cap \hat{M}_{\text{pose}}\right|}{\left|\hat{M}_{\text{pose}}\right|} \tag{4-19}$$

$$S_{\text{Prec}} = \frac{\left|\hat{M}_{\text{nerf}} \cap \hat{M}_{\text{pose}}\right|}{\left|\hat{M}_{\text{pose}} \cup \hat{M}_{\text{nerf}}\right|} \tag{4-20}$$

最终得分 S 被定义为

$$S = v_1 S_{\text{IR}} + v_2 S_{\text{Prec}} + v_3 S_{\text{Recall}} \tag{4-21}$$

根据上述筛选准则，选取对应筛选分数最大的一组姿态估计假设值作为最终的姿态估计结果。

图 4-10 展示了 NeRFPose 在测试样例上的可视化效果，(a)列为目标的真值 CAD 模型。(b)和(f)列分别为不同图像下的预测姿态(蓝色为预测值，绿色为真值)。(c)和(g)列分

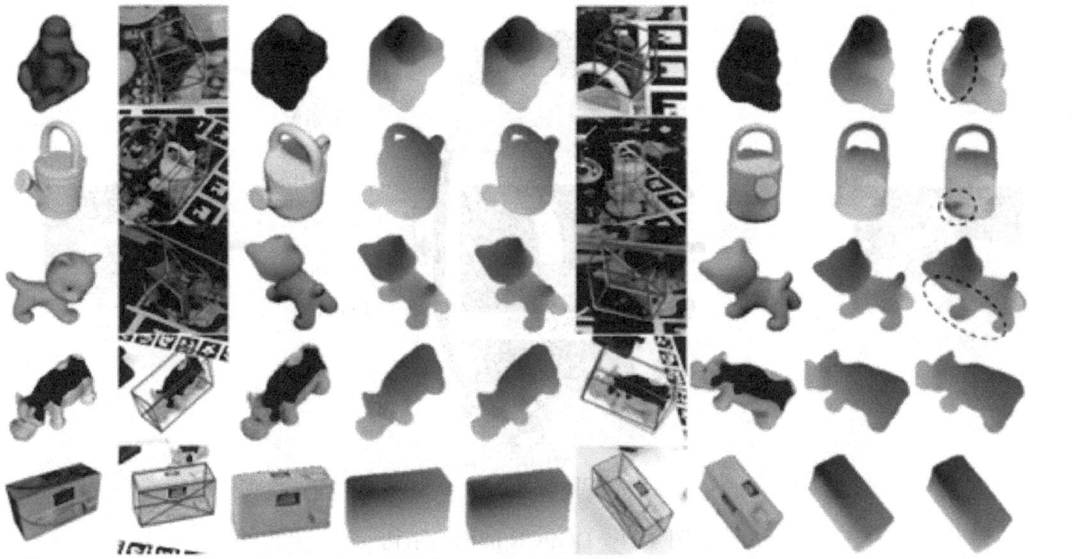

图 4-10　NeRFPose 在测试样例上的可视化效果

别是对应预测姿态下 OBJ-NeRF 模型的渲染图像。(d)和(h)列是 OBJ-NeRF 生成的 NOCS 图。而(e)和(i)列则是姿态回归网络预测的 NOCS。黑色虚线圆圈框选了 NOCS 中的遮挡区域。

3. 基于深度指导的端到端 6D 姿态估计

前面两个典型方法均依赖独立的 PnP 算法，在获取目标图像和三维模型的对应关系后，采用 PnP+RANSAC 算法对目标姿态进行估计。然而，由于传统的算法为随机迭代算法，其本质是非可微的，这就造成了很难将其按照模块形式集成到现有模型中。因此构建可微的 RANSAC 算法，并将其直接集成到现有姿态估计流程中，则有助于构建端到端的姿态估计算法，实现姿态估计效率和精度的提升。这一思路的典型方法包括基于深度指导边缘卷积网络的端到端 6D 姿态估计方法，简称 DGECN 方法，下面对其原理进行简要介绍。

DGECN 即在可微 RANSAC 基础上，进一步考虑了目标图像所对应的深度约束关系，来同时提高 2D-3D 对应关系建立的精度以及后续可微 RANSAC 的性能，从而提高姿态估计精度。如图 4-11 所示，DGECN 采用卷积网络同时预测目标图像对应的深度图、语义分割图以及 2D-3D 对应关系图，并且引入了一个可微的 PnP 网络模型，直接从上述对应关系图中估计目标的姿态。下面将从问题定义和深度指导边缘卷积网络等方面进行介绍。

1) 问题定义

给定一幅图像 I 作为输入，DGECN 的任务是检测目标在图像中的位置并估计它的 6D 姿态，即估计目标相对于参考坐标系的旋转 $R \in \mathrm{SO}(3)$和平移 $t = (t_x, t_y, t_z) \in \mathbf{R}^3$。DGECN 的结构细节如图 4-12 所示。

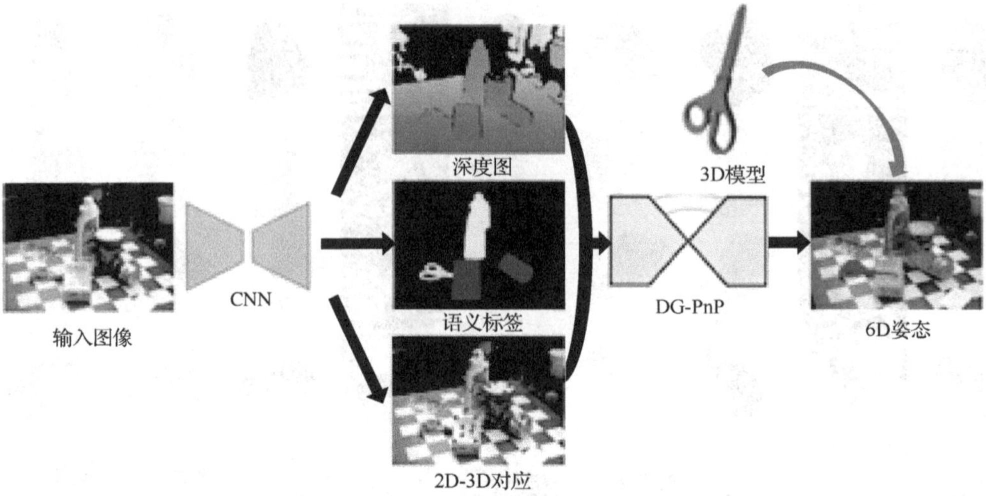

图 4-11　DGECN 的网络结构

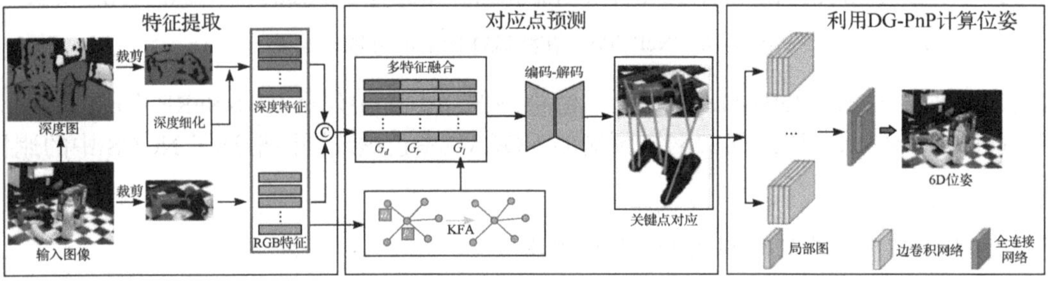

图 4-12　DGECN 的结构细节图

DGECN 首先通过一个无监督的深度估计网络预测目标的深度信息。然后，使用常规方法对图像中的目标进行检测定位。根据检测结果，对所预测的深度图以及原始输入的 RGB 图像进行裁剪，获取仅包括目标的图像区域。之后，将其送入基于 K 近邻算法(KNN)的特征聚合(KFA)模块，获取目标裁剪图像的局部特征。同时，使用 ResNet 等卷积网络来提取图像的二维特征。然后，使用密集融合模块对目标的外观特征、几何信息和局部特征进行融合。之后，将融合后的特征作为输入，采用 2D-3D 对应关系预测网络预测 2D-3D 对应关系。最后，通过引入的可微 DG-PnP 算法，直接从 2D-3D 对应关系中回归出目标姿态。

2) 深度指导边缘卷积网络

目前研究中已实现基于单幅图像的深度估计。因此，DGECN 引入了类似模型，通过现有的深度估计网络，直接从输入图像估计目标对应的深度图。由于深度图中包含了图像以外的几何信息，将其应用于后续的 2D-3D 对应关系建立，能够获取更多的几何信息，实现精度和稳定性的提升。同时，为了进一步提升深度估计算法的性能，DGECN 还考虑了使用深度不确定性来进一步优化所预测的深度图，消除预测噪声的影响。

具体地，在提取图像特征前，DGECN 首先对深度图进行预测，并采用深度细化网络(depth refinement network，DRN)对所预测深度进行优化，进而，结合基于 KNN 特征聚合模块和可微的 DG-PnP 算法，实现高精度目标姿态估计。

(1) 深度细化网络(DRN)。

DRN 旨在提高所预测的目标深度图的质量。如图 4-13 所示，它由两个不同的深度估计网络组成，每个网络分别输出深度图(如图 4-13 中的深度 A 和深度 B 所示)。然后计算两幅深度图之间的差值，并将差值超过阈值的区域定义为不确定区域。继而，将不确定区域大于设定阈值的深度数据剔除，以消除噪声的影响，达到深度优化的目的。

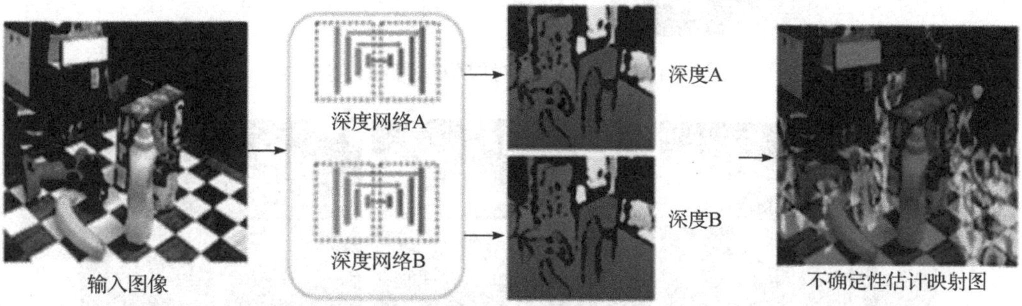

图 4-13　深度细化网络(DRN)

(2) 特征提取。

DGECN 的特征提取模块包含了深度估计以及目标分割两个功能。其中，深度估计功能将输入图像转化为对应的预测深度图。目标分割功能负责从输入图像中分割得到目标的掩码。继而，对于分割后的目标以及对应的预测深度图进行处理，获取目标的 3D 点云。为了融合图像和深度信息，DGECN 在特征提取模块中进一步引入了 KFA 模块。以输入图像中的某个像素为例，其记为 p_i，$D_i = \{d_j \mid j=1,\cdots,k\}$是 p_i 的 k 个最近邻域的深度集，采用一个带有可学习参数 θ_i 的非线性函数 $F_{pi} = f(D_i,\ \theta_i)$来聚集 p_i 的局部特征，得到的特征 $G = (G_r,\ G_d,\ G_l)$。该特征同时聚合了图像的颜色或者外观特征以及深度特征，因此能够为后续对应关系预测和姿态估计提供更多有用信息。

(3) 2D 关键点定位。

不同于常用方法定义目标的 3D 边界框的 8 个角点作为关键点，DGECN 采用最远点采样(farthest point sampling，FPS)算法来选择目标表面上的关键点，即所采样的关键点满足彼此之间的空间距离最小的原则。在此定义基础上，DGECN 采用编解码器结构的分割网络来预测这些关键点在图像上的 2D 投影点，此过程即 2D 关键点定位。

(4) 从 2D-3D 对应中学习 6D 姿态。

如图 4-14 所示，给定具有 n 个 3D 关键点 $K= \{K_i \mid i=1,\cdots,n\}$的集合，并且每个 K_i 对应于图像中的 2D 位置 $k = \{k_{ij} \mid i=1,\cdots,m\}$的集合。

DGECN Pose 提出了一种基于 GCN 的网络来直接从 2D-3D 对应关系回归 6D 姿势，其描述如下：

$$(R,t) = M\left(K,k|\Theta\right) \tag{4-22}$$

其中，M 表示所提出的具有参数 Θ 的 DG-PnP。

图 4-15 展示了 DGECN 在 YCB-V 数据集上的测试结果。其中，图中物体上的离散

点代表不同目标在所预测姿态下的重投影效果。

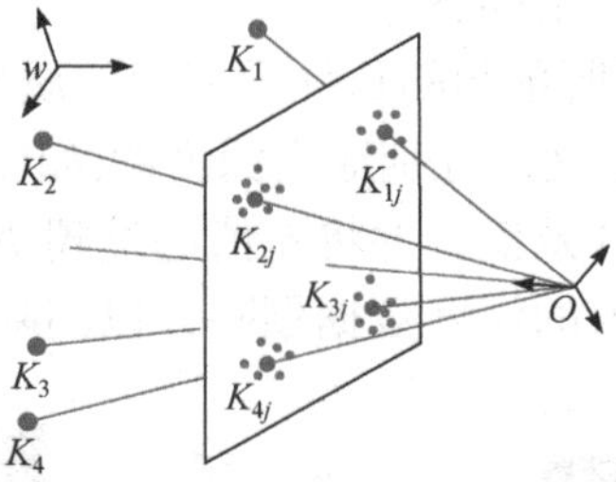

图 4-14　从 2D-3D 对应中学习 6D 姿态

图 4-15　DGECN 在 YCB-V 数据集上结果的可视化

4.3　非参考模型的目标姿态估计

4.3.1　非参考模型的目标姿态估计方法概述

根据 4.2 节的介绍，虽然在单个目标实例级别已经达到较高的姿态估计精度，但现有基于参考模型的方法仍然依赖目标已知三维模型的假设，对于空间碎片等这类模型未知的非合作目标，仍然难以有效适用。针对上述问题，无须已知参考模型的方法逐渐受到关注。这类方法在估计目标姿态时，仅依赖少量已知姿态的参考图像，即可对测试图像中的目标姿态进行估计，由于整个姿态估计过程中不需要输入已知的参考模型，因此，这类方法统称为非参考模型的姿态估计方法。由于具有良好的泛化性，能够对训练数据集以外的新目标进行姿态估计，而无须附加的参数调整，非参考模型姿态估计方法更加适用于非合作目标姿态，成为目前研究和应用中的热点。本节即重点介绍非参考模型姿态估计方法的几种典型方法，如 OnePose++、MFOS 以及 PIZZA 等方法，并给出相应的分析和总结。

4.3.2 基于非参考模型的目标姿态估计典型方法介绍

1. 三维重建与姿态联合估计的方法

非合作空间目标(如空间碎片)由于事先无法获取其精确的三维模型，难以采用常规的基于参考模型的方法进行姿态估计。而假设给定一定视角下的目标图像，通过三维重建等方式获取目标的三维模型，并利用该模型进行姿态估计，则可以避免已知模型的假设限制。同时，姿态估计同样依赖对目标图像的分析。因此，采用同一组目标的图像，可以同时进行目标的三维重建以及姿态估计。OnePose++这类典型算法即根据上述思路设计而来。

具体地，OnePose++将整个姿态估计过程划分为三维重建和姿态估计两个阶段。在三维重建阶段，其进一步发展了无关键点的三维重建方法，利用无探测算子的特征提取与匹配算法，如近期的 LoFTR 等方法获取所输入的多视图图像的特征及其对应关系，并完成目标三维结构的重建；进而，采用类似的特征提取与匹配方式，将其扩展应用到 2D-3D 匹配任务中，实现三维重建模型与输入图像的对应关系构建，从而结合 PnP 算法，实现目标的姿态估计。如图 4-16 所示，OnePose++方法首先将输入的多视角的目标参考图像依次进行粗略重建和优化，得到目标的三维重建模型，进而采用 2D-3D 匹配网络，构建测试图像与重建模型间的匹配关系，进而利用 PnP 解算测试图像所对应的目标姿态。下面分别对三维重建和姿态估计两个阶段进行介绍。

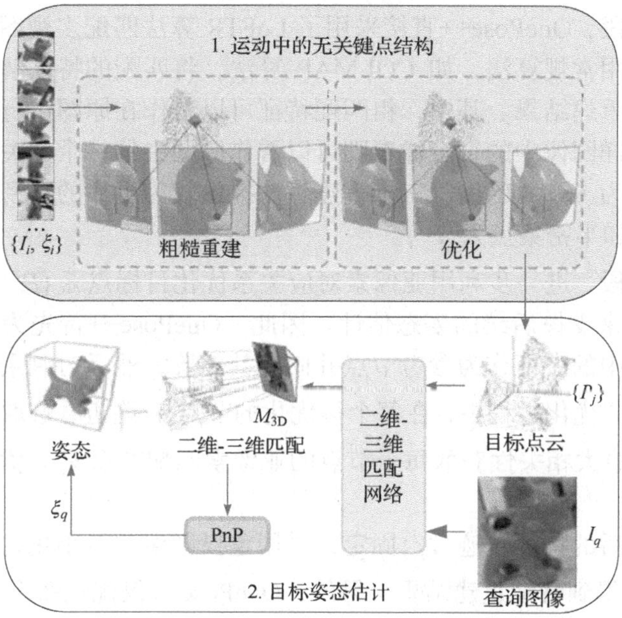

图 4-16 OnePose++的姿态估计流程

1) 三维重建

在给定输入的多视角参考图像下，传统三维重建通常要经历两两视图间的特征提取、匹配等多个阶段。然而，由于上述割裂的特征提取匹配方式无法共享图像中的某些有用信息，因此误匹配概率较高。而 OnePose++则考虑引入无探测算子的特征提取与匹

配算法来提高三维重建的精度。然而，典型的无探测算子的特征提取与匹配算法，如 LoFTR，通常仅能获取两两视图间的图像特征对应关系，当处理多视角图像时，不同视图间的特征匹配将存在位置偏移或者不一致的情况，导致特征定位不准而引起重建误差。为此，OnePose++进一步改进了上述特征匹配过程，通过采用“从粗到细”的三维重建框架来不断优化并消除上述偏移，实现高精度三维重建。在粗重建阶段，首先用 LoFTR 算法提取粗略的图像特征并进行两两视图的匹配，获取粗略的图像特征轨迹和三维重建结果。然后，在细化阶段，对粗略的三维重建结果进一步优化，得到精确的点云。三维重建流程如图 4-17 所示。为方便介绍，本节沿用 OnePose++原文的变量定义和角标。具体地，所采用的变量中，使用“~”表示粗匹配结果，使用“^”表示精细匹配结果。特征轨迹 $T_j = \{\boldsymbol{u}^k \in \mathbf{R}^2 | k=1,\cdots,N_j\}$ 为目标表面某一 3D 点 $P_j \in \mathbf{R}^3$ 在不同图像中的 2D 投影点。j 为特征轨迹的索引，也表示为特征轨迹所对应的三维点索引。

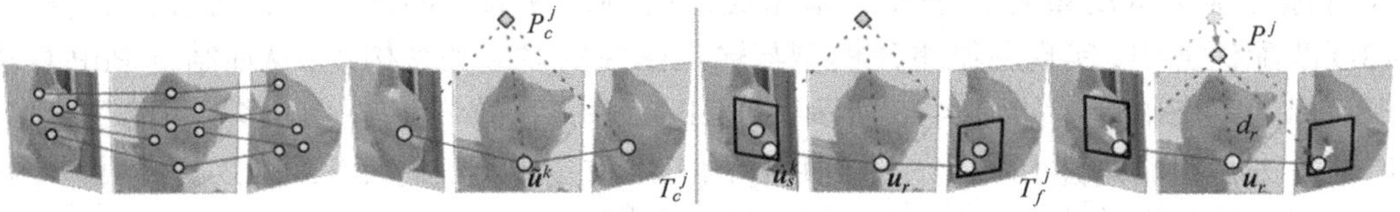

(a) 粗糙匹配对 (b) 粗糙重建 (c) 特征点跟踪优化 (d) 点云优化

图 4-17 由粗到细的三维重建

在粗略重建阶段，OnePose++直接采用了 LoFTR 算法匹配多视图特征，得到粗略的匹配特征，继而采用常规算法，如 COLMAP 算法，将匹配的特征解算为对应的三维点云，从而获得粗略重建结果。其中，粗匹配特征可以看作在原图进行降采样后的像素级密集匹配，而降采样图像中的每个像素则可以看作原图中的一个“关键点”。因此，通过上述粗匹配可以为 COLMAP 等三维重建算法提供较为可靠的半密集匹配特征，以重建粗特征轨迹$\{T_c^j\}$和半密集点云$\{P_c^j\}$。

在精细重建阶段，进一步利用亚像素对应关系优化目标点云$\{P_c^j\}$，得到更精细准确的目标重构结果，来支撑后续的姿态估计。因此，OnePose++首先为每个粗略特征轨迹$\{T_c^j\}$选定某一视图中的特征作为参考节点并固定其位置，然后对剩余其他视图图像中的特征进行优化。具体优化过程中，在每个待优化的节点 $\tilde{\boldsymbol{u}}_s^k$ 附近，选取一定窗口的局部区域进行搜索，通过最大相关性获取每个节点的亚像素匹配节点 $\hat{\boldsymbol{u}}_s^k$。优化后的整个特征轨迹记为$\{T_f^j\}$。

之后，将优化后的特征轨迹$\{T_f^j\}$固定，采用重投影误差最小化，进一步优化粗略重建后的点云$\{P_c^j\}$，得到精细重建结果。另外，OnePose++仅优化每个参考节点 $\boldsymbol{u}_r$ 的深度 d_r 来加速算法的收敛速度。具体来说，将每个点$\{P_c^j\}$转换到参考节点 $\boldsymbol{u}_r$ 所在的坐标系，并使用它的 z 轴坐标来初始化 d_r。然后，通过最小化每个特征重投影与细化后的特征位置 $\hat{\boldsymbol{u}}_s^k$ 之间的距离来优化每个参考节点的深度 d_r：

$$d_r^* = \underset{d_r}{\operatorname{argmin}} \sum_{k \in N_j - 1} \hat{\boldsymbol{u}}_s^k - \pi\left(\xi_{r \to s_k} \cdot \pi^{-1}\left(\boldsymbol{u}_r, d_r\right)\right) \|^2 \tag{4-23}$$

其中，π 是相机内参确定的投影函数；$\xi_{r\to s_k}=\xi_{s_k}\cdot\xi_r^{-1}$ 是在参考节点帧与第 k 个源节点之间的相对姿态。最后，将每个参考节点的优化深度 d_r^* 转换为目标坐标，得到细化后的目标三维点云 P^j。

2) 姿态估计

在姿态估计阶段，OnePose++仅接收测试图像作为输入，通过建立目标点云 $\{P^j\}$ 和测试图像 I_q 之间的 2D-3D 对应关系来完成目标姿态估计。与上述重建过程类似，2D-3D 对应关系的建立仍然采用“由粗到细”的匹配方式。具体过程如图 4-18 所示。

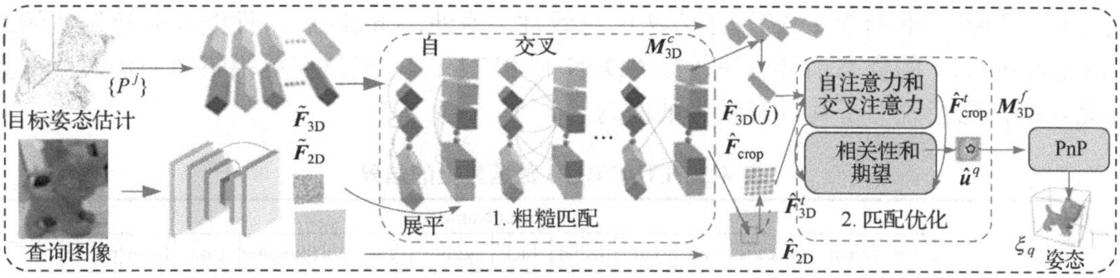

图 4-18　目标姿态估计示意图

(1) 2D-3D 粗略匹配。首先，对目标重建点云和测试图像分别进行降采样，并通过特征提取模型，获取图像和三维点云的粗略特征，即粗略 3D 点特征 $\tilde{\boldsymbol{F}}_{3D}\in\mathbf{R}^{N\times C_C}$ 和粗图像特征图 $\tilde{\boldsymbol{F}}_{2D}\in\mathbf{R}^{\frac{H}{8}\times\frac{W}{8}\times C_C}$。进而，采用自注意力和交叉注意力机制，对扁平化后的 2D 和 3D 特征进行处理，最后，通过两组特征 $\tilde{\boldsymbol{F}}_{3D}^t$ 和 $\tilde{\boldsymbol{F}}_{2D}^t$ 之间的相似性计算出得分矩阵 $\boldsymbol{S}$。然后在 $\boldsymbol{S}$ 上应用双对称交叉熵运算，得到匹配的概率矩阵 $\boldsymbol{P}^c$：

$$\boldsymbol{P}^c(j,q)=\operatorname{softmax}\left(\boldsymbol{S}(j,\cdot)\right)_q\cdot\operatorname{softmax}\left(\boldsymbol{S}(\cdot,q)\right)_j,\text{where }\boldsymbol{S}(j,q)=\frac{1}{\tau}\cdot\left\langle\tilde{\boldsymbol{F}}_{3D}^t(j),\tilde{\boldsymbol{F}}_{2D}^t(q)\right\rangle \tag{4-24}$$

其中，$\langle\cdot,\cdot\rangle$ 是内积；τ 是尺寸因子；j 和 q 分别表示扁平化后的图像 3D 点和像素的索引。最后，通过设定一定的筛选阈值 θ，从 $\boldsymbol{P}^c$ 得到粗略的 2D-3D 匹配 $\boldsymbol{M}_{3D}^c$：

$$\boldsymbol{M}_{3D}^c=\{(j,q)\mid(j,q)\in\operatorname{MNN}\left(\boldsymbol{P}^c\right),\boldsymbol{P}^c(j,q)\geqslant\theta\} \tag{4-25}$$

其中，MNN 表示寻找共同最近邻的操作。

(2) 精确匹配。在获取粗略的 2D-3D 匹配 $\boldsymbol{M}_{3D}^c$ 后，进一步在其粗匹配特征 $\tilde{\boldsymbol{u}}^q$ 的局部区域内搜索其亚像素 2D 匹配特征 $\hat{\boldsymbol{u}}^q$。具体地，以 $\tilde{\boldsymbol{u}}^q$ 为中心，从未降采样的特征图 $\tilde{\boldsymbol{F}}_{2D}\in\mathbf{R}^{\frac{H}{8}\times\frac{W}{8}\times C_f}$ 中，裁剪大小为 $w\times w$ 的局部窗口 W，得到裁剪后的特征图 $\tilde{\boldsymbol{F}}_{crop}\in\mathbf{R}^{W\times W\times C_f}$。之后，将其与相应的三维精细特征 $\tilde{\boldsymbol{F}}_{3D}(j)\in\mathbf{R}^{C_f}$ 通过多次自注意力和交叉注意力模块进行处理，最后应用 softmax 得到其在裁剪后的局部窗口中二维对应关系的概率分布：

$$p(\boldsymbol{u}\mid j,\hat{\boldsymbol{F}}_{3D}^t,\hat{\boldsymbol{F}}_{crop}^t)=\frac{\exp\left(\hat{\boldsymbol{F}}_{3D}^t(j)^{\mathrm{T}}\cdot\hat{\boldsymbol{F}}_{crop}^t(\boldsymbol{u})\right)}{\sum\limits_{\boldsymbol{u}\in W}\exp\left(\hat{\boldsymbol{F}}_{3D}^t(j)^{\mathrm{T}}\cdot\hat{\boldsymbol{F}}_{crop}^t(\boldsymbol{u})\right)} \tag{4-26}$$

通过期望值得到待估计姿态图像上 P^j 的精确对应 $\tilde{\boldsymbol{u}}^q$：

$$\hat{\boldsymbol{u}}^q = \tilde{\boldsymbol{u}}^q + \sum_{\boldsymbol{u}\in W} \boldsymbol{u} \cdot p\left(\boldsymbol{u} \mid j, \hat{\boldsymbol{F}}^t_{3\mathrm{D}}, \hat{\boldsymbol{F}}^t_{\mathrm{crop}}\right) \tag{4-27}$$

在建立待估计姿态图像和目标点云之间的 2D-3D 对应 $M^f_{3\mathrm{D}}$ 后，使用 PnP 算法和 RANSAC 求解目标姿态。

表 4-2 展示了 OnePose++在 LINEMOD 数据集上的测试结果。相比当时比较出色的 Gen6D 等方法，OnePose++在仅单帧图像（见表中的“One-shot”对应行）作为输入的条件下，取得了所有对比方法中最好的性能，平均精度指标包括 ADD(S)-0.1d 和 Proj2D 分别达到了 76.9%和 94.3%，验证了方法的有效性。另外，OnePose++性能并未超越实例级（Instance-level）的姿态估计方法（如 CDPN 和 PVNet），但仅在单幅图像的输入下得到如此效果，已经说明了其具有较大的潜力。

表 4-2 LINEMOD 数据集上的结果

Type	Name	Object Name													Avg.
		ape	benchwise	cam	can	cat	driller	duck	eggbox	glue	holepuncher	iron	lamp	phone	
ADD(S)-0.1d															
Instance-level	CDPN	67.3	98.8	92.8	96.6	86.6	95.1	75.2	99.6	99.6	89.7	97.9	97.8	80.7	91.4
	PVNet	43.6	99.9	86.9	95.5	79.3	96.4	52.6	99.2	95.7	81.9	98.9	99.3	92.4	86.3
One-shot	Gen6D	—	62.1	45.6	—	40.9	48.8	16.2	—	—	—	—	—	—	—
	Gen6D	—	77.0	66.1	—	60.7	67.4	40.5	95.7	87.2	—	—	—	—	—
	OnePose	11.8	92.6	88.1	77.2	47.9	74.5	34.2	71.3	37.5	54.9	89.2	87.6	60.6	63.6
	OnePose++	31.2	97.3	88.0	89.8	70.4	92.5	42.3	99.7	48.0	69.7	97.4	97.8	76.0	76.9
Proj2D															
Instance-level	CDPN	97.5	98.8	98.6	99.6	99.3	94.9	98.4	99.1	98.4	99.5	97.9	95.7	96.8	98.0
	PVNet	99.2	99.8	99.2	99.9	99.3	96.9	98.0	99.3	98.5	100.0	99.2	98.3	99.4	99.0
One-shot	OnePose	35.2	94.4	96.8	87.4	77.2	76.0	73.0	89.9	55.1	79.1	92.4	88.9	69.4	78.1
	OnePose++	97.3	99.6	99.6	99.2	98.7	93.1	97.7	98.7	51.8	98.6	98.9	98.9	94.5	94.3

2. 直接姿态估计方法

不同于 OnePose++这类三维重建与姿态联合估计的方法，直接姿态估计方法同样在无须参考模型的基础上，避开基于图像的三维重建过程，直接从输入的参考图像和测试图像中估计目标的姿态信息。因此，这类直接姿态估计方法能够更简洁地解决非合作目标的姿态估计问题。其中的典型代表包括 MFOS 方法。

具体地，MFOS 采用了单阶段的方法，通过采用编码器模块对输入的参考图像和测试图像进行编码，进而经过特定的解码器，将上述输入变换为特征，结合姿态估计模块直接输出 2D-3D 对应关系，最后结合 PnP 算法，实现目标姿态估计。其中，所输入的参考图像集合包括 K 幅不同视角下相同目标的图像，而且这些图像下的目标姿态已知。下面具体介绍 MFOS 方法的整体架构和主要模块(图像编码器、姿态编码器、解码器以及姿态预测头)等相关内容。

1) 整体架构

如图 4-19 所示，MFOS 首先通过视觉 Transformer(vision transformer，ViT)编码器将

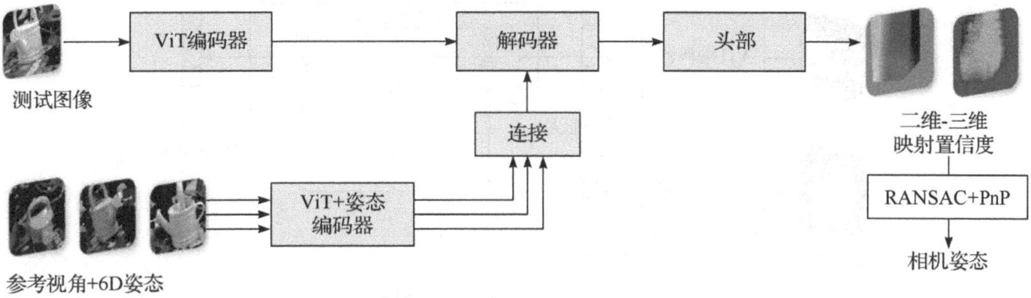

图 4-19　处理流程示意图

测试图像和参考图像编码为一组标记特征。对于每幅参考图像，使用交叉注意力将目标姿态编码并注入图像特征。之后，采用姿态编码器将参考图像的已知姿态进行编码，并与参考图像的编码特征进行融合，得到参考图像及其姿态的融合特征。然后，解码器同时接收测试图像的特征以及参考图像的融合特征并进行处理。最后，预测头为测试图像的每个像素输出密集的三维坐标，并从中恢复测试图像中的 6D 姿态。

2) 图像编码器

MFOS 使用 ViT 模型对所有测试图像和参考图像进行编码。具体地，每幅图像均被划分为不重叠的图像块，并通过线性投影将其编码为图像块特征，然后采用多个相同的 transformer 模块(多头自注意力模块+MLP 模块)，对这些图像特征进行编码，获取测试图像特征集 F_q 和参考图像特征集 F_i。

$$\begin{cases} F_q = \text{ImageEncoder}\left(I_q\right) \\ F_i = \text{ImageEncoder}\left(I_i\right), \quad i = 1, \cdots, K \end{cases} \tag{4-28}$$

其中，I_q 和 I_i 分别为测试图像和参考图像。

3) 姿势编码器

不同于其他方法，MFOS 方法将参考图像的已知姿态信息通过映射的方式，得到了图像形式的具象化表示。具体地，如图 4-20 所示，MFOS 设定一个一般的 3D 形状，记为代理形状，如单位边长的立方体，在给定的已知姿态下把该立方体渲染到对应的参考图像中，得到如图 4-20(中间图和右图)所示的姿态编码图。进而，将参考图像原图、代理形状的渲染图像以及二者的叠加这三幅图作为图像的三个通道，输入基于 ViT 的编码器中(具体结构参考图 4-21)，然后通过 Transformer 解码器中的交叉注意力层与之前已获

图 4-20　参考图像及其相关的代理形状

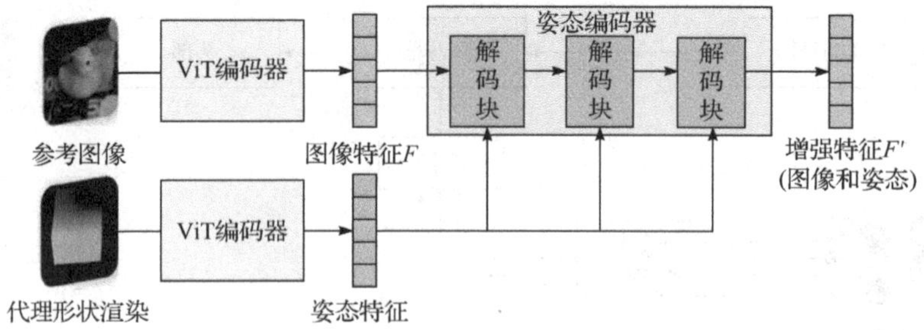

图 4-21 姿态编码器的结构

得的参考图像特征 F_i 融合，得到姿态增强的特征 F_i'：

$$F_i' = \mathrm{PoseEncoder}\left(F_i, \mathrm{ViT}(\mathrm{Render}(\boldsymbol{P}_i))\right) \tag{4-29}$$

4) 解码器

在获取参考图像和测试图像的特征后，将其同时输入解码器，通过其中的交叉注意力模块对测试图像特征 F_q 与带有姿态信息的参考图像特征 F_i' 进行比较。

5) 预测头

之后，预测头对解码器的输出结果采用线性投影，得到 4 通道的 2D-3D 特征匹配结果。其中，前三个通道为 2D-3D 特征匹配，第四个特征为特征匹配的置信度。最后，采用 PnP 算法从上述 2D-3D 匹配特征中估计得到目标的姿态。解码器中交叉注意力结果的可视化如图 4-22 所示。

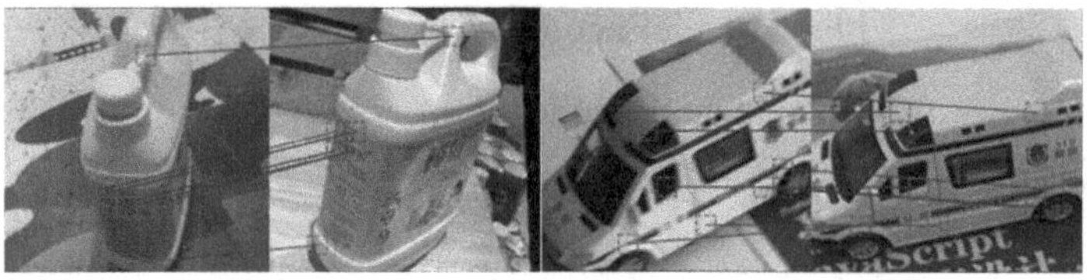

图 4-22 解码器中交叉注意力结果的可视化

6) 训练损失函数

MFOS 综合了三维回归误差和置信度的影响，来作为网络模型的训练损失函数。其中，三维回归损失为每个像素 i 的三维坐标预测值和真值的差距，其表示为

$$L_{\mathrm{reg}}^{i} = \left\| \hat{y}_i - y_i^{gt} \right\| \tag{4-30}$$

其中，$\hat{y}_i \in \mathbf{R}^3$ 是第 i 个像素的网络输出，而 y_i^{gt} 是相应的真值 3D 点。

置信度加权后的网络损失函数：通过联合预测每个像素的置信度指标 $\tau_i > 0$，以调节像素损失 L_{reg}，形成最终损失如下：

$$L_{\mathrm{final}}^{(i)} = \tau_i L_{\mathrm{reg}}^{(i)} - \log \tau_i \tag{4-31}$$

表 4-3 展示了 MFOS 在 LINEMOD 数据集上的测试结果。相比当时比较出色的 Gen6D、OnePose++等方法，MFOS 在采用 64 幅图像作为输入的条件下，得到的所有对比方法中最好的性能，平均精度指标包括 ADD(S)-0.1d 和 Proj2D 分别达到了 78.4%和 96.1%，验证了其在姿态估计精度上的提升。

表 4-3　LINEMOD 的结果以及与其他单样本基线方法的比较(对称物体用*表示)

Name	Object Name													Avg.
	ape	benchwise	cam	can	cat	driller	duck	eggbox*	glue*	holepuncher	iron	lamp	phone	
ADD(S)-0.1d														
Gen6D	—	62.1	45.6	—	40.9	48.8	16.2	—	—	—	—	—	—	—
OnePose	11.8	92.6	88.1	77.2	47.9	74.5	34.2	71.3	37.5	54.9	89.2	87.6	60.6	63.6
OnePose++	31.2	97.3	88.0	89.8	70.4	92.5	42.3	99.7	48.0	69.7	97.4	97.8	76.0	76.9
MFOS(K=16)	39.4	64.6	73.1	76.3	63.0	83.5	43.4	99.2	61.3	83.7	72.1	84.1	45.1	68.4
MFOS(K=64)	47.2	73.5	87.5	85.4	80.2	92.4	60.8	99.6	69.7	93.5	82.4	95.8	51.6	**78.4**
Proj2D														
OnePose	35.2	94.4	96.8	87.4	77.2	76.0	73.0	89.9	55.1	79.1	92.4	88.9	69.4	78.1
OnePose++	97.3	99.6	99.6	99.2	98.7	93.1	97.7	98.7	51.8	98.6	98.9	98.8	94.5	94.3
MFOS(K=16)	96.6	82.9	95.1	92.7	95.4	89.9	89.4	98.6	94.0	98.5	79.1	85.2	76.0	90.3
MFOS(K=64)	97.1	94.1	98.4	98.2	98.4	95.7	96.3	99.0	94.8	99.3	94.6	94.2	88.9	**96.1**

3. 非参考模型下的目标姿态追踪方法

不同于上述方法仅关注单帧图像下的目标姿态估计，在给定连续时刻下的序列图像时，现有方法希望能够对目标进行持续跟踪以及连续时刻下的姿态轨迹进行估计。然而，将常规单帧图像姿态估计方法直接应用于上述任务，由于忽略了相邻帧间的时间相关性，得到的姿态估计结果往往存在较大波动，导致姿态估计性能不佳。如何有效利用不同时刻间的帧间联系，同时不依赖目标的三维已知模型，实现更高精度和稳定性的目标姿态跟踪，一直是目前研究中的难点和热点之一。其中，PIZZA 即为这类方法中的典型代表。

具体地，PIZZA 在给定包含移动目标的图像序列或视频，以及第一帧图像所对应的姿态真值等输入的前提下，能够有效跟踪目标在后续帧的 2D 边界框、分割结果以及对应的 6D 姿态。其主要包括目标分割和跟踪、平移预测和旋转预测等几个模块，下面依次对其进行介绍。

1) 目标跟踪和分割

PIZZA 采用已有方法对视频中的目标进行跟踪和分割。首先，采用人工的方式获取视频中第一帧的目标 2D 包围框来明确所要跟踪的目标。继而，如图 4-23 所示，给定第 t 帧的目标 2D 包围框，然后采用分割网络对该包围框中的目标进行分割，得到目标掩码

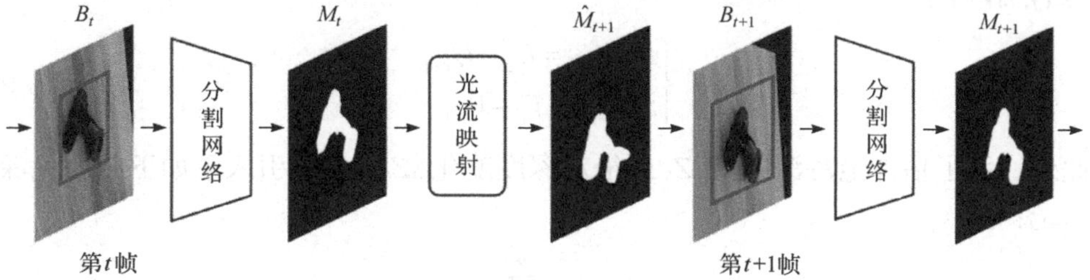

图 4-23　目标跟踪和分割示意图

M_t；继而，采用基于光流估计的图像变换方法，估计第 $t+1$ 帧中的目标掩码预测值 $\hat{M}_1$，并利用其算出该帧的边界框 B_{t+1}；接着利用分割网络对该边界框中的目标进行分割，得到更新后的目标掩码 M_1。重复上述过程，获取视频中所有帧的跟踪和分割结果。

在获取目标的跟踪结果后，进一步对目标进行局部区域裁剪，获取仅包括目标的最小图像块，作为后续姿态跟踪的输入，如图 4-24 所示。图 4-24(a)中，对 K 幅连续输入图像进行相同的裁剪(实线)，并保留最小边界框(虚线)中的目标区域。图 4-24(b)为裁剪后的图像。

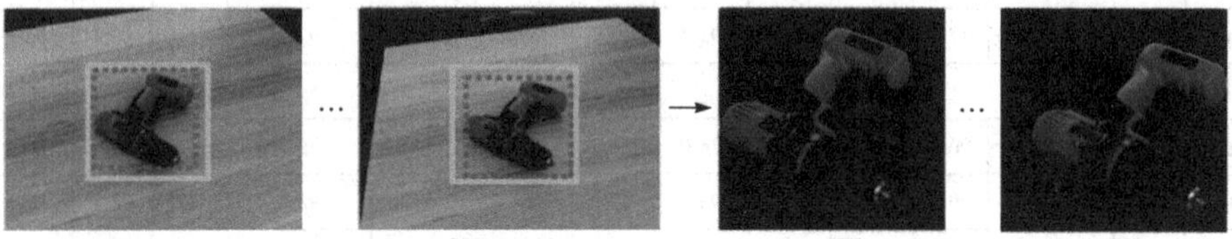

(a) 裁剪前　　(b) 裁剪后

图 4-24　裁剪前后的图像对比

2) 估计三维相对移动

三维相对平移的参数化及其估算相邻两帧 I_{t-1} 和 I_t 之间的相对平移 $\Delta \boldsymbol{T}_{t-1,t} \in \mathbf{R}^3$ 可以表示为 $\Delta \boldsymbol{T}_{t-1,t}=\boldsymbol{T}_t-\boldsymbol{T}_{t-1}$，其中 $\boldsymbol{T}_t$ 是帧 I_t 中摄像机坐标系中的目标中心的三维坐标。由于无法获得目标的实际三维尺寸，PIZZA 无法直接估算出真实尺度下的相对平移 $\Delta \boldsymbol{T}_{t-1,t}$。故将 $\Delta \boldsymbol{T}_{t-1,t}$ 进行了参数化改写：

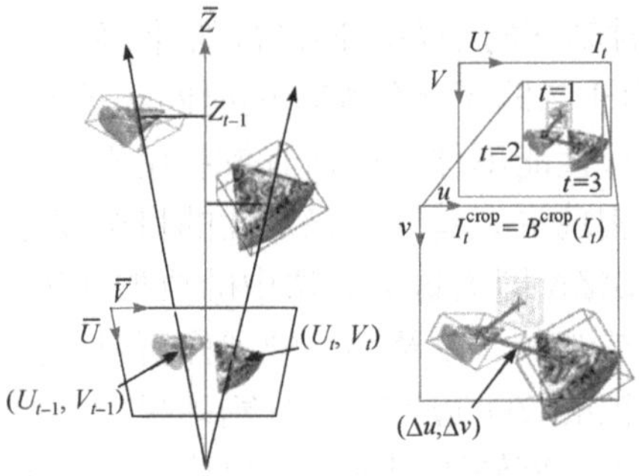

图 4-25　估计 3D 平移

$$\begin{aligned}\Delta \boldsymbol{T}_{t-1,t} &= \boldsymbol{T}_t - \boldsymbol{T}_{t-1} \\ &= Z_t \boldsymbol{K}^{-1}\begin{bmatrix} U_t \\ V_t \\ 1 \end{bmatrix} - Z_{t-1}\boldsymbol{K}^{-1}\begin{bmatrix} U_{t-1} \\ V_{t-1} \\ 1 \end{bmatrix}\end{aligned} \tag{4-32}$$

其中，如图 4-25 所示，(U_t, V_t)是物体中心图像像面上的像素坐标；Z_t 是第 I_t 帧的深度；$\boldsymbol{K}$ 是摄像机固有矩阵；(U, V)和$(\bar{U},\bar{V})$分别是原始图像和裁剪后图像的横轴和纵轴；$\bar{Z}$ 表示相机的深度坐标轴。在第 I_t 帧的跟踪过程中，已经估计了(U_{t-1}, V_{t-1})，因此更容易预测物体中心在前一帧 I_{t-1} 和当前帧 I_t 之间的二维位移$(\Delta U_{t-1,t}, \Delta V_{t-1,t})$：

$$\begin{cases} \Delta U_{t-1,t} = U_t - U_{t-1} \\ \Delta V_{t-1,t} = V_t - V_{t-1} \end{cases} \tag{4-33}$$

此外，为了估计绝对深度值 Z_t 或绝对深度变化 $\Delta Z_{t-1,t}$，还引入了如下归一化深度偏移量 $S_{t-1,t}$：

$$S_{t-1,t} = \frac{Z_t}{Z_{t-1}} - 1 \tag{4-34}$$

在实际应用中，PIZZA 进一步对裁剪后的目标图像区域进行了缩放，以满足固定分辨率图像下的网络输入要求。继而，采用平移预测网络对缩放后的目标图像进行平移量$(\Delta u, \Delta v)$预测，进而通过缩放和裁剪偏移，还原真实的目标平移：

$$\begin{cases}\Delta U = \alpha_u W^{\text{crop}} \Delta u \\ \Delta V = \alpha_v H^{\text{crop}} \Delta v\end{cases} \tag{4-35}$$

其中，α_u 和 α_v 是裁剪区域与网络输入图像之间沿图像 u 轴和 v 轴的比例因子。网络还预测了经缩放裁剪区域的深度偏移 s，该偏移也需要重新进行缩放，以获取原始的深度：

$$S = \frac{\alpha_u + \alpha_v}{2} s \tag{4-36}$$

(1) 恢复$\Delta \boldsymbol{T}_{t-1,t}$和 $\boldsymbol{T}_t$。如果 $\boldsymbol{T}_{t-1}$ 已知，可以通过ΔU、ΔV 和 S 来估计$\Delta \boldsymbol{T}_{t-1}$和 $\boldsymbol{T}_t$。具体地，给定当前帧 I_t 和前一帧 I_{t-1} 中的目标中心位置(U_{t-1}, V_{t-1})，首先根据裁剪后的图像 $I_{\text{cropt}-1}$ 和 I_{cropt} 预测$(\Delta u_{t-1,t}, \Delta v_{t-1,t}, s_{t-1,1})$。然后，利用式(4-35)将局部坐标转换为像素坐标，根据式(4-33)获得目标中心坐标(U_t, V_t)，根据式(4-36)和式(4-34)获得深度值 Z_t。最后利用式(4-32)获取相邻两帧中目标位置之间的三维平移矢量。

(2) 平移损失。目标在相邻两帧之间的三维平移参数是以裁剪区域帧和深度缩放因子 s 表示的二维位移$(\Delta u, \Delta v)$：

$$L_{\Delta \boldsymbol{T}} = \ell_1(\Delta u, \Delta u^*) + \ell_1(\Delta v, \Delta v^*) + \lambda \ell_1(s, s^*) \tag{4-37}$$

其中，Δu^*、Δv^*、s^* 是真值；ℓ_1 为平滑 L_1 损失，权重 λ 在实际应用中设为 1。

3) 估算三维相对旋转

(1) 三维旋转参数化。PIZZA 定义相邻两帧 I_{t-1} 和 I_t 之间的相对旋转$\Delta \boldsymbol{R}_{t-1,t} \in \text{SO}(3)$为

$$\Delta \boldsymbol{R}_{t-1,t} = \boldsymbol{R}_t \boldsymbol{R}_{t-1}^{\text{T}} \tag{4-38}$$

其中，$\boldsymbol{R}_t$ 是目标在 t 时刻下摄像机坐标系中的旋转矩阵。PIZZA 采用轴-角表示的方式表示旋转矩阵。该表示由矢量 $\boldsymbol{\omega} \in \mathbf{R}^3$ 定义，其中$\|\boldsymbol{\omega}\|$和 $\boldsymbol{\omega}/\|\boldsymbol{\omega}\|$分别定义了旋转角度和旋转轴。

(2) 旋转损失。PIZZA 采用上述轴-角表示下的旋转预测误差来定义旋转损失：

$$L_{\omega} = \boldsymbol{\omega} - \boldsymbol{\omega}^{*2} \tag{4-39}$$

其中，$\boldsymbol{\omega}^*$和 $\boldsymbol{\omega}$ 分别表示轴角的真值和预测值。

(3) 恢复 $\boldsymbol{R}_t$。如果已知 $\boldsymbol{R}_{t-1}$，就可以在估算出$\Delta \boldsymbol{R}_{t-1,t}$后恢复 $\boldsymbol{R}_t$。同时，在输入参数时，PIZZA 已经假设了视频中的初始帧的姿态 $\boldsymbol{R}_1$ 已知。

4) 架构

为了有效整合视频中的多帧信息，PIZZA 采用如图 4-26 所示的架构，通过将视频中预测帧之前的所有图像帧作为输入，并进行特征融合，实现多帧图像信息的融合，最终预测待预测帧与前一帧的相对姿态。具体地，PIZZA 采用 ResNet 为主体的图像编

码模块 Φ，对预测帧前的所有帧 $\{I_{t-N},\cdots,I_t\}$ 进行编码，得到对应的图像特征 $\{f_{t-i}=\Phi(I_{t-i}), i=1,\cdots,N\}$；然后，采用 Transformer 为主体的编码器，进一步将这些特征进行变换和增强：

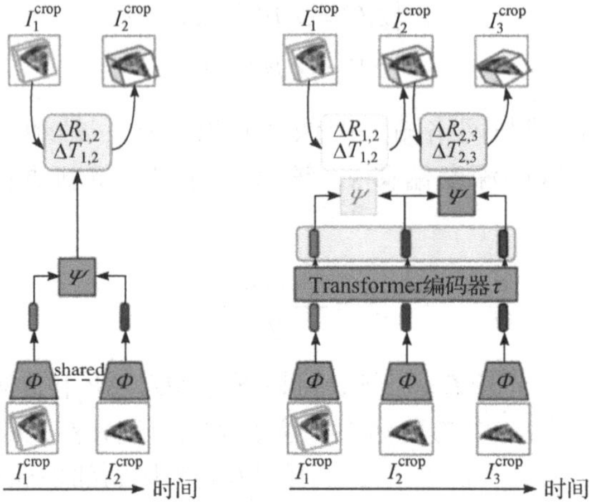

图 4-26 PIZZA 的多帧融合架构

$$\{\boldsymbol{f}_{t-N},\cdots,\boldsymbol{f}_t\}\leftarrow\mathcal{T}(\boldsymbol{f}_{t-N}\cdots\boldsymbol{f}_t) \tag{4-40}$$

最后，采用常见的三层结构的 MLP 对 I_{t-1} 和 I_t 之间的相对姿态进行估计，得到目标姿态跟踪结果。

$$(\boldsymbol{\omega}_{t-1,t},\Delta u_{t-1,t},\Delta v_{t-1,t},s_{t-1,t})=\Psi(\boldsymbol{f}_{t-1},\boldsymbol{f}_t) \tag{4-41}$$

图 4-27 为 PIZZA 方法在实际数据集的定性测试结果。从图中可以看出，针对大多数样本，PIZZA 方法所预测的物体姿态与真值基本吻合，说明其较好的姿态估计性能。

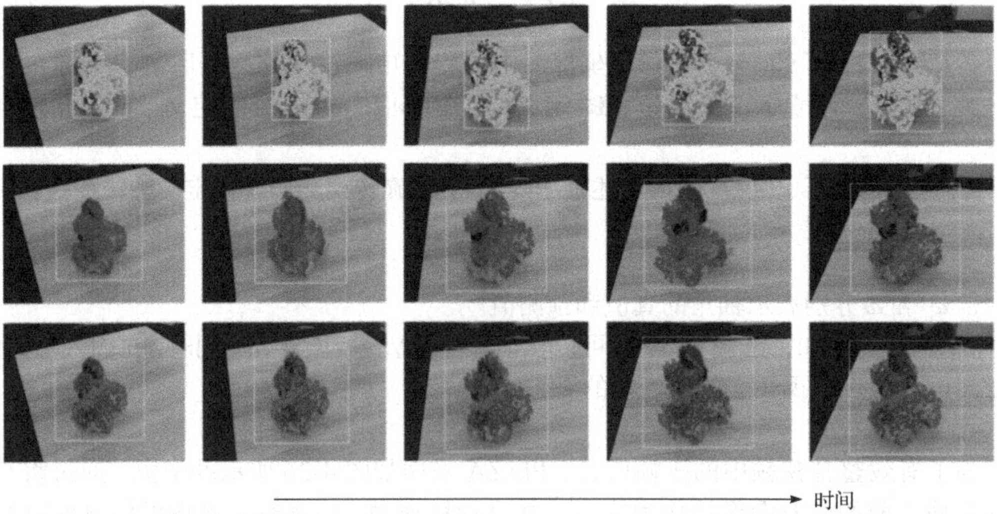

图 4-27 实际数据集的定性测试结果(每行代表不同物体的姿态跟踪结果)

本章小结

本章对空间目标姿态估计方法进行了较为全面的介绍和分析，并对比分析了内测和外测姿态估计方法，外测姿态估计方法由于不依赖放置在空间目标内部的姿态敏感传感器，因此能够对故障卫星或者空间碎片等非合作空间目标进行姿态估计，具有更好的灵活性和适用范围。针对外测姿态估计方法，本章重点介绍了基于光学图像的空间目标姿态估计方法。首先，介绍了姿态估计的参考坐标系定义以及姿态参数表示的常见形式，这部分是姿态估计的前提和基础。继而，概述了基于参考模型的姿态估计方法以及最新发展的非参考模型的姿态估计方法，如 PyraPose、NeRFPose 以及 DGECN 等典型方法，这类方法可以在单个目标的姿态估计任务上达到较好的效果，但由于必须依赖目标的已知三维模型作为参考，第一类方法的应用范围受限严重；而第二类方法，如 OnePose++、MFOS、PIZZA 等方法，抛开了对参考模型的依赖，仅要求给定已知姿态的参考图像，即可从测量时图像中获取目标的姿态，因此，这类方法更具灵活性，也代表了未来的发展趋势。空间目标姿态估计的重要发展趋势是在第二类方法基础上，进一步减少所需参考图像的限制，以进一步提升方法效率。

总而言之，空间目标姿态估计方法正成为目前空间目标智能探测与感知领域中的重要发展方向，为空间目标，尤其是非合作空间目标的在轨健康状态、工作模式等判断提供重要支撑。

习　题

1. 空间目标姿态估计可以分为哪几类？它们有什么区别？
2. 空间目标姿态描述需要哪两个参考坐标系？它们之间转换关系的辅助坐标系有哪些？
3. 对姿态进行描述的方式有哪些？它们的优缺点分别是什么？
4. 现阶段的外部成像观测方式有哪些？它们各自的特点分别是什么？
5. 基于 GPS 的导航定位系统的测量系统，宜采用哪种姿态估计法？
6. 如何得到一颗卫星的欧拉角？
7. 常见的三维模型格式有哪些？
8. 简述 PnP 算法的思想，常用的 PnP 算法有哪些？
9. 简述 ICP 算法的流程。
10. 简述 RANSAC 算法的流程，它的作用是什么？
11. 基于三维参考模型的目标姿态估计算法有什么缺点？
12. 未来在基于三维参考模型的目标姿态估计领域中存在哪些挑战？如何应对？
13. 与基于三维参考模型的方法相比，基于学习的非参考模型方法有哪些优势？
14. 基于学习的非参考模型方法面临的主要挑战有哪些？

15. 如何提升基于学习的非参考模型姿态估计的精度？

16. OnePose++模型的主要创新点是什么？和传统的基于 CAD 模型的姿态估计方法相比，有哪些不同？

17. MFOS 是如何实现姿态估计的？

18. PIZZA 相比其他基于学习的非参考模型方法有哪些优势？

19. 基于学习的目标姿态估计面临哪些挑战？如何应对这些挑战？

20. 未来基于学习的非参考模型方法的目标姿态估计的研究方向有哪些？

第 5 章

空间目标的天基探测处理技术

5.1 天基目标探测处理概述

天基目标探测，在自然图像处理领域又被称为目标检测，其任务是找出图像中所有感兴趣的目标(物体)，确定它们的类别和位置，是计算机视觉领域的核心问题之一。天基目标探测具体指在太空中检测、识别和跟踪各种目标的任务，这些目标包括人造卫星、空间站、太空碎片、星际飞船、流星体、彗星、小行星以及其他天体。该任务的重要性在于确保航天器的安全运行，保护地球轨道环境，并支持科学研究和行星防御，已经成为现代科技和航天工程的重要组成部分。随着人类活动向太空的延伸，这一领域的发展对于科学研究、安全防护和资源管理等方面具有深远影响。

天基目标探测的应用背景可以追溯到人类进入太空时代的初期。随着第一颗人造卫星“Sputnik Ⅰ”在 1957 年发射，人类开始在地球轨道上部署各类航天器。此后，各国相继发射了大量的卫星，用于通信、导航、气象观测和军事侦察等。随着卫星数量的增多，轨道上的环境变得越来越复杂，特别是空间碎片的问题日益严重。空间碎片是指人类活动产生的非功能性、失控或废弃的物体，包括废弃的卫星、火箭的残骸、失效的部件以及各种微小碎片。这些碎片以极高的速度在轨道上运行，对正常工作的卫星和航天器构成严重威胁。例如，1996 年，法国的 Cerise 卫星被一块火箭碎片击中，造成严重损坏；2009 年，美国的 Iridium 33 卫星与俄罗斯失效的卫星 Kosmos 2251 相撞，产生了大量碎片。这样的事件凸显了对天基目标进行持续监测和探测的必要性。

截至 2017 年 10 月，近地轨道范围内共有人造天体 18748 个，其中正在运行或已经停止工作的航天器 4615 个，运载火箭发动机及残骸 14133 具；截至 2015 年底，直径大于 10cm 的空间碎片约 2 万个，1～10cm 约为 50 万个，0.1～1cm 约为 3000 万个，需要航天器根据情况进行主动规避及必要防护。到 2015 年 12 月底，国际空间站共机动规避碎片 24 次，国际上超过 15 颗卫星因碎片撞击失效，全球每年碰撞概率大于 10-4 的接近时间多达 1000 多次。由此可知，小尺寸碎片数量巨大，撞击事件频发，航天器屡遭撞击破坏，空间安全形势不容乐观。

图 5-1 为 1960～2010 年空间碎片分布变化示意图。

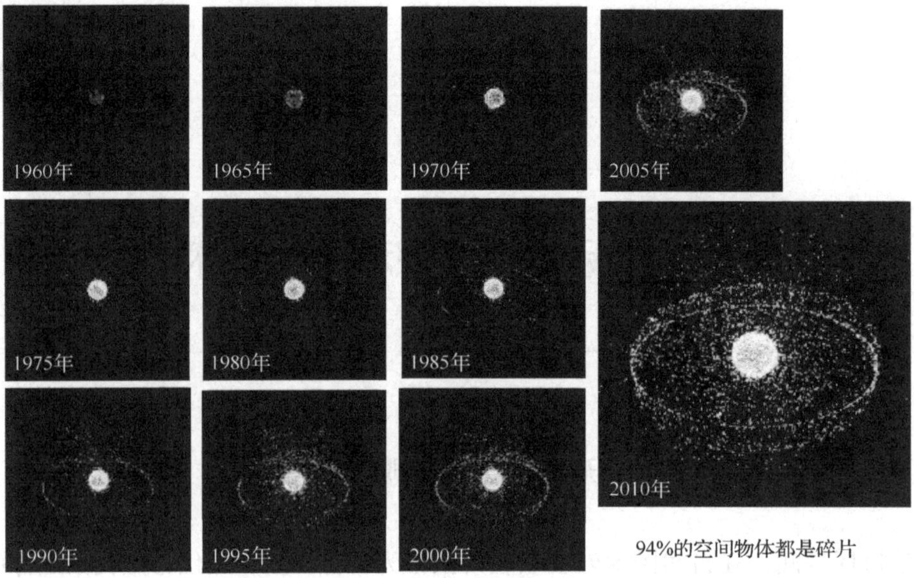

图 5-1　1960～2010 年空间碎片分布变化示意图

天基目标探测的现实意义不仅在于保护在轨航天器的安全，还包括促进科学研究和优化资源管理等方面。对于促进科学研究而言，天基目标探测为天文学、地球科学和行星科学等领域提供了宝贵的数据支持。通过在太空中部署望远镜和探测器，科学家们可以观测到地面望远镜无法看到的宇宙现象。例如，哈勃太空望远镜自 1990 年发射以来，已经为人类揭示了无数宇宙奥秘，从遥远星系的结构到行星的形成过程，再到暗物质的分布。近年来，詹姆斯·韦布太空望远镜的发射更是标志着人类天文学观测能力的又一次飞跃。对于优化资源管理而言，近地轨道资源是有限且极其珍贵的，各航天大国对这一轨道资源的竞争非常激烈。天基目标探测可以帮助监管和分配这些资源，确保公平使用并防止轨道资源的浪费和滥用。此外，随着人类对深空探索的深入，月球、火星及其他天体上的资源探测和利用成为可能，天基目标探测可以帮助人类更好地了解这些天体的资源分布，为未来的进一步开发利用奠定基础。

空间目标探测系统在探测空间碎片时所拍摄的含有恒星和运动目标的图像，简称为探测图像或星空图像，其构成与自然图像、红外图像、遥感图像相比，区别很大，这种区别主要表现在：①宇宙空间中的成像环境十分复杂，搭载于空间平台的光学相机载荷在对含有空间碎片的星空成像时会受到从宇宙而来的高能粒子等噪声的影响；②随着光学相机工作时间的增加，部分探测器会因为受热产生热像元，此外还有相机元器件在工作时产生的固有噪声；③随着空间平台所处时空位置的变化，各种杂散光可能进入相机视场而降低星空图像的图像质量；④星空图像中的恒星、空间碎片所占的像素数极少，缺少灰度纹理特征，容易被“广袤”的背景淹没。

一张由 CCD 探测器或 CMOS 探测器成像的星空图像 I 可以划分为恒星 S 、运动目标 T 、星空背景 B 和图像噪声 N 四部分。其中，星空背景可分类为无杂散光的星空背景与有杂散光的星空背景，噪声可细分为热像元、高能粒子噪声(瞬态噪声)、相机固有噪

声等几类噪声，则星空图像的数学模型可以表示为

$$I(x,y)=S(x,y)+T(x,y)+B(x,y)+N(x,y) \tag{5-1}$$

其中，(x,y)表示星空图像中某像素的行列坐标。

图 5-2 为典型的空间目标探测图像(也称为星空图像)，其中，图(a)和图(b)为探测系统工作在恒星跟踪模式下成像的探测图像，图(c)和图(d)为探测系统工作在目标跟踪模式下成像的探测图像。图(b)和图(d)分别为图(a)和图(c)同一指向天区不同拍摄时刻获取到的图像。

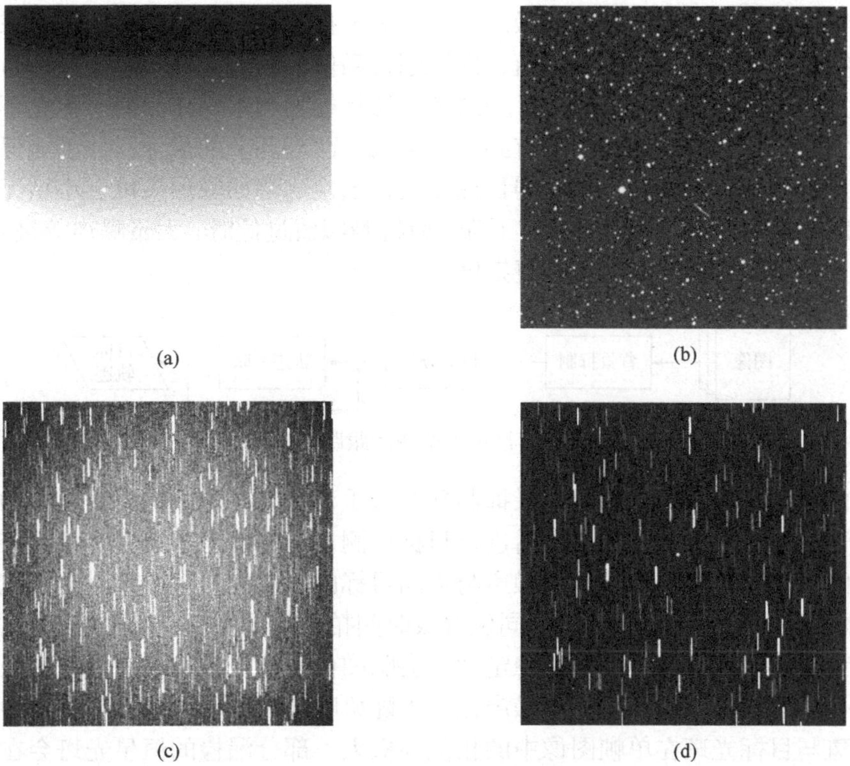

图 5-2　由 CCD 探测器成像的探测图像

由图 5-2 可以看到，在星空背景下进行空间目标探测，关键的问题就在于从复杂的图像噪声和星空背景干扰下进行极少数空间目标的发现和识别。由于图像噪声在全图范围内处处存在，对随机出现的诸如空间目标、恒星背景等小尺寸光斑的特征提取产生极大的影响，因此需要有效的噪声抑制手段，且正确区分空间目标和恒星背景，否则会导致大量虚假目标的出现，影响后续环节的规划和执行。

目前主流的暗弱空间目标检测方法可分为传统方法和深度学习方法。前者通过人工手段对特定相机所拍摄的星空图像进行分析评估，进而设计针对性强的专有星空图像目标检测方法；后者依赖于强大的 GPU 算力，通过不同相机所拍摄的大数据量的数据投喂，训练出泛化能力较好的通用星空图像目标检测方法。然而，星空图像天然存在的目标特征稀少、背景变化复杂等问题导致从自然图像迁移过来的通用目标检测算法的处理能力

较弱，在实际应用时还是以人工针对相机特性专门设计的传统类方法为主。

1. 传统类方法

传统类方法又可根据检测环节和跟踪环节的先后顺序分为先检测后跟踪和先跟踪后检测两种。前一类方法是首先基于单帧图像进行目标检测，进而根据序列图像上的目标特征进行不同目标的分别关联和跟踪；而后一类方法是利用目标运动信息，直接在序列图像之间完成基于时域、空域、频域的目标检测和关联。

如图 5-3 所示，先检测后跟踪(detect before track，DBT)方法首先对获取到的星空图像进行背景抑制操作，尽可能滤除噪声、恒星等干扰因素对空间目标检测带来的影响，随后根据特定准则计算检测关联阈值，提取超过阈值的图像区域信息，进行目标轨迹的初始化、关联、更新等目标跟踪计算。DBT 方法将检测和跟踪作为两个独立环节分开处理，然而空间目标的检测与跟踪是有必然联系的，两个环节的最优，并不能保证最终结果的最优。检测阈值偏高会导致暗弱目标丢失，当检测诸如隐形飞机、小型无人机和小型导弹等暗弱目标时，其性能将迅速下降。而检测阈值过低时，大量噪声等被当作目标，虚警增多，增加了数据关联的计算复杂度。

图 5-3 空间目标先检测后跟踪方法流程图

大量的先检测后跟踪方法从背景抑制环节入手，首先排除相机处处存在的本底噪声干扰，提升空间目标的信噪比，之后进行目标检测。当高能粒子轰击在相机探测器靶面时会造成瞬时高能粒子噪声，该类噪声与空间目标的外形相似，严重时会造成大量虚假目标，抑制该类噪声一般是通过将不同位置或时间拍摄的同一星空背景的图像进行融合，利用星空背景短时间内不会变化的稳定性，去除图像中随机分布的高能粒子噪声。除本底噪声这一类全局噪声和高能粒子噪声这一类随机噪声以外，由于星空背景中大量存在的恒星光斑与目标光斑在单帧图像中的相似性极大，部分漏检的恒星光斑会在目标分割和轨迹关联环节形成虚假的目标轨迹，该类方法的解决思路一般是通过空间目标与背景恒星在多帧图像中的相对运动加以区分。

另一类传统方法，即先跟踪后检测(track before detect，TBD)方法的处理流程图如图 5-4 所示，该类方法试图采用软决策的手段弥补 DBT 方法的固有缺陷，将图像中有可能存在空间目标的区域都进行初始化，在数据关联的过程中根据目标运动轨迹判定其是否为真实目标，从而剔除噪声或假目标等。TBD 方法在检测环节就考虑了多帧序列图像中的目标运动规律，可利用的信息更多，但同时也存在实时性较差的问题。

图 5-4 空间目标先跟踪后检测方法流程图

常用的先跟踪后检测方法包括三维匹配滤波算法、基于光流的方法、基于背景模型及奇异点检测的方法、多级假设检验序贯处理、动态规划算法、基于轨迹滤波的方法等。其中，三维匹配滤波算法根据目标可能的运动状态设计和选择匹配滤波器对目标在序列图像中的运动信息加以利用，但是由于不同的空间目标的轨道各不相同甚至差异极大，且大量的暗弱目标由于信噪比较低，在序列图像中更容易被恒星淹没，导致该类方法检测效果不佳。光流法的思想是将每个像素作为一个运动的个体，由于目标像素的运动速度和方向与背景不同，可以建立光流场衡量像素速度的差异，从而检测到运动目标。然而，光流法依赖于对序列图像光流场的准确估计，在目标特性、图像亮度及噪声变化的情况下不够稳定。多级假设检验算法将所有潜在目标轨迹建立起树状结构，对每帧图像的树依次进行截断序贯假设检验。但在低信噪比条件下，受到噪声影响，潜在目标点数量增大使得目标树变得非常复杂；序列中目标轨迹如果中断，则无法继续构建目标树，对待检测目标的信噪比要求较高。基于轨迹滤波的方法对一般目标图像能取得很好的检测效果，但由于在空间图像中，背景中的恒星和空间碎片的灰度分布基本一致，恒星和目标在相邻帧间都存在运动，不能有效地将目标从星空背景中区分出来。因此，也有大量学者从恒星的空间结构特点入手，提出了基于恒星识别、序列星图配准的目标检测方法。该类方法利用背景恒星和目标在时域的不同运动特性，通过奇异点检测的方法根据较亮恒星估计得到的背景运动参数(平移量、旋转量)，通过帧差法消除校正后图像中的恒星，虽然可以排除大量恒星的干扰，但部分未消除的残余恒星对低信噪比的目标检测影响依然很大。基于星图匹配的空间碎片检测方法不仅需要相机参数、拍摄时间、相机指向和恒星星库等先验信息，还需要进行星图匹配搜索视场中的所有恒星，在背景恒星数量大时，计算量非常大。

2. 深度学习类方法

深度学习类的空间目标检测方法由自然图像中对于车辆、行人等大体积类别的目标检测方法迁移而来。其中，最具影响力的卷积神经网络(CNN)成为深度学习理论研究的重要基石，在图像分类、图像识别、图像分割、目标检测等领域都取得了显著效果和影响力。和传统方法相比，基于卷积神经网络的深度学习方法能够充分自主挖掘并探索图像像素间的联系，并进行样本特征选择和分类器的训练。

对于颜色纹理都十分缺乏的空间目标而言，无法直接使用传统自然图像的特征描述方法，如图 5-5 所示，需要利用深度学习技术对空间探测图像进行深入挖掘和学习，提取具有高辨识度的图像特征，从而完成对于空间碎片的目标监测任务。通用的研究思路是基于对探测图像上空间目标的特征分析，将离散小波变换、主成分分析、奇异值分解、SIFT(scale-invariant feature transformation)特征提取等方法进行结合，再利用如 K 最近邻、SVM 分类器等机器学习方法对目标像素进行分类。这类方法的实现形式基于人工设计选取特征值，对于空间碎片探测起到了一定作用，但是模型的鲁棒性和迁移能力有很大的提升空间。

在深度神经网络出现之前，目标分割、目标检测等任务都将特征提取和分类器训练作为两个独立的步骤，而基于卷积神经网络的方法把特征提取和分类器训练变成一个整

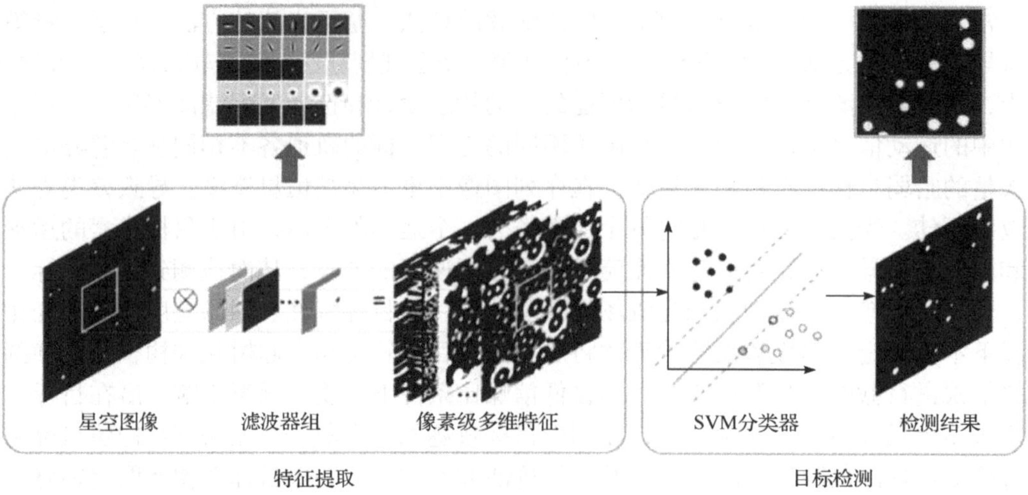

图 5-5 探测图像样本特征选择与分类器训练流程

体，如图 5-6 所示，通过数据训练网络，根据分类结果反馈调整网络参数，使网络自己学习利于分类识别的图像特征。它的诞生解决了人工选取探测图像特征适配度不高的问题。

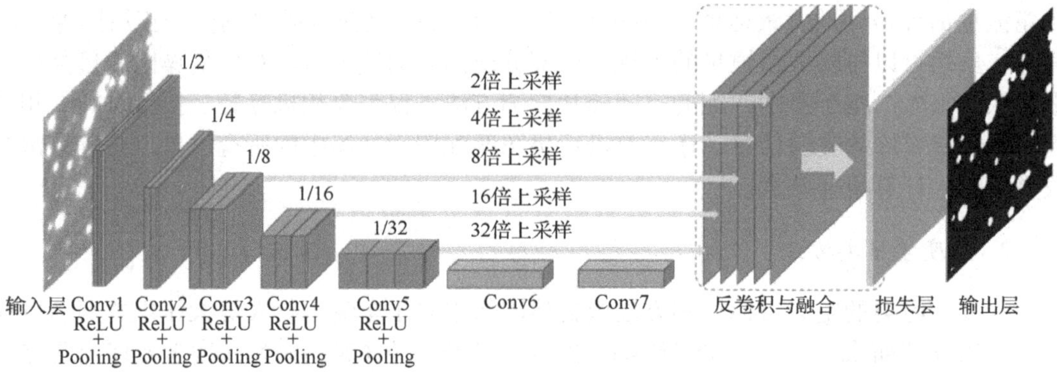

图 5-6 一种典型的基于卷积神经网络的探测图像目标分割方法网络结构图

和常见的自然图像不同的是，探测图像具有典型的画幅宽、目标小、噪声干扰大等特点，无论是采用传统方式还是使用卷积神经网络对图像直接进行分类分割，都很难提取到有效的高层语义信息。另外，采用深度学习方法直接进行目标分割，不管是端到端还是两阶段的，都将耗费巨大的检测时间与空间复杂度。就目前而言，工业界更加青睐于简单易用算法直观的传统空间目标探测技术。

5.2 天基目标探测技术

空间目标探测技术，按照不同的功能划分，可主要分为四种技术：目标分割技术、目标检测与定位技术、星图匹配技术、目标关联技术等。无论是检测前跟踪还是跟踪后检测，都需要将目标特征完整地提取出来，因此目标分割技术和目标检测与定位技术更是四者之间的重中之重。

5.2.1　目标分割技术

目标分割技术是实现天基目标探测的关键技术之一。不同于常见的自然图像目标分割，在空间探测图像中，待分割空间目标距离探测器靶面非常远，空间目标在探测图像中一般表现为静止点状或有相对运动的短条状，仅占几个或十几个像元，容易被星图背景中不均匀起伏的噪声淹没，且与空间背景中的大量恒星十分相似，极难区分。因此，常见的针对自然图像设计的目标分割算法无法作用于空间目标探测图像。

下面介绍一种通用性较好的基于 U-Net 的空间目标分割方法。

对于探测图像而言，目标分割技术是一种典型的二分类问题：前景(如恒星、目标的光斑)像素和背景像素。该类方法只区分前景和背景，不对恒星和目标类别加以区分，留给后续的星图识别和目标关联等环节进一步进行处理。由于空间目标或恒星天体在探测图像中呈现的尺寸极小，不需要长距离的上下文特征信息，只需要依赖于少数相邻像素点的特征补充即可。本章所介绍的方法，其网络架构为典型的 U-Net 网络，采用和 VGG16 相同的卷积层和反卷积层网络结构，添加基于编码器-解码器的卷积层结构，并且编码器和解码器的每个深度卷积层之间都设计有跳跃连接。

1. 基础网络结构

编码器浅层负责提取较低层级的像素特征，例如，第一个卷积层的边缘信息，更深层负责产生更高级别的语义信息，例如，光斑的位置和属性等。信息从编码器传递到解码器并进行跳跃连接，通过上采样的编码信息在解码器中逐步恢复到输出图像的原始尺度。跳跃连接允许解码器直接访问低层图像特征信息，因此跳跃连接是网络的重要组成部分，因为它们允许解码器不仅知道光斑位置(高层特征)，而且还知道它们的精确边界(低层特征)。编码器设计和解码器设计分别如表 5-1 和表 5-2 所示。

表 5-1　编码器设计

网络层	参数
输入层	Input(kernelsize = 3)
卷积层 1	Conv1_1 + ReLU Conv1_2 + ReLU pooling1(kernelsize = 2)2 倍下采样
卷积层 2	Conv2_1 + ReLU Conv2_2 + ReLU pooling2(kernelsize = 2)2 倍下采样
卷积层 3	Conv3_1 + ReLU Conv3_2 + ReLU pooling3(kernelsize = 2)2 倍下采样
卷积层 4	Conv4_1 + ReLU Conv4_2 + ReLU pooling4(kernelsize = 2)2 倍下采样
卷积层 5	Conv5_1 + ReLU Conv5_2 + ReLU

表 5-2 解码器设计

网络层	参数
反卷积层 1	Deconv1 Copy and Concatenate(Deconv1 + pooling4)
反卷积层 2	Deconv2 Copy and Concatenate(Deconv2 + pooling3)
反卷积层 3	Deconv3 Copy and Concatenate(Deconv3 + pooling2)
反卷积层 4	Deconv4 Copy and Concatenate(Deconv4 + pooling1)
图像大小修正	Conv
损失层	SoftmaxLoss

网络结构图如图 5-7 所示。

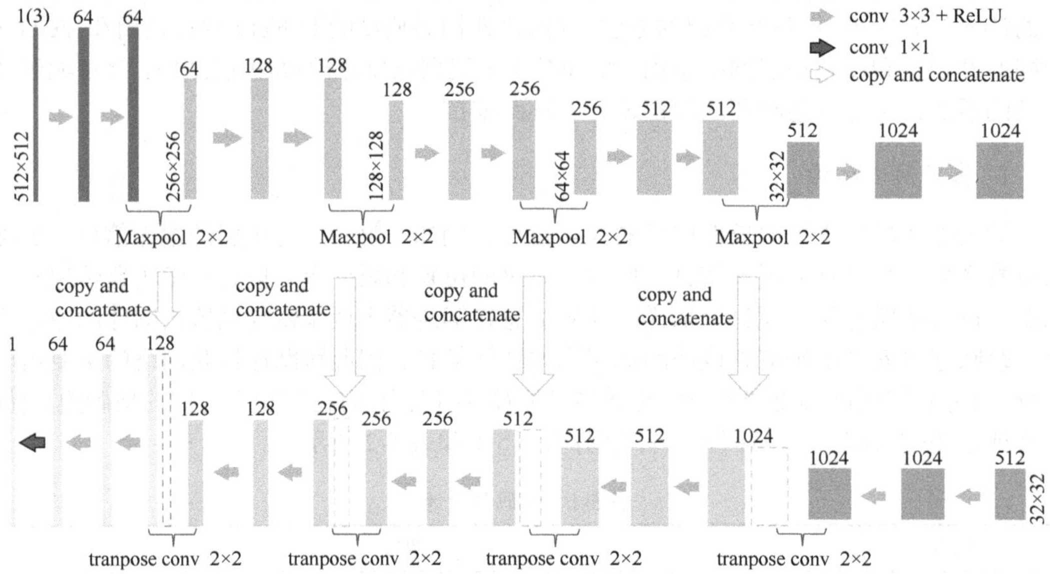

图 5-7 网络结构示意图

整体的网络结构就是先编码(下采样)，再解码(上采样)，回归到跟原始图像一样大小的像素点的分类。该网络结构主要分为三部分：下采样、上采样以及跳跃连接。首先将该网络分为上、下两部分进行分析，上面是编码过程，即编码器，通过卷积操作和下采样操作来逐步提取图像特征。下面是解码过程，即解码器，通过卷积操作和上采样操作依据图像特征逐步计算出图像分割结果。中间通过拼接融合(concatenate)的方式，将编码器中获得的特征图(feature map)和解码器获得的特征图结合在一起，根据得到的特征图进行预测分割。

网络特征融合部分采用拼接和裁剪的方法，将各层特征图进行不同倍数的上采样恢复，并同各层下采样特征图进行融合，具体特征融合步骤如下。

将 Deconv1 层得到的特征进行 2 倍上采样，同下采样时 Pooling3 层的特征图进行跳跃连接，将两者的特征图进行维度拼接融合，之后通过卷积层调整特征图维度，再进行 2 倍上采样。

经过 Deconv2 层上采样后，同下采样时 Pooling2 层的特征图进行跳跃连接处理，将浅层信息和深层信息融合，再进行 2 倍上采样。

以此类推，Deconv3 层上采样后，与下采样时 Pooling1 层进行特征信息融合，再进行 2 倍上采样；Deconv4 层上采样后，与输入图像经过卷积层 1 的特征图信息进行融合，最后经过卷积操作，输出与输入图像尺寸相同的预测图。

2. 特征信息融合

特征信息融合是指将语义信息更丰富的深层卷积特征和浅层卷积特征进行融合。对于图像语义分割来说，浅层特征和深层特征均具有价值，然而随着网络层数的堆叠，较浅层的特征将逐渐被较深层的特征混淆，特征信息融合能够更好地保留不同层级特征中的重要信息，有利于实现更加精细的分割效果。

跳跃连接是实现特征融合的结构之一，本网络中使用堆叠操作(concatenation)，也指的是复制和剪切(copy and crop)，利用 concat 拼接层来融合编码、解码两个过程中对应位置上的特征图，使得解码器在进行上采样时能够获取到更多的高分辨率信息，进而更完善地恢复原始图像中的细节信息，提高分割精度。

concat 层的作用就是将两个及以上的特征图在通道(channel)或尺寸(num)维度上进行拼接，如若两个特征图维度大小不一致，需要在叠加操作前进行裁剪，示意图如图 5-8 所示。

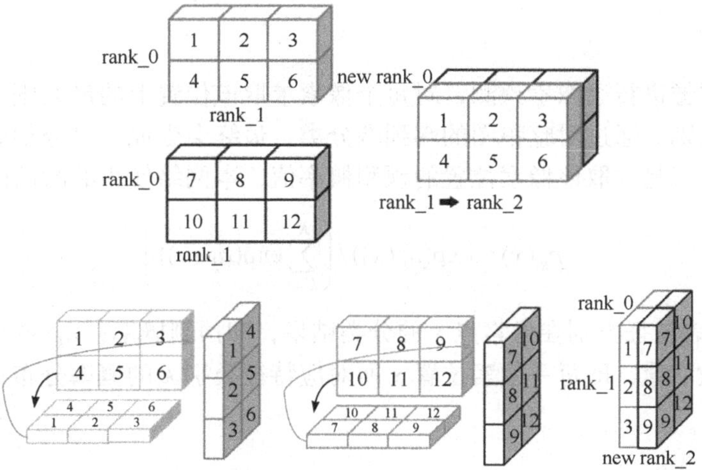

图 5-8　concat 操作示意图

网络中的灰色箭头为复制和剪切操作，网络同一层左边提取到的特征张量要比右边大，所以要想利用浅层的特征图，就要进行一些剪切(以中心某个区域进行裁剪)。其 concat 层是在信道维度上进行拼接，此时信道的数量增加，即同一大小的特征图拥有更多的特征信息表示，可以提高分割性能。

利用跳跃连接，对不同尺度的特征进行信息融合，并同时保证上采样恢复出来的特征更加精细，从而对新输入数据的敏感度更低，泛化能力更强。跳跃连接处理示意图如图 5-9 所示。

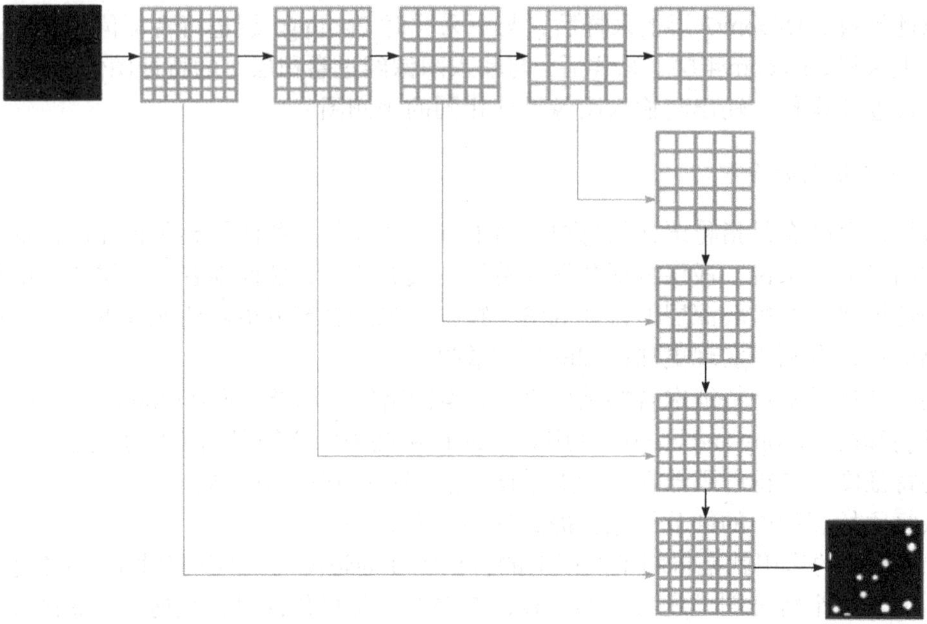

图 5-9 跳跃连接处理示意图

3. 激活函数

对于输入图像进行逐像素预测，对每个像素求取该位置上的最大概率分布值，将其作为该像素的类别。通过对整幅图的端到端分类，最终会生成一张分割好的预测图。而激活函数的作用就是求取该像素位置的预测概率值，本网络使用的激活函数如下：

$$p_k(x) = \exp(a_k(x)) / \left(\sum_{k'=1}^{K} \exp(a_{k'}(x)) \right) \tag{5-2}$$

其中，$p_k(x)$ 代表特征类别在像素点 x 的分类结果，即预测概率；$a_k(x)$ 代表像素点 x 处特征通道 k 的激活值，即每一像素位置 x 所对应特征类别 k 的概率分布；K 代表特征类别总数。

4. 损失函数

损失函数的作用是评价网络模型输出预测值和输入真实值之间的差异性，衡量预测值对于真实标签值的差异损失。不同结构的网络模型所使用的损失函数一般也不尽相同，损失函数和网络结构匹配得越好，模型的性能越好。

1) 交叉熵损失函数

交叉熵损失(cross entropy loss)函数常用于端到端的像素级语义分割网络任务，该损失函数会逐像素进行处理，对每个像素点所预测的类别结果，即概率分布结果，与编码器提取的 one-hot 特征向量进行对比。

$$\text{pixel loss} = -\sum_{\text{classes}} y_{\text{true}} \log(y_{\text{pred}}) \tag{5-3}$$

2) 二元交叉熵损失函数

本网络是基于二分类的语义分割分类网络，而二元交叉熵损失(binary cross entropy loss)函数也是针对二分类任务经常应用的损失函数，简称 BCE loss，其公式为

$$\text{Loss} = -\frac{1}{N}\sum_{i=1}^{N} y_i \cdot \log(p(y_i)) + (1-y_i)\cdot\log(1-p(y_i)) \tag{5-4}$$

BCE loss 主要是对二分类网络任务的预测性能进行评价，评判模型性能好坏。当 y_i 表示为 1 类别时，若预测概率 $p(y_i)$接近 1，则相对应的 BCE loss 应该更接近 0。反之，如若预测概率 $p(y_i)$趋近 0，则 BCE loss 应该较大，同 log 函数性质一致。

3) 加权交叉熵损失函数

加权交叉熵损失(weighted binary cross entropy loss)函数，基于二元交叉熵损失函数改进，它针对网络输出的预测概率分布特征向量，对其进行加权求值，赋予像素数量占比较大和较小样本不同的权值，目的是希望能够使网络模型更加关注数量占比较少的类别样本，以此来缓解样本图像中的类别分布不均衡问题。加权交叉熵损失函数如下：

$$\text{pos\_weight} = \frac{\text{num\_neg}}{\text{num\_pos}} \tag{5-5}$$

$$\text{loss} = -\text{pos\_weight} \times y_{\text{true}} \log(y_{\text{pred}}) - (1-y_{\text{true}})\log(1-y_{\text{pred}}) \tag{5-6}$$

若增大 pos_weight，则可减少假阴性样本数量；若减小 pos_weight，则可以减少假阳性样本的数量。和二元交叉熵损失函数相比，加权交叉熵损失函数在数据样本类别分布不均衡的情况下可以获得更好的分类效果。

4) 焦点损失函数

焦点损失(focal loss)函数主要解决分类检测中出现的类别不平衡、分类难度有很大差异等问题，它能够减小易分样本在训练中的权值，着重关注占比小的难分样本，是一种对于困难样本的挖掘。其公式如下：

$$L_{fl} = \begin{cases} -\alpha(1-y')^{\gamma} \log y', & y=1 \\ -(1-\alpha)y'^{\gamma} \log(1-y'), & y=0 \end{cases} \tag{5-7}$$

参数 α 是平衡因子，作用是平衡正负类别样本的比例。γ 为调制系数，$\gamma \geqslant 0$。该系数用来控制易分类别样本权值，进而使得模型在训练时更注重难分类别样本。焦点损失函数实质上是难分类以及易分类样本对于总体损失贡献的度量。

5. 典型实验结果

(1) 不含噪声图像的目标分割效果，如图 5-10 所示。

(a) 原始图像

(b) 分割图像

图 5-10　不含噪声的原始图像和分割图像

(2) 含噪声图像的目标分割效果，如图 5-11 所示。

(a) 原始图像

(b) 分割图像

图 5-11　含噪声的原始图像和分割图像

5.2.2　空间目标检测定位方法

1. 空间目标检测方法

空间目标探测，是将自然图像处理中的目标检测技术迁移到探测图像处理中，其目的是从单帧探测图像中检测到前景(恒星、目标)光斑的位置和类别。

1) 基础网络结构

传统的目标检测识别网络，如 VGG16，它的输入图像大小是固定的，因为全连接层的存在，网络将卷积层输出的特征图进行全连接，得到一维的预测输出，不会考虑图像中物体的空间位置信息。全连接层的作用就是将特征图每个元素进行线性组合得到输出元素，用卷积核大小等同于特征图大小的卷积也能达到同样的效果，进一步通过权值共享并使用 1×1 的卷积就可以对全连接层进行替换。替换全连接层后的网络：降低了参数量；保留了图像原有空间关系，可以得到图像上所有目标出现概率的热力图(heatmap)；可以支持任意尺寸的输入图像进行检测分类。

本节方法采用 YOLOv3 网络结构，以 Darknet-53 作为骨干网络(backbone)。它包含 53 个卷积层，每个后面跟随着 Batch Normalization 层和 LeakyReLU 激活层。不使用池化操作，而通过使用步幅为 2 的卷积层作为替代进行下采样操作，这样可以减小池化操作带来的低层级特征损失。网络总共输出 3 个特征图，分别为下采样 32 倍、16 倍和 8 倍。网络参数如表 5-3、表 5-4 所示。

表 5-3　下采样部分网络结构

网络层	参数
输入层	Input
卷积层 1	Conv1(filter = 32 pad = 1 stride = 1 size = 3) + LeakyReLU Conv2(filter = 64 pad = 1 stride = 2 size = 3) + LeakyReLU
残差层 1	Conv3(filter = 32 pad = 1 stride = 2 size = 1) + LeakyReLU Conv4(filter = 64 pad = 1 stride = 2 size = 3) + LeakyReLU Residual
卷积层 2	Conv5(filter = 128 pad = 1 stride = 2 size = 3) + LeakyReLU
残差层 2	Conv6(filter = 64 pad = 1 stride = 2 size = 1) + LeakyReLU Conv7(filter = 128 pad = 1 stride = 2 size = 3) + LeakyReLU Residual
卷积层 3	Conv8(filter = 128 pad = 1 stride = 2 size = 3) + LeakyReLU
残差层 3	Conv9(filter = 32 pad = 1 stride = 2 size = 1) + LeakyReLU Conv10(filter = 64 pad = 1 stride = 2 size = 3) + LeakyReLU Residual
卷积层 4	Conv11(filter = 128 pad = 1 stride = 2 size = 3) + LeakyReLU
残差层 4	Conv12(filter = 32 pad = 1 stride = 2 size = 1) + LeakyReLU Conv13(filter = 64 pad = 1 stride = 2 size = 3) + LeakyReLU Residual
卷积层 5	Conv14(filter = 128 pad = 1 stride = 2 size = 3) + LeakyReLU
残差层 5	Conv15(filter = 32 pad = 1 stride = 2 size = 1) + LeakyReLU Conv16(filter = 64 pad = 1 stride = 2 size = 3) + LeakyReLU Residual

表 5-4　上采样部分网络结构

网络层	参数
检测层 1	Conv Block 5L
损失层 1	边界框损失 + 分类损失 + 置信度损失
反卷积层 1	Deconv1 Concate(Deconv1 + 残差层 4)
检测层 2	Conv Block 5L
损失层 2	边界框损失 + 分类损失 + 置信度损失
反卷积层 2	Deconv2 Concate(Deconv2 + 残差层 3)
检测层 3	Conv Block 5L
损失层 3	边界框损失 + 分类损失 + 置信度损失

总体网络结构图如图 5-12 所示。

上采样部分采用反卷积和特征拼接的方法，将小尺度的深层特征图按下采样的倍数进行上采样以达到与浅层特征图相同的尺度，再进行特征图的拼接，具体步骤如下。

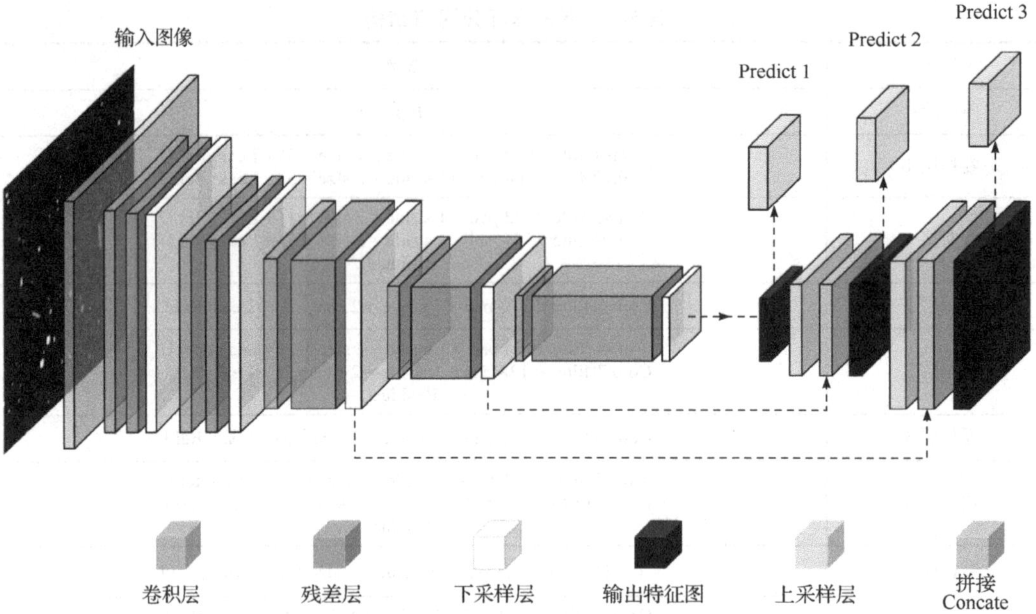

图 5-12 总体网络结构示意图

由于残差层 5 得到的特征图与残差层 4 的特征图的宽高相差一倍，因此将残差层 5 得到的特征图进行 2 倍反卷积上采样，并与残差层 4 的特征图进行拼接。得到宽高不变、通道数变大的融合特征图，用于检测层 2 的预测。

残差层 5 与残差层 4 融合的特征图的宽高和残差层 4 相同，与残差层 3 的宽高相差一倍，将残差层 5 与残差层 4 融合的特征图进行 2 倍反卷积上采样，并与残差层 3 的特征图进行拼接，用于检测层 3 的预测。

2) 网络训练

由于网络结构较为复杂，各层参数众多，收敛过程较长。如果直接使用全数据集训练，可能在设定的迭代次数后，网络也不能收敛。因此可采用分阶段训练的方式，以先收敛加微调的方式进行。用基础数据集先训练好收敛模型，用于后续阶段网络各层参数的初始化，用扩充的数据集对收敛模型进行训练，微调收敛模型以达到更好的检测效果和泛化能力。

首先采用简单的星空数据集进行第一阶段的训练，数据集不包含复杂噪声干扰，这样的数据集使模型收敛更快，训练后的网络能基本做到对恒星、运动目标的粗检测。保存第一阶段训练后的网络模型用于第二阶段的网络参数初始化中。第二阶段的训练利用带复杂噪声的星空图像进一步进行训练，因为有第一阶段的预训练，网络对目标和恒星有一定的检测能力，这一阶段的训练主要提高了网络模型对噪声影响的鲁棒性。再次保存网络模型作为第三阶段网络的初始化参数。第三阶段对训练集图像进行随机的平移、旋转、镜像和尺度变换，利用加入变换后的图像进行训练，提升网络的精度及泛化能力。训练数据集变换及分阶段训练流程如图 5-13 和图 5-14 所示。

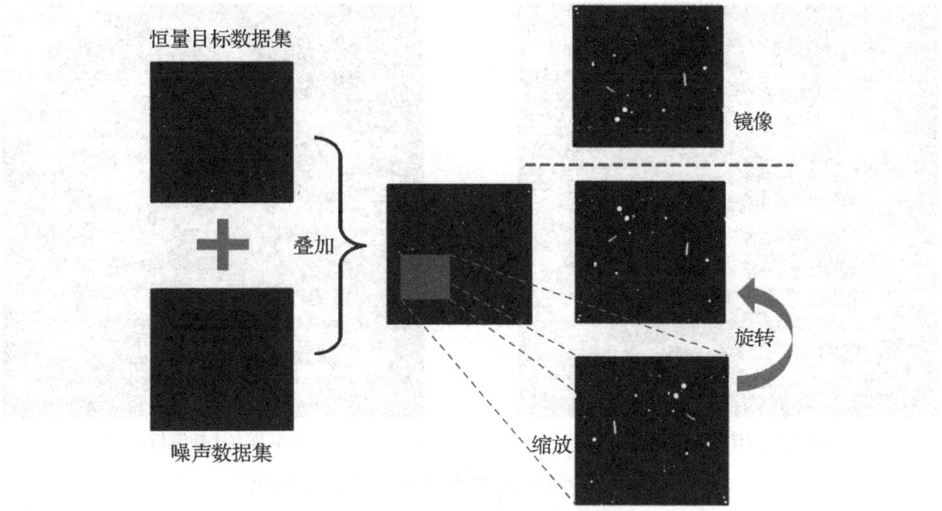

图 5-13　训练数据集变换示意图

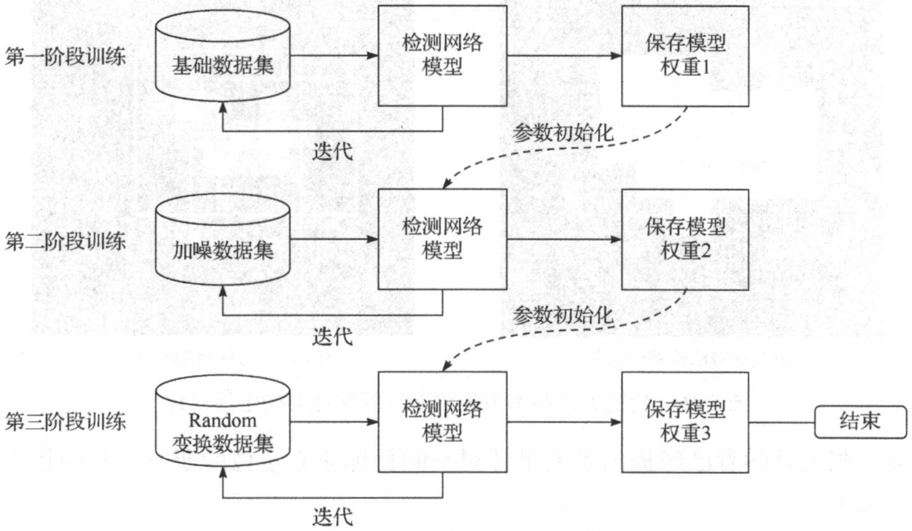

图 5-14　分阶段训练流程示意图

3) 典型实验结果

传统方法与本节方法的定性对比如图 5-15 所示。

在检测结果中，本节网络模型在星点粘连情况下表现出很好的效果，如图 5-16 所示。传统方法只能分割出一个光斑，导致将多个星点当作一个星点输出。但本节网络能根据学习到的星点相关特征，提取出邻近状态下的多个星点分别进行检测。

2. 空间目标定位方法

空间目标定位方法的目的通常是对空间目标在探测图像中所成像的光斑质心进行定位，对于描述空间目标在单帧图像中的位置信息和在连续图像中的运动状态具有重要意义。

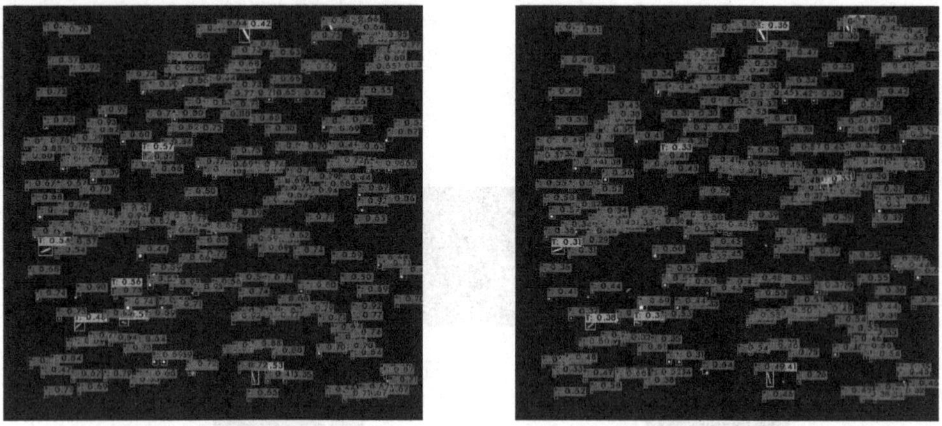

(a) 传统方法检测标记图 (b) 本节方法检测标记图

图 5-15　传统方法与本节方法的定性对比

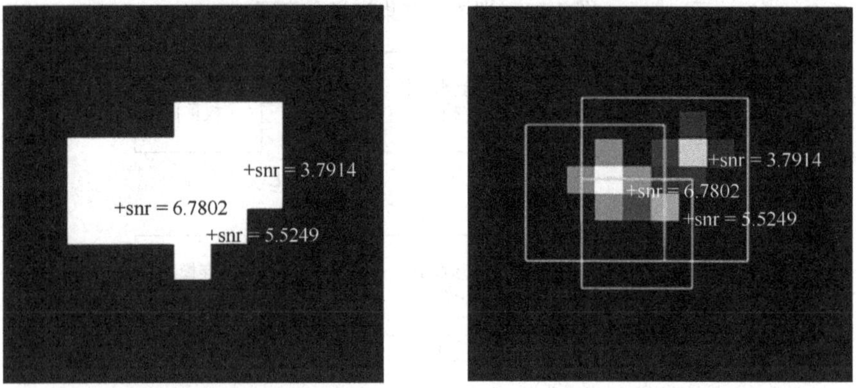

(a) 传统方法检测标记图 (b) 本节方法检测标记图

图 5-16　传统方法与本节方法在目标粘连时的定性对比

目前，国内外学者已经提出了大量针对空间目标质心定位的研究，其中较为典型的研究成果如下。

(1) 灰度质心法：通过计算图像中目标区域灰度加权的质心位置来实现定位。

(2) 平方加权质心法：在计算质心位置时，采用像素灰度值的平方作为权重，以增强对高灰度像素的响应。

(3) 带阈值的质心法：在计算质心时，通过设定阈值来限制计算范围，避免低灰度像素的影响。

(4) 抛物面拟合法：利用二维图像上的像素灰度值进行抛物面曲线拟合，从而精确求解目标的质心位置。

(5) 高斯曲面拟合法：通过拟合高斯曲面来适应目标的复杂形状和光学特性，提高定位精度。

此外，还有大量学者在上述经典算法的基础上改进了更加适合于特定相机的质心定位方法，此处不一一列举。本节采用经典的平方加权质心定位方法作为示例。在进行质心定位前，首先需要对星空图像进行预处理、图像分割、连通区域标记操作，其中预处理、图像分割已在前面描述，以下将简要介绍连通区域标记操作。

连通区域标记(connected component labelling)即找出二值图像中互相独立的各个连通域并加以标记。在讨论连通区域标记的算法之前，先要明确什么是连通区域，怎样的像素邻接关系构成连通。在图像中，最小的单位是像素，每个像素周围有 8 个邻接像素，常见的邻接关系有 2 种：4 邻接与 8 邻接。4 邻接一共 4 个点，即上、下、左、右，构成四连通域，如图 5-17(a)所示。8 邻接一共有 8 个点，包括了对角线位置的点，构成八连通域，如图 5-17(b)所示。

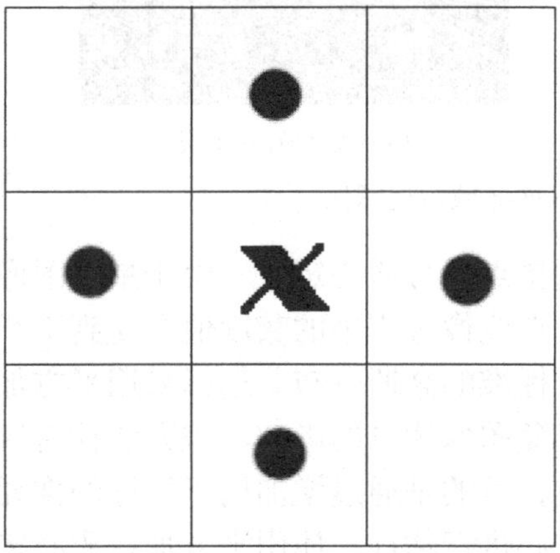

(a) 四连通域

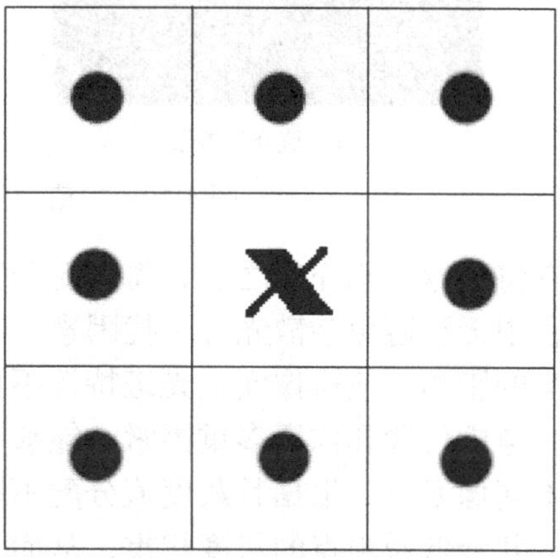

(b) 八连通域

图 5-17　四连通域和八连通域

如果像素点 A 与 B 邻接，称 A 与 B 连通，于是不加证明的有如下的结论：如果 A 与 B 连通，B 与 C 连通，则 A 与 C 连通。

在视觉上看来，彼此连通的点形成了一个区域，而不连通的点形成了不同的区域。连通域示意图如图 5-18 所示。这样的一个所有的点彼此连通构成的集合，称为一个连通区域。在图 5-18 中，如果考虑四连通域，则有 3 个连通域；如果考虑八连通域，则有 2 个连通域。

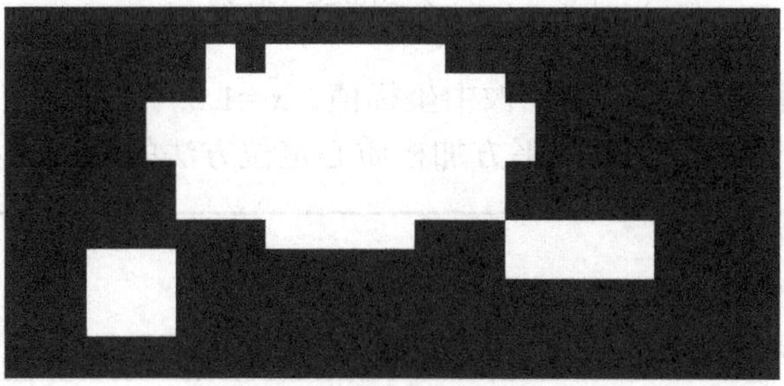

图 5-18　连通域示意图

显然，连通域标记可以自然而然地应用于空间图像质心定位计算流程中，对 5.2.1 节中二值分割后的星空图像进行八连通域标记的处理结果如图 5-19 所示。在图 5-19(b)中，考虑到连通域较多，因此以灰色深浅标记不同的连通域，相同的连通域内的像素的灰度值相同，从左上角到右下角，各连通域的灰度值逐渐增大。

(a) 二值分割图像　　(b) 八连通域标记图像

图 5-19　二值分割图像和八连通域标记图像

在将图像分割完成之后，需要对分割出来的星点进行质心定位。由于星空图像在成像过程中无法避免杂散光等干扰因素，因此恒星在成像过程中的灰度值会受到不均匀杂光背景的影响，使得像面上光斑特性不再是一个标准的高斯分布。选择采用平方加权质心法，考虑位置和像素多重因素，能够有效地避免图像背景的影响。该方法针对候选区域的不同像素点，根据其灰度值分配不同的权重，目的是通过增加属于目标的像元灰度权重，并降低噪声点的灰度权重，从而对目标质心进行估计。使用平方加权质心定位方法得出的光斑质心为

$$\begin{cases} x_0 = \dfrac{\sum\limits_{x=1}^{m}\sum\limits_{y=1}^{n}\text{image}^2(x,y)\cdot x}{\sum\limits_{x=1}^{m}\sum\limits_{y=1}^{n}\text{image}^2(x,y)} \\ y_0 = \dfrac{\sum\limits_{x=1}^{m}\sum\limits_{y=1}^{n}\text{image}^2(x,y)\cdot y}{\sum\limits_{x=1}^{m}\sum\limits_{y=1}^{n}\text{image}^2(x,y)} \end{cases} \tag{5-8}$$

其中，image 为原始图像；(x, y)为图像中坐标值，$x=1,2,\cdots,m$，$y=1,2,\cdots,n$。

根据上述原理，对单颗光斑的平方加权质心定位方法的伪代码如下。

输入：
Image：输入的灰度图像
PointArea：目标区域的坐标点集

输出：
Center：计算得到的中心点坐标

代码主体：
开始：

```
1. 初始化 sumX, sumY, sumGray 为 0
2. 获取 PointArea 的点数 pointnum = size(PointArea, 1)
3. 对于每个点 i in pointnum:
   a. 获取点的坐标 (x, y) = PointArea(i, 1), PointArea(i, 2)
   b. 更新 sumX = sumX + x * Image(x, y) * Image(x, y)
   c. 更新 sumY = sumY + y * Image(x, y) * Image(x, y)
   d. 更新 sumGray = sumGray + Image(x, y) * Image(x, y)
4. 如果 sumGray 等于 0:
       a. Center = [0, 0]
   否则:
       b. 计算 Center = [sumX / sumGray, sumY / sumGray]
结束。
```

采用上述平方加权质心定位方法，对星空图像中的所有星点计算质心如图 5-20 所示。

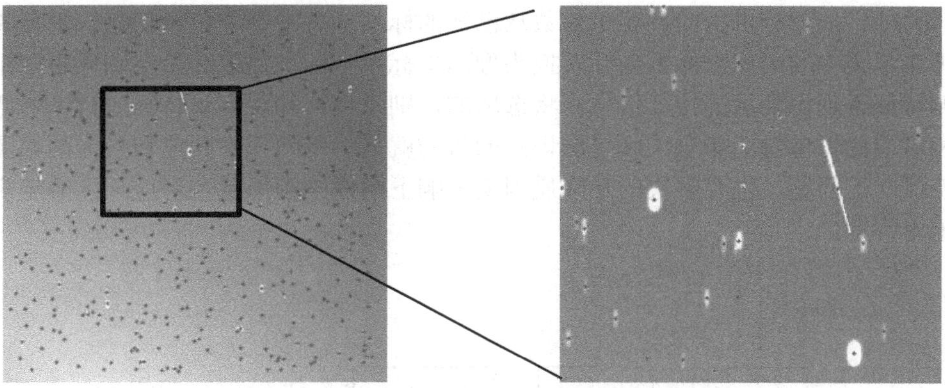

图 5-20 全图恒星质心定位标记和子图放大恒星质心定位标记

在单帧图像中进行目标检测分割与目标质心定位后，还需要进行星图匹配环节，尽可能减少背景恒星对目标关联环节的干扰。该类方法不仅可用于序列图像之间的星图匹配，还可用于图像与星表之间的星图匹配。星表为天文学家将从古至今观测到的恒星记录下来形成的一个记录恒星及其相关属性的天文学数据库。它们通常包含恒星的基本信息，如位置(天球坐标)、亮度、光谱类型、距离、运动速度、颜色和其他物理特性。考虑到星表中不存在噪声因素，在 5.3 节将通过图像与星表之间的星图匹配进行主流的方法介绍。

5.3 星图匹配技术

微课

5.3.1 星图匹配概述

星图匹配，也称星图识别，是空间目标探测领域中的核心任务，主要用于恒星识别、天文定位以及相机质量评估，其目标是通过对星空图像和标准星表进行匹配识别，确定恒星质心与星表的对应关系，星图识别要解决的难点就是建立星空图像上的恒星星点坐标与恒星星表中的天球坐标信息的映射关系。精准的星图识别方法可以更好地描述星图和标准星表的关系，显著地提升了图像质量和检测效果，对图像处理算法的研究起到重要的推进作用，也对高精度天文定位和精准相机评估起到巨大的支撑作用。

5.3.2 星图识别方法

当前，星图识别主要分为非全天区星图识别和全天区星图识别。

非全天区星图识别一般指的是在已知相机拍摄时间、相机指向以及相机参数等信息的前提下，将星图中的星点和当前先验信息下标准星表中的恒星信息进行匹配。非全天区星图识别基本流程如图 5-21 所示，首先是通过图像传感器(CCD 或 CMOS)来获取相机视轴指向天区的星空图像，然后对采集到的图像数据进行预处理，去除噪声等会对星图识别造成干扰的因素，对图像中的恒星或目标、噪声光斑进行质心坐标提取，通过特征提取方法提取图像中的光斑特征，一般是选取角距等结构相关信息，得到观测星的特征信息；另外，根据相机指向和相机参数从已知的标准星表中选取恒星信息，根据相机成像原理将星表中的天球坐标系坐标转换为像面坐标系坐标，提取和星空图像中恒星坐标相同的特征得到识别星的特征信息；将选取的识别星特征和观测星特征进行一一匹配，得到相对应的恒星对。非全天区星图识别的目的就是将星图识别问题转换为两幅图像之间的特征匹配问题，主要解决的是降质因素影响下图像中的恒星和对应天区的星表中恒星的配对问题。

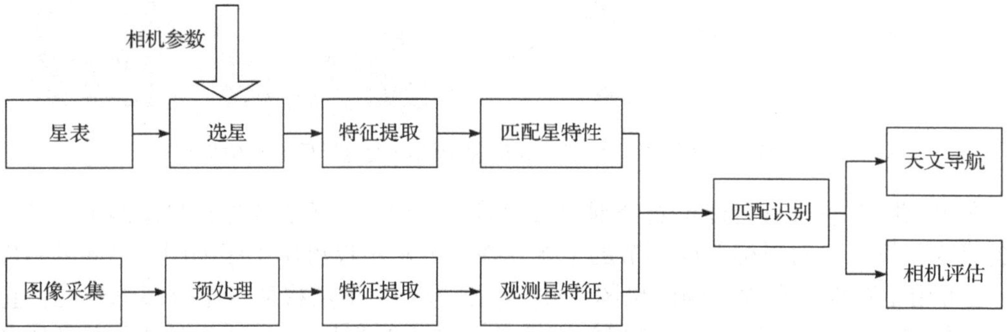

图 5-21　非全天区星图识别流程

全天区星图识别是指在未知相机指向等先验信息的情况下，使用采集的星空图像在标准星表中进行搜索的过程，是一个盲星图搜索的问题。全天区星图识别的流程如图 5-22 所示，星空图像处理部分和非全天区星图识别流程一样，都是通过图像传感器来获取相机视轴指向天区的星空图像，然后对采集到的图像进行预处理、质心坐标提取等操作，选取适合的特征，得到星空图像中的观测星的特征信息，一般为了更快、更精准地进行识别，会在原始的角距特征的基础上，再计算其他特征信息来进行更快速的搜索。另外，没有相机指向等先验信息，就无法获取对应指向的恒星信息。全天区星图识别是在标准星表中选取星等较低的亮星，去除和合并距离较近的双星、三星等，形成便于搜索的导航星库。根据导航星库中的所有恒星来选取和探测星图中相同的特征，形成导航星库对应的特征库。使用图像中提取的星点特征去导航星库的特征库中进行搜索，找到匹配程度最高的天区，即为该星空图像拍摄时相机指向的天区。全天区星图识别主要解决的就是在没有相机指向的前提下，如何快速得到相机所指向的天区并进行恒星之间配对的问题。

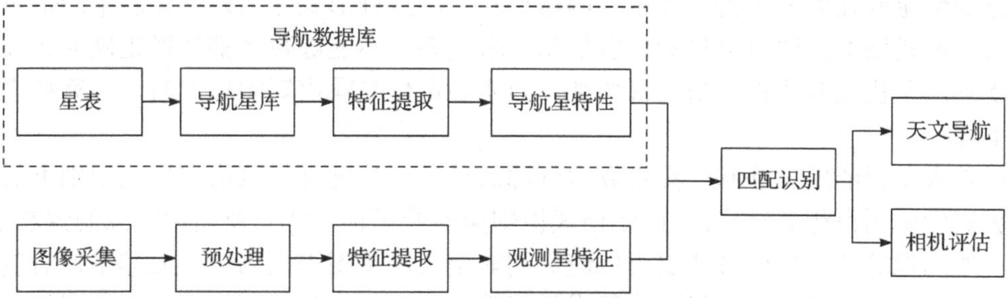

图 5-22 全天区星图识别流程

非全天区星图识别和全天区星图识别的核心步骤就是特征提取部分，如何更准确地提取特征一直是相关研究人员致力于研究的方向。

在星图识别的研究过程中，有各种各样不同的识别方法，这些方法总结下来一般分为两类，分别为基于结构特征的子图同构类星图识别方法和基于恒星模式的模式识别类星图识别方法。

1. 子图同构类星图识别方法研究现状

子图同构类星图识别方法，又称为基于几何拓扑结构的星图识别方法，是将探测星图看作全天区星表对应星图的一部分，将星空图像中的结构特征和全天区星表的一部分进行识别的过程。子图同构类算法的主要思想就是在特征提取的时候利用星点之间的位置和角距关系，构造直线段或者多边形作为识别特征，对星空图像中的恒星对应的这类特征和导航星表中对应的特征进行识别，然后找到对应的每一颗星。如果相机指向信息已知，可以使用非全天区星图识别来直接进行恒星对的查询，如果相机指向等先验信息未知，需要使用全天区星图识别的方法来搜索出唯一符合识别条件的天区，然后逐个搜索每一颗待识别的恒星。目前，常用的子图同构类星图识别方法主要有三角形算法、多边形角距识别算法、主星识别算法、金字塔算法等。其中，三角形算法是子图同构类星图匹配方法的基础算法，其他方法均是从三角形算法中发展演变而来的，其原理是从探测星图中选取恒星来构造识别三角形，将探测星图中的识别三角形和导航星库中的导航三角形进行对比，如果两个三角形的三条边的角距误差均小于误差阈值，则定义为它们是配对的，但是在实现过程中仅有角距作为特征，特征维数较低，不能够精确地定位恒星对，存在较多冗余匹配，且在视场中存在较多恒星时，重复搜索导致算法重复使用，效率较低且复杂度较大，会大幅增加星图识别的耗时。

2. 模式识别类星图识别方法研究现状

模式识别类星图识别方法的主要思想就是每一幅星空图像都有一个固定的模式，也就是一个独一无二的特征，而这个特征的依据是图像一定邻域内的其他恒星的几何分布特征。识别过程中使用非全天区的识别流程，将根据星表对应天区的恒星信息的模式和星空图像的模式进行模式匹配。目前常用的模式识别类方法主要为网格算法、神经网络算法等。其中，网格算法是模式识别类算法中比较典型的算法，该类算法将主恒星与其他邻近的恒星的几何分布特征表示为网格形式，用这种形式作为该类算法中的恒星的特征模式。但是该类方法对恒星的位置信息要求过高，不能够每次都选择正确的相邻星，而且受噪声干扰比较严重，缺乏鲁棒性，当质心定位受噪声影响较大时，计算精度会进一步下降。

随着人工智能的发展和计算机算力资源的提升，深度神经网络在模式识别类的星图识别算法中应用得越来越广泛。由于模式识别类图像识别算法主要使用图像的像素信息，所以自然图像的特征提取方法也可以应用到非全天区星图识别领域。尤其是针对包含各类降质因素的星空图像，神经网络的强学习性可以更好地学习到更深层次的图像特征。相比于传统星图识别方法，基于深度学习的星图识别方法具有更高的精度和更强的鲁棒性，能够应用于更复杂的场景。此外，深度神经网络具有可轻量化特性，可以根据应用场景进行轻量化，从而可以满足计算资源受限的星载应用场景。因此，进行基于深度学习的星图识别方法研究是当前星图识别发展的主流方向，而更高的精度和更强的鲁棒性也是当前星图识别方法追求的主要目标。

5.3.3 节中将给出一种较为先进的基于深度学习的星图识别方法。

5.3.3 基于深度学习的星图识别技术

星图识别是将星空图像中的恒星特征和标准星表中的恒星特征进行匹配识别的过程。当前星图识别算法大多是以像面拓扑结构作为媒介，将标准星表中的恒星根据相机光学成像原理映射到像面上，然后进行拓扑结构匹配识别。识别原理如图 5-23 所示。

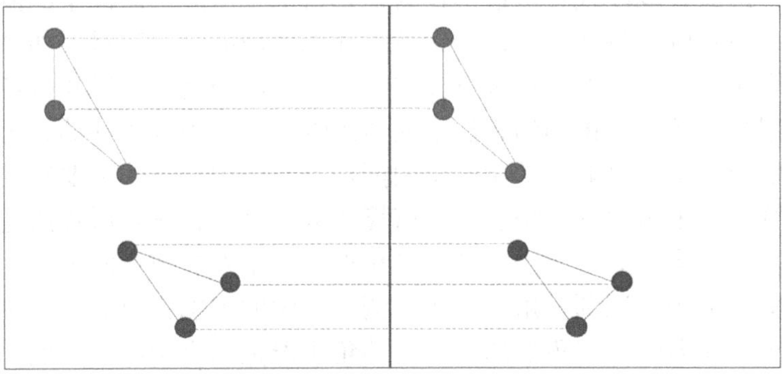

(a) 标准星表像面拓扑结构　　(b) 星空图像拓扑结构

图 5-23　星图识别原理

在实际拍摄过程中，不可避免地会存在缺失星干扰、假星干扰等降质因素。如图 5-24、图 5-25 所示，降质因素的引入会影响甚至破坏恒星拓扑结构，从而导致错误识别样本的出现。

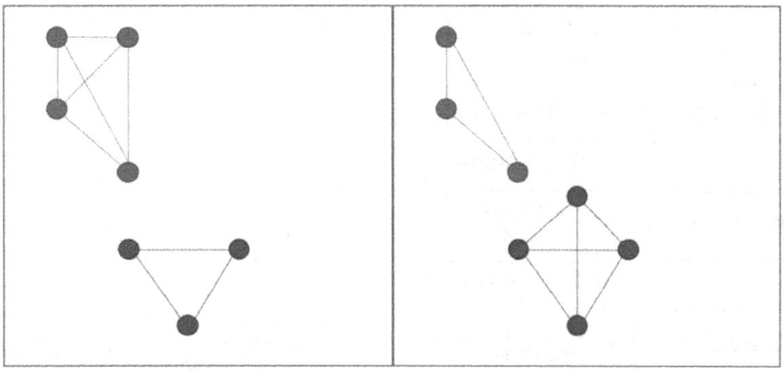

(a) 标准星表像面拓扑结构　　(b) 降质图像

图 5-24　缺失星、假星干扰下恒星像面拓扑结构

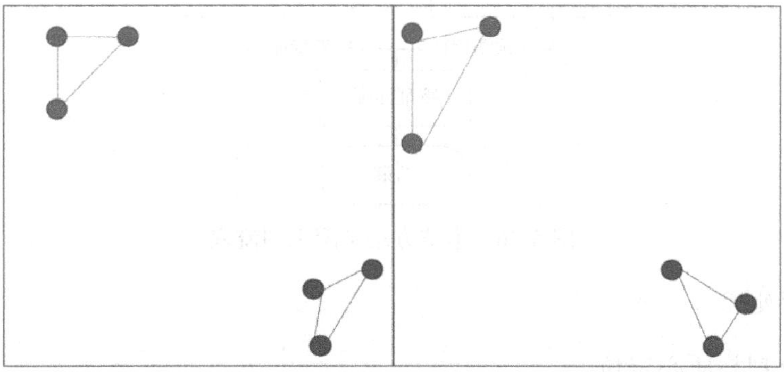

(a) 标准星表像面拓扑结构　　(b) 降质图像

图 5-25　降质因素干扰下恒星像面拓扑结构

考虑以上影响因素，本节方法借助标准星表所用的天球坐标系作为媒介，使用神经网络的强学习能力完成畸变降质情况下像面坐标向天球坐标的映射，为后续星图识别提供指导性坐标，在不含降质因素的天球坐标系中进行特征匹配，从而解决降质因素带来的星图识别错误匹配问题。本节方法的流程图如图 5-26 所示。

首先通过图像预处理方法，将输入的星空图像进行二值化和质心定位操作，得到该帧图像中所有光斑的质心信息和光度信息，然后把图像成像过程中的一些相机参数信息和像面质心坐标作为输入，大视场畸变导致图像不再严格遵循理想光学成像模型，因此需要通过本节设计的星图识别网络对像面上的每一个光斑进行识别，得到相机成像坐标系下的每一颗光斑的坐标值(赤经、赤纬)，之后使用根据卫星姿态信息构建的空间探测相机坐标系与地心天球坐标系的转换方法，将相机坐标系下的每一颗光斑的坐标值转换到地心天球坐标系下，得到每一颗光斑的地心天球坐标系坐标值(赤经、赤纬)；然后使用该坐标值和相机指向信息，在标准星表搜索视场内的恒星并根据预识别结果为每一个待识别恒星标记预选恒星，将待识别恒星和其对应的预选恒星进行特征提取，选取其自身和周边恒星的光度信息和距离信息作为特征，进行特征匹配，选取最优识别结果，进一步降低误识别率。

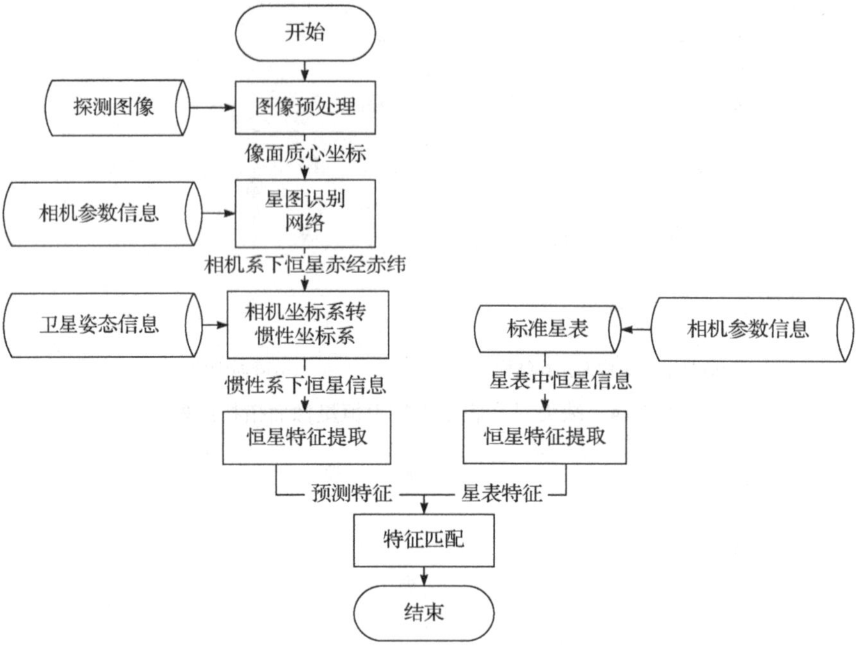

图 5-26　本节方法星图识别流程

1. 图像预处理

1) 图像分割与质心定位

对于输入的单帧星空图像，需要将图像中的光斑准确地分割出来并进行质心定位，图像分割和质心定位的精度直接决定了后续星图识别网络输入信息的准确性，从而影响最终识别结果的正确性和精度，因此图像分割和质心定位是图像预处理中比较关键的一个环节。本节使用传统基于灰度的阈值分割方法对图像进行光斑提取，使用平方加权质心定位方法来提取图像质心。

2) 空间坐标转换

本节设计的星图识别网络是在相机坐标系下展开研究的，因此输出的坐标也是相机坐标系下的恒星坐标，与标准星表中的地心天球坐标系坐标不一致，因此在得到相机坐标系下的识别结果之后,需要使用相机坐标系与地心天球坐标系转换方法将相机坐标系下的赤经、赤纬转换到地心天球坐标系下，才能进行后续的恒星搜索，转换的具体流程如下。

由于星图识别网络得到的是相机坐标系的坐标，表现形式为赤经、赤纬，不包含距离，因此需要根据单颗星的赤经、赤纬计算得到该恒星的方向向量：

$$\begin{bmatrix} X_{\text{cam}} \\ Y_{\text{cam}} \\ Z_{\text{cam}} \end{bmatrix} = \begin{bmatrix} \cos(\text{RA}_{\text{cam}})\cos(\text{Dec}_{\text{cam}}) \\ \sin(\text{RA}_{\text{cam}})\cos(\text{Dec}_{\text{cam}}) \\ \sin(\text{Dec}_{\text{cam}}) \end{bmatrix} \tag{5-9}$$

得到的方向向量是该星点在相机坐标系下的空间坐标，模长为 1。

由于探测相机一般是固定安装在卫星的 Y 轴上，因此卫星姿态变化直接决定了相机的指向和成像状态。因此地心天球坐标系和相机坐标系之间的转换是通过三个旋转角实现的，这些可以实现坐标转换的旋转角被定义为欧拉角。固连在卫星上的相机坐标系，每一次旋转轴设置为初始坐标系的其中一个轴，每一次旋转的角度称为欧拉角。

根据欧拉角进行旋转有很多种方法，遵循的原则是不能连续围绕一个轴进行两次旋转，使用数字 1、2、3 代表坐标值的 X、Y、Z，根据旋转顺序不同，可以分为以下两类共 12 种可能的旋转顺序。

一类：1-2-3，1-3-2，2-3-1，2-1-3，3-1-2，3-2-1；

二类：3-1-3，2-1-2，1-2-1，3-2-3，2-3-2，1-3-1。

通过欧拉角进行坐标系构建的经典旋转方式为 3-1-2 旋转。转换前的坐标系 $OX_0Y_0Z_0$ 和转换后的坐标系 $OXYZ$ 之间的坐标转换关系为

$$\begin{bmatrix} x \\ y \\ z \end{bmatrix} = \boldsymbol{A}_{312} \begin{bmatrix} x_0 \\ y_0 \\ z_0 \end{bmatrix} \tag{5-10}$$

$$\begin{bmatrix} x_0 \\ y_0 \\ z_0 \end{bmatrix} = \boldsymbol{A}_{312}^{\mathrm{T}} \begin{bmatrix} x \\ y \\ z \end{bmatrix} \tag{5-11}$$

其中，

$$\begin{aligned} \boldsymbol{A}_{312} &= \begin{bmatrix} \cos\theta & 0 & -\sin\theta \\ 0 & 1 & 0 \\ \sin\theta & 0 & \cos\theta \end{bmatrix} \begin{bmatrix} 1 & 0 & 0 \\ 0 & \cos\varphi & \sin\varphi \\ 0 & -\sin\varphi & \cos\varphi \end{bmatrix} \begin{bmatrix} \cos\psi & \sin\psi & 0 \\ -\sin\psi & \cos\psi & 0 \\ 0 & 0 & 1 \end{bmatrix} \\ &= \begin{bmatrix} \cos\theta\cos\psi - \sin\theta\sin\varphi\sin\psi & \cos\theta\sin\psi + \sin\theta\sin\varphi\cos\psi & -\sin\theta\cos\varphi \\ -\cos\varphi\sin\psi & \cos\varphi\cos\psi & \sin\varphi \\ \sin\theta\cos\psi + \cos\theta\sin\varphi\sin\psi & \sin\theta\sin\psi - \cos\theta\sin\varphi\cos\psi & \cos\theta\cos\varphi \end{bmatrix} \end{aligned} \tag{5-12}$$

式中，欧拉角 θ 称为俯仰角； ψ 称为偏航角；φ 称为滚转角。

将式(5-9)通过相机坐标系转换矩阵 $\boldsymbol{A}_{312}$ 转换到地心天球坐标系下，得到天球坐标系下该恒星的方向向量：

$$\begin{bmatrix} X_{\text{earth}} \\ Y_{\text{earth}} \\ Z_{\text{earth}} \end{bmatrix} = \boldsymbol{A}_{312}^{\mathrm{T}} \begin{bmatrix} X_{\text{cam}} \\ Y_{\text{cam}} \\ Z_{\text{cam}} \end{bmatrix} \tag{5-13}$$

通过得到的地心天球坐标系下的方向向量可以计算出当前恒星的在地心天球坐标系下的坐标值，即星表中恒星标准坐标：

$$\begin{aligned} \mathrm{RA}_{\text{earth}} &= \arctan\left(\frac{Y_{\text{earth}}}{X_{\text{earth}}}\right) \\ \mathrm{Dec}_{\text{earth}} &= \arcsin\left(\frac{Z_{\text{earth}}}{\sqrt{X_{\text{earth}}^2 + Y_{\text{earth}}^2 + Z_{\text{earth}}^2}}\right) \end{aligned} \tag{5-14}$$

通过上述转换，可以充分利用搭载空间相机的卫星平台的姿态信息来消除由平台姿态变化导致的平移、旋转等仿射变换，在相同坐标系下对图像中星点坐标和星表中恒星

坐标进行研究，为后续特征图的构建打下基础。

通过图像预处理相关方法，把星图识别任务的参考坐标系转移到相机坐标系中，因此本节方法还需要解决的问题就是搭建一套星图识别神经网络，利用图像中的光斑的像面坐标识别出该光斑在相机坐标系下的天球坐标，也就是赤经、赤纬。最后以此为依据进行后续的处理流程，即搜索预选星、特征提取和特征匹配。

2. 星图识别网络设计

由于星图识别算法的本质是解决离散噪声数据的回归问题，因此采用反向传播网络为骨干网络进行网络设计，结合星图识别任务的识别率指标，本节基于深度学习方法来搭建大视场星图识别网络(star recognition net，SRN)。

网络的主要任务是通过相机指向信息和星点像面坐标得到星点在相机坐标系下的天球坐标。设计的过程中，考虑到传统的像面坐标转换为天球坐标的方式为两次矩阵变换，受非线性畸变影响后的坐标转换只是在数值上发生偏移，但是整体计算量未发生改变，因此在网络设计的过程中选取两层全连接网络来代替两次矩阵变换，实现赤经和赤纬的回归。由于赤纬分布相对均匀，因此具有更高的收敛速度和精度，在设计过程中使用不同的节点数进行收敛结果测试，为赤经赤纬回归模块选取了最优的节点数量，进一步提升方法的时效性和精度。

为避免赤经和赤纬单独回归导致精度下降问题，使用一个小型感知机来进一步修正误差，从而完成预识别，即得到每一颗光斑对应的指导性的赤经、赤纬范围。然后根据相机指向，在星表中搜索视场内的恒星，并根据预识别结果为每一颗待识别星点选取用于精确识别的预选恒星集合。

在精准识别阶段的特征匹配网络模块中使用三层网络进行回归，原因是特征匹配过程中需要对距离特征和光度特征相似度进行学习，再将整体相似度进行回归，得到最终的相似度结果，因此选用三层网络可以更精准地回归结果。网络结构图和网络参数设计如图 5-27 和表 5-5 所示。

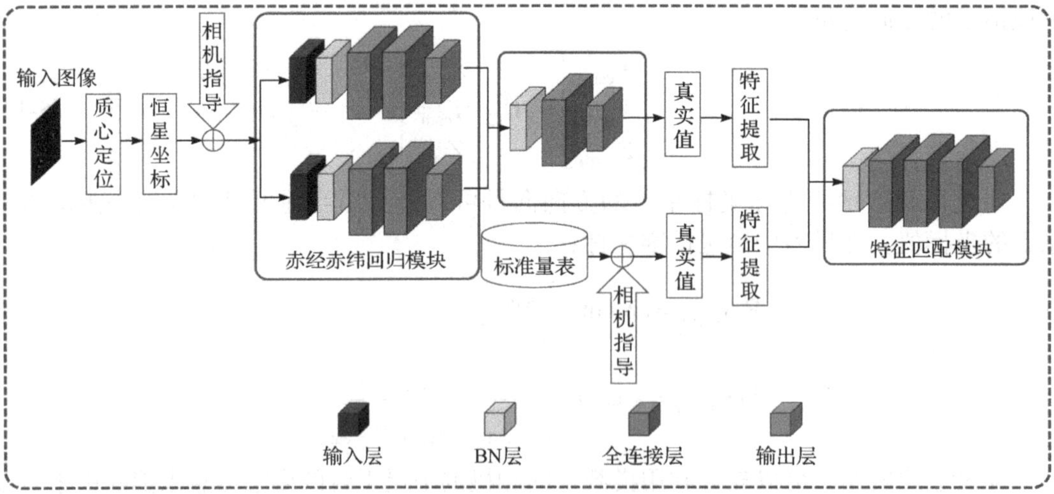

图 5-27　星空图像星图识别网络(SRN)结构图

表 5-5　星空图像星图识别网络(SRN)参数设计

网络层		参数
赤经回归模块	BN 层	Mapminmax(−1,1)
	全连接层 1	Fully Connected Layer(10) + tanh
	全连接层 2	Fully Connected Layer(10) + tanh
赤纬回归模块	BN 层	Mapminmax(−1,1)
	全连接层 1	Fully Connected Layer(8) + tanh
	全连接层 2	Fully Connected Layer(8) + tanh
修正模块	BN 层	Mapminmax(−1,1)
	全连接层	Fully Connected Layer(2) + tanh
特征匹配模块	BN 层	Mapminmax(−1,1)
	全连接层 1	Fully Connected Layer(8) + sigmoid
	全连接层 2	Fully Connected Layer(8) + ReLU
	全连接层 3	Fully Connected Layer(6) + ReLU

同一幅图像上的星点的赤经跨度要远大于赤纬，因此赤经的收敛难度要远高于赤纬方向，由于网络回归的依据是中心光轴指向，因此会出现负值，tanh 激活函数的应用能够使网络更好地进行优化。整体网络结构分为预识别阶段和精准识别阶段，其主要工作原理如下。

(1) 预识别阶段。

预识别模块的主要工作流程是将像面上的每一颗光斑进行分割和定位之后，使用赤经和赤纬回归模块得到该光斑在天球坐标系中的一个赤经、赤纬值，该赤经、赤纬值由于回归误差、平台抖动、坐标转换误差等因素影响，并不能直接定义为该光斑的实际天球坐标。而预识别的目的是确定该光斑在天球中的大致位置，为后续的精准识别模块提供一个指导性的方向，进一步缩小精准识别范围，从而实现高效、高精度星图识别。

(2) 精准识别阶段。

在预识别模块工作结束之后，会为每一颗光斑提供一个指导性的天球坐标，即预识别结果，而该光斑对应的恒星的实际位置会在该天球坐标的一个容许误差范围内。如图 5-28 所示，在得到预识别的指导坐标之后，根据指向在星表中搜索预选星附近的所有恒星信息作为预选星，本节选取预识别天球坐标 1°范围内的所有恒星作为预选星参与后续的精准识别。

在预选星选取结束之后，需要对预选星的星等进行筛选，由于恒星星等和像面总灰度存在反比关系，因此可以使用恒星星等信息的差异性进一步筛选预选星。排除与待识别星星等差距较大的预选星之后，筛选范围进一步缩小，将待识别星及其 1°范围内的所有符合要求的预选星进行特征提取和特征匹配，选取匹配度最高且满足最低要求的恒星作为最终识别结果。由于特征提取要考虑单颗恒星及其周边恒星的结构信息，因此在该

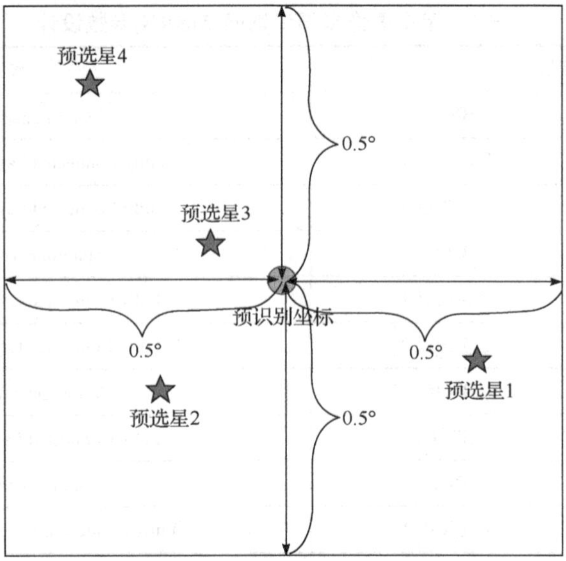

图 5-28　预选星选取示意图

恒星周边 4°区域中按照亮度特征从大到小选取 5 颗周边恒星构成特征图结构，节点特征为每颗星距中心星点的赤经方向和赤纬方向的距离以及该点的亮度特征，预测值特征为星点总灰度，真实值特征为星等。为待识别恒星和预选恒星构建特征图结构，然后将待识别恒星与预选星逐个进行特征匹配。恒星匹配特征图结构如图 5-29 所示。

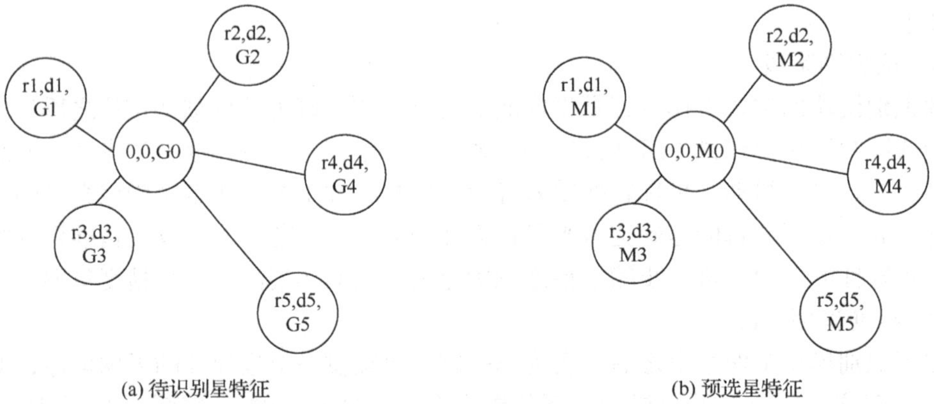

图 5-29　恒星匹配特征图结构

将构建完成的待识别星特征图和它的每一颗预选星特征图逐个加入特征匹配模块进行聚合和相似度计算，最终得出待识别恒星及其每一颗预选星的特征匹配度，特征匹配度最高且达到 0.8 的预选星即为该待识别星最终的识别结果。

3. 网络参数设计与训练

1) 激活函数

在神经网络设计过程中除了要考虑网络层的设计之外，激活函数的选取也是至关重要的，是网络传播过程中的非线性环节。如果不考虑引入激活函数，则每一层网络的输出是输入的线性组合，会导致隐藏层失去意义，而且网络的回归能力有限，无法达到需要的效果，因此选择一个合适的激活函数是网络参数设计中的重要部分。常见的激活函数有 ReLU 激活函数、sigmoid 激活函数和 tanh 激活函数。

ReLU 激活函数不以 0 为中心，在特征匹配输出部分可以进一步拉开正确识别和错误识别的输出值，使网络具有更强的鲁棒性。

sigmoid 激活函数也同样存在不以 0 为中心的情况，但是 sigmoid 激活函数可以将数据更好地映射到 0～1，在特征匹配模块可以将最终的相似度更好地回归到 0～1。

tanh 激活函数又称为双曲正切激活函数，和 sigmoid 激活函数相比，tanh 激活函数将输出映射到–1～1，将小于 0 的输出值保留。tanh 激活函数的特点是具有对称性，以 0 为中心且可以将小于 0 的部分也进行映射和保留，这对于本网络来说是一个极大的优势，本章网络预识别阶段的主要任务是以图像中心为依据，将视场内的恒星进行回归，出现在上半视场和左半视场的恒星输出结果都会出现负值的情况，对于这种情况，tanh 激活函数可以使网络更快地收敛，收敛精度也会更高。

结合上述各个激活函数的优缺点，本章网络设计在预识别阶段，即赤经赤纬回归模块、修正模块选取 tanh 函数作为激活函数，用来更好地回归天球坐标；在精确识别阶段，即特征匹配模块选取 sigmoid 函数和 ReLU 函数作为激活函数，用来更好地回归相似度。

2) 损失函数

损失函数用来表征当前训练批次的输出结果与理想输出结果的差别，以此为依据对逐层权重进行更新，损失函数的设计直接决定了权值更新的速度和效果。本章网络主要是为了解决像面上星点坐标的回归问题，因此损失函数设计倾向于理想坐标和实际坐标的差。针对本章网络，预识别阶段输出为二维经纬度坐标值，因此选取平方损失函数；精准识别阶段输出为单维匹配度，平方损失函数和绝对值损失函数等价。绝对值损失函数和平方损失函数的函数表达式如下。

绝对值损失函数：

$$\operatorname{loss}(Y|\overline{Y}) = \left|Y(1) - \overline{Y}(1)\right| + \left|Y(2) - \overline{Y}(2)\right| \tag{5-15}$$

平方损失函数：

$$\operatorname{loss}(Y\,|\,\overline{Y}) = \sqrt{(Y(1) - \overline{Y}(1))^2 + (Y(2) - \overline{Y}(2))^2} \tag{5-16}$$

结合本章网络的应用方向和设计过程中的实测结果，选择平方损失函数作为本章网络设计的损失函数。

3) 网络训练

本方法基于 Ubuntu16.0.4 Server 系统，使用 Python3.7 版本和 Pytorch1.5 版本作为开发环境进行训练，使用随机梯度下降方法(stochastic gradient descent，SGD)为网络进行参数更新，其他训练参数如表 5-6 所示。

表 5-6　网络训练参数

训练参数	参数值
批量次数	10000
学习率	0.01
学习策略	fixed(保持学习率不变)
误差阈值	1×10^{-6}

在训练过程中发现，本章网络在训练批量次数为 10000 以内就可以达到误差阈值，即满足本章需求的误差最小值，可提前结束训练。

4. 星图识别实验结果及分析

如下列举出三种传统星图识别方法与该方法的定量和定性识别结果对比，其中，三种传统星图识别方法包括传统三角形算法(traditional triangle algorithm，TTA)、最大公共子序列(longest common subsequence，LCS)识别算法和基于深度学习的图匹配网络(graph matching network，GMN)算法，评价指标为恒星正确识别率 Rate：

$$\text{Rate}=\frac{\text{RightStarNum}}{\text{AllStarNum}}\times 100\% \tag{5-17}$$

1) 无降质因素的理想图像星图识别

本节实验使用未加入任何降质因素的理想星空图像进行不同算法间的对比实验，定性识别结果如图 5-30 所示。

方法	单帧图像恒星识别率
TTA	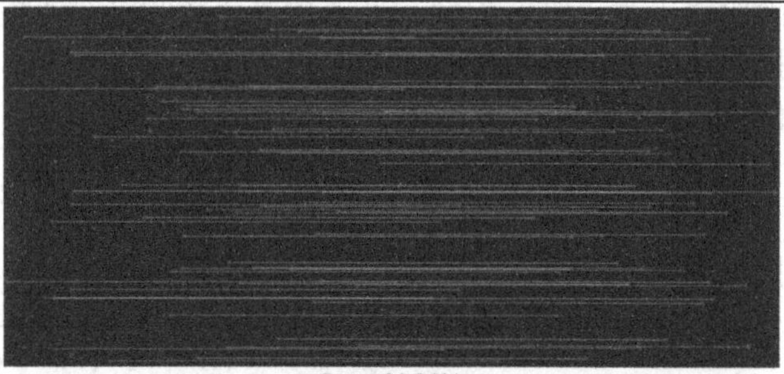 Rate=88.25%
LCS	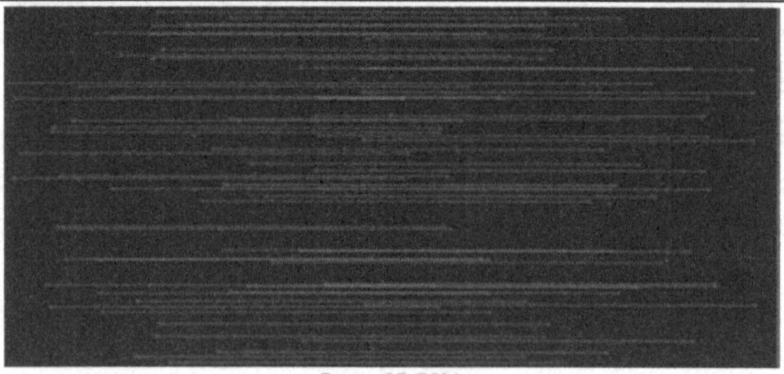 Rate=87.75%

GMN	 Rate=82.67%
SRN	 Rate=89.15%

图 5-30　理想图像星图识别效果对比实验图

从上述实验结果可以看出，针对不添加任何降质因素的理想星空图像，四种方法在识别率方面都取得了较好的效果，主要原因是因为理想星空图像恒星像面拓扑结构比较稳定且和标准星表一致，因此各方法识别率都比较高。

2) 包含缺失星和假星的降质图像星图识别

本实验使用加入不同数量的缺失星(拍摄星图时容易因星点闪烁或遮挡导致部分恒星无法成像)和假星(拍摄星图时容易因噪声作用产生虚假恒星星点)的测试数据，进行不同算法间的对比实验，定性识别结果如图 5-31 所示。

方法	单帧图像恒星识别率
TTA	 Rate=80.33%

LCS	 Rate=81.31%
GMN	 Rate=78.52%
SRN	 Rate=89.96%

图 5-31　降质图像星图识别效果对比实验图

加入降质因素导致识别率下降是因为缺失星和假星干扰破坏了图像中恒星的拓扑结构完整性，导致错误识别情况的出现。

进行星图匹配环节后，下一步是将空间目标在序列图像之间进行关联跟踪，该环节可进一步降低虚假目标的出现概率，提高空间目标的检测质量，为更后续的环节提供可靠的数据输入。

5.4　目标关联技术

微课

5.4.1　目标关联概述

目标关联，在自然图像处理方向也称为目标跟踪，其主要任务包含定位目标、维持目标标识、产生目标轨迹等三个方面。目标跟踪方法的分类很难按照一个通用标准来进行划分，大多数研究者比较接受的标准有初始化方法、处理模式和输出结果类型。按照初始化方法的不同，目标跟踪方法可以分为基于检测的跟踪(detection-based-tracking，DBT)和去检测的跟踪(detection-free-tracking，DFT)，前者需要先检测出目标再关联成轨迹，后者则需要人工初始化目标及目标数目。按照处理的模式，目标跟踪方法可以分为在线跟踪(online tracking)和离线跟踪(offline tracking)，前者只需要利用到历史及当前图像帧的信息，而后者则用到历史、当前以及未来图像帧信息。按照输出结果类型的不同，目标跟踪方法可以分为基于概率推理的跟踪和基于确定性优化的跟踪，前者从概率推理的角度去解决最大后验概率问题，而后者从确定性最优化的角度来解决同样问题。

本节介绍的是针对空间目标的跟踪关联方法，空间目标在探测图像中的特征形态趋近于二维高斯光斑，所提供的有效特征极为有限，其中坐标和速度信息几乎不受目标的外观影响，只与质心定位的误差有关，可视为较为可靠的特征。如何对这些特征进行有效的利用，将决定跟踪算法的有效性。

一个典型的目标跟踪框架，包含以下三个步骤：

(1) 通过目标检测算法在每一帧图像上分割出潜在目标区域(region of interest，ROI)；

(2) 跟踪序列图像中对应的目标；

(3) 根据历史图像帧给出的信息迭代更新目标位置并映射到新的图像帧上。

在单幅探测图像中，极易出现不同个数的空间目标，因此重点讨论多目标关联跟踪方法，这类方法的最大困难在于如何将观测量与合适的目标进行匹配，可分为基于最优滤波的算法、基于估计滤波的算法以及基于最优滤波和估计滤波相结合的算法等三类。

在基于最优滤波的算法中，最早出现的是多假设检测(multiple hypothesis testing，MHT)算法。该算法是面向观测量，计算每个新增的观测量分别属于先前目标、新目标以及背景噪声的概率，并针对每种关联形成一条跟踪路径。理论上，该算法能获得最优跟踪结果，但是该算法的计算量会随着观测量的增加呈指数增长。

在基于估计滤波的算法中，由 Bar-Shalom 等学者提出的联合概率数据关联(joint probability data association，JPDA)算法是经典算法之一，该算法相较于 MHT 算法所需的计算资源较少，但是在相隔很近的目标集合中，为获得最优估计，JPDA 算法需要枚举所有的有效事件，因此带来了极大计算量不易实现优化的问题。

基于最优滤波和估计滤波相结合的算法就比较杂一些，如联合整合跟踪分割的多目标关联算法，该算法既能像 MHT 算法那样保留观测量的跟踪历史，又可以像 JPDA 那样迭代计算目标存在的概率。

但是放到空间目标检测场景中来看，多目标跟踪方法需要着重解决的是单个空间目标因其自身姿态变化所导致的明暗闪烁问题、暗弱空间目标容易被恒星光斑遮挡导致的目标丢失问题、其他相似光斑的虚假目标问题等，在实际工程实现时，上述问题均容易导致整条检测链路的性能急剧下降。下面将介绍一种性能较好的空间目标关联方法。

5.4.2 基于多特征联合概率数据关联的多目标跟踪方法

1. 联合概率数据关联算法原理

联合概率数据关联算法是基于目标特征的数据关联，即算法的有效性往往和目标初始化的正确性和规模大小有关。目标初始化时需要尽可能多地获取到正确的目标，后续跟踪过程中才更容易获得正确的目标链。常见的目标初始化方法主要有单点法、两点法。

1) 单点法初始化目标链

单点初始化方法利用到的信息只有目标在单帧上出现的观测量集合 $\boldsymbol{Z}_0=\{z_0(1), z_0(2),\cdots,z_0(m_0)\}$，其中，$z_0(i)=(x_0(i),y_0(i))^{\mathrm{T}}$，$m_0$ 表示初始帧获得的观测量数目。只考虑目标的运动特征，目标状态向量初始化包含目标的位置信息、速度信息。单帧提供的只有目标的位置信息，缺少目标的速度信息。因此需要通过人工设定或者根据经验获得。根据对星空图像中目标的速度统计可以得到一个速度均值。考虑到实际目标的速度并不是均匀分布的，而是近似正态分布的，统计目标在图像行方向和列方向上的速度均值和方差，可以得到目标速度的初始化值分布为 $\boldsymbol{v}_0 \sim N((\dot{x},\dot{y})^{\mathrm{T}};(\dot{x}_\mu,\dot{y}_\mu)^{\mathrm{T}},\mathrm{diag}\{\dot{x}_\delta^2,\dot{y}_\delta^2\})$。目标初始化状态量和对应的协方差阵可以初始化成以下形式。

$$
\begin{aligned}
&\boldsymbol{x}_0^i=\left[x_0(i),y_0(i),\dot{x}_\mu,\dot{y}_\mu\right]^{\mathrm{T}}\\
&\boldsymbol{P}_0=\begin{bmatrix} R_x & 0 & 0 & 0\\ 0 & R_y & 0 & 0\\ 0 & 0 & \dot{x}_\delta^2 & \dot{x}_\delta\dot{y}_\delta\\ 0 & 0 & \dot{x}_\delta\dot{y}_\delta & \dot{y}_\delta^2 \end{bmatrix}
\end{aligned}
\tag{5-18}
$$

单点初始化方法，将当前帧中未与目标关联上的所有观测量，初始化成新目标。在复杂星空背景下，该初始化算法需要维持大量新增目标，导致目标的预测和关联难度增加。

2) 两点法初始化目标链

两点初始化方法的主要思想是利用连续两帧的图像数据在给定最大速度 $\boldsymbol{v}_{\max}$ 条件下初始化可能的目标链。利用两帧图像上的观测量计算出初始化目标的速度。给定连续两帧观测量集合 $\boldsymbol{Z}_{k-1}$ 和 $\boldsymbol{Z}_k$。将 $k-1$ 时刻获得的每一个观测量 $\{z_{k-1}(1),z_{k-1}(2),\cdots,z_{k-1}(m_{k-1})\}$ 初始化成一条目标链，对于每一个观测量 $z_{k-1}(i)\in\boldsymbol{Z}_{k-1}$ 在 k 帧中构建一个以 $z_{k-1}(i)$ 为中心的搜索区域，如下所示：

$$
\left\{\left[z_k-z_{k-1}(i)\right]^{\mathrm{T}}\left[z_k-z_{k-1}(i)\right]\leqslant \boldsymbol{v}_{\max}^{\mathrm{T}}\boldsymbol{v}_{\max}+\boldsymbol{R}^{\mathrm{T}}\boldsymbol{R}\right\}
\tag{5-19}
$$

其中，$\boldsymbol{R}$ 表示观测过程中的误差阵。对于以观测量 $z_{k-1}(i)$ 为中心的搜索区域中的每一个

$z_k(j)$ 初始化成一个目标链，对应的目标状态量和协方差阵初始化为

$$
\begin{cases}
\boldsymbol{x}_k^{ij} = \left[x_k(j), y_k(j), x_k(j) - x_{k-1}(i), y_k(j) - y_{k-1}(i)\right]^{\mathrm{T}} \\
\boldsymbol{P}_0 = \begin{bmatrix} R_x & 0 & 0 & 0 \\ 0 & R_y & 0 & 0 \\ 0 & 0 & \hat{x}_{\max}^2 & 0 \\ 0 & 0 & 0 & \hat{x}_{\max}^2 \end{bmatrix}
\end{cases}
\tag{5-20}
$$

两点法在本质上并未降低初始化目标的数量，在初始化目标时，一个观测量可能会被初始化成多条目标链。在复杂星空背景下，在目标初始化阶段，每个背景杂波观测量也会被初始化成新目标。新增目标数目急剧增加，目标的维持将变得不可控。

3) 多帧初始化目标链

无论单点法初始化目标链还是两点法初始化目标链，对于非匀速运动都适用，通过少量观测量的初始化能保证目标真实的运动模型被估计到。考虑到本章中的碎片目标在相机视场内划过的弧段比较小，在采样间隔时间内近似匀速直线运动，因此在目标跟踪时，将该运动模型作为先验。下面需要初始化的信息即目标的数目、初始化位置以及初始化速度。基于以上分析，将连续三帧的观测量 $\boldsymbol{Z}_k$、$\boldsymbol{Z}_{k+1}$ 及 $\boldsymbol{Z}_{k+2}$ 经过背景校正，映射至同一坐标系下，不同帧上的三个观测量在一定误差范围内，在空间中近似在一条直线上，并且两端的观测量到中间观测量的距离之差在较小误差范围内时，可暂时将其初始化为一条目标链。本章的目标初始化方法大致可以分成两步：①利用两点法初步确定目标链初选范围；②利用第三帧获取的观测量来验证初选目标链并进一步筛选。具体步骤如下所示。

(1) 观测量位置坐标映射。

在相机拍摄过程中，为了延长拍摄碎片目标的曝光时间，可能会让相机有一定的自主运动，且当相机未做自主运动时，也会产生一定的抖动，因此造成不同帧上的二维坐标空间是不同的。为确保目标的运动模型不受二维坐标空间的影响，需要将连续三帧的观测量 $\boldsymbol{Z}_k$、$\boldsymbol{Z}_{k+1}$ 及 $\boldsymbol{Z}_{k+2}$ 经过两帧之间的背景校正参数，将所有观测量映射至第 k 帧的位置坐标空间中。在同一坐标空间下，能尽量保证运动模型误差最小，最容易识别目标，如图 5-32 所示。

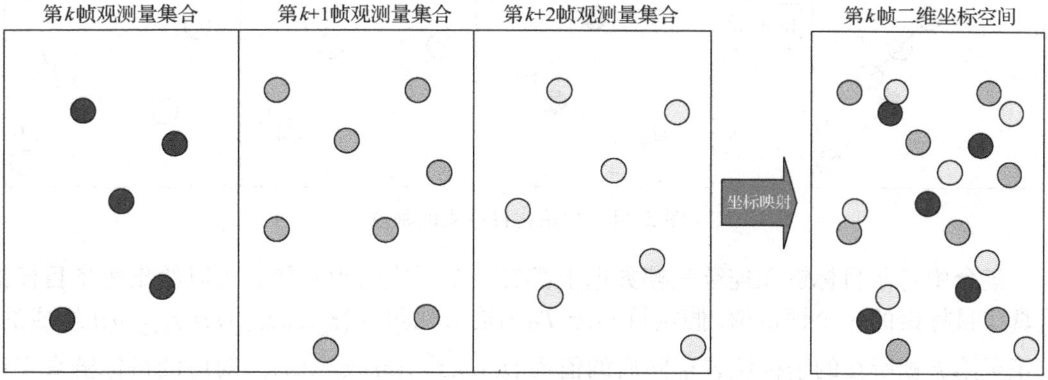

图 5-32　观测量位置坐标映射

(2) 初始化目标集。

本章将第 k 帧中的所有观测量 $\boldsymbol{Z}_k$ 当作目标观测量，若能在后续的第 $k+1$ 帧、第 $k+2$ 帧中找到对应的观测量，即可将其加入初始化目标集中。具体做法是遍历观测量集合 $\boldsymbol{Z}_k$，在步骤(1)中，形成的统一位置坐标空间中，针对 $z_k(i)\in\boldsymbol{Z}_k$ 寻找所有以观测量 $z_k(i)$为起点，满足式(5-19)的目标链 $\boldsymbol{T}_k(i_t)$，将其加入初始化目标集 $\boldsymbol{T}_k$ 中。其中，i_t 表示以观测量 $\boldsymbol{Z}_k(i)$为起点满足条件的第 t 条目标链在初始化目标集 $\boldsymbol{T}_k$ 中的下标。目标集初始化如图 5-33 所示。

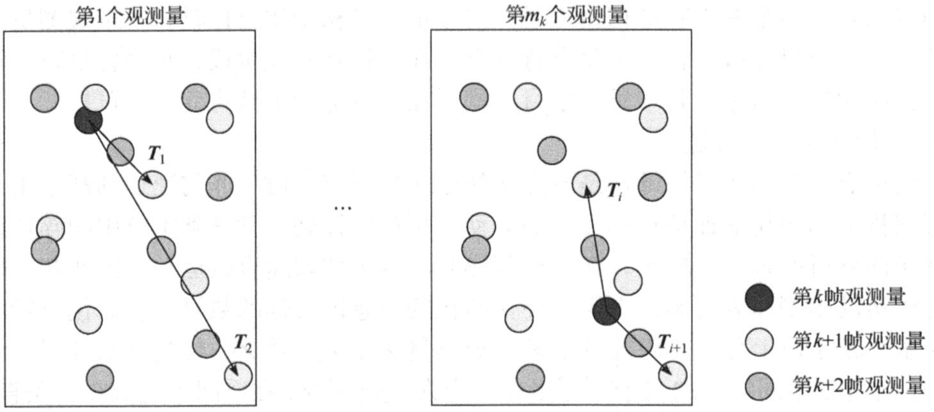

图 5-33 目标集初始化

(3) 初始化目标集的筛选。

根据观测量与目标“一一对应”的原则，即一个目标在一帧中最多关联一个观测量，一个观测量最多与一个目标链相关联，因此需要对初始化目标集 $\boldsymbol{T}_k$ 进行筛选，如图 5-34 所示。

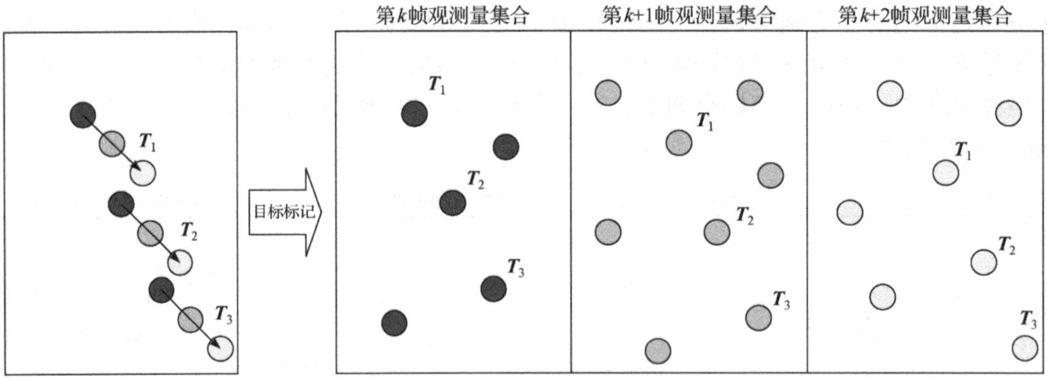

图 5-34 初始化目标集的筛选

集合中每条目标链在连续三帧数据上都有一个对应的观测量，可以给出每条目标链是真实目标链的一个评价值。假定目标链 $\boldsymbol{T}_k(j)$是由观测量 $\{z_k(l), z_{k+1}(m), z_{k+2}(n)\}$ 组成的，校正至第 k 帧所在的坐标位置空间后的值为 $\{z_k(l), z^*_{k+1}(m), z^*_{k+2}(n)\}$，对应的目标链真实评价可由式(5-21)给出。$D_j$ 越小表示目标链 $\boldsymbol{T}_k(j)$越真实。按照 D_j 值对初始化目标链进行排序，选择评价值最小的目标链 $\boldsymbol{T}_k(i)$并添加至潜在目标集 $\boldsymbol{T}$ 中，将该目标链以及包含属于该目标链观测量的目标链从初始化目标链集合中移除。进而选择评价值次小的目标链进行同样的操作，直到初始化目标集 $\boldsymbol{T}_k$ 为空。

$$D_j = \| z_k(l) + z_{k+2}^*(n) - 2z_{k+1}^*(m) \|_2 \tag{5-21}$$

经过以上三个步骤之后，大致能确定在第 k 帧数据中的新增目标集。各新增目标的扩展特征状态量和对应的协方差阵，可以采用第 4 章概率数据关联算法中提到的非运动特征状态量的初始化方式，最后形成各目标的扩展特征状态量和对应的协方差阵。

2. 联合概率数据关联事件的表示

在邻近多目标的联合概率数据关联中，核心挑战在于准确计算联合事件的条件概率。特别是在采用联合概率数据关联(JPDA)算法时，当多个目标的观测有效区域发生重叠时，目标与观测量的关联概率会偏离单目标关联的计算结果。这一问题的根源在于目标与观测量之间严格的“一一对应”约束，即一个观测量 $z(i)$至多属于一个目标 $t(j)$。若简单地将不同目标单独考虑，当某个观测量 $z(l)$同时落入目标 $t(m)$和目标 $t(n)$的有效范围内时，将会把观测量 $z(l)$目标来源于目标 $t(m)$或目标 $t(n)$的事件同时考虑进去，造成最后的关联概率计算出现偏差。

在解决多目标跟踪问题时，JPDA 算法的思路是，先枚举所有有效的观测量并将它们分配给目标的事件，即联合关联事件 χ 如式(5-22)所示。接着计算每个联合概率数据关联事件的条件概率 $P\{\chi \mid Z^k\}$。最后计算每个观测量 $z(i)$与目标 $t(j)$关联的边缘概率 β_i^j。

$$\chi = \bigcap_{i=1}^{m} \chi_{ij} \tag{5-22}$$

为方便后续关联概率的计算，Thomas 给出了一种关联逻辑矩阵表示方法。该方法主要通过一个二值矩阵来表示各目标有效区域内的观测量，以及背景杂波观测量。具体表示方法如图 5-35 所示。

对于图中的目标 1、目标 2 及目标 3 在 k 时刻的有效区域内共有 9 个观测量，不同观测量参与某个目标的关联事件计算用椭圆圈出，其中 $\hat{z}_k(i)$ 表示 k 时刻第 i 个目标的预测观测量，$z_k(i)$表示 k 时刻第 i 个观测量。对应的关联逻辑矩阵表示如下：

$$\boldsymbol{\Omega} = \left[\omega_{ij}\right] = \begin{bmatrix} 1 & 1 & 1 & 1 & 1 & 1 & 1 & 1 & 1 \\ 1 & 1 & 1 & 1 & 0 & 0 & 0 & 0 & 0 \\ 0 & 0 & 0 & 1 & 0 & 1 & 1 & 0 & 1 \\ 0 & 0 & 0 & 0 & 1 & 0 & 1 & 1 & 1 \end{bmatrix}^{\mathrm{T}} \tag{5-23}$$

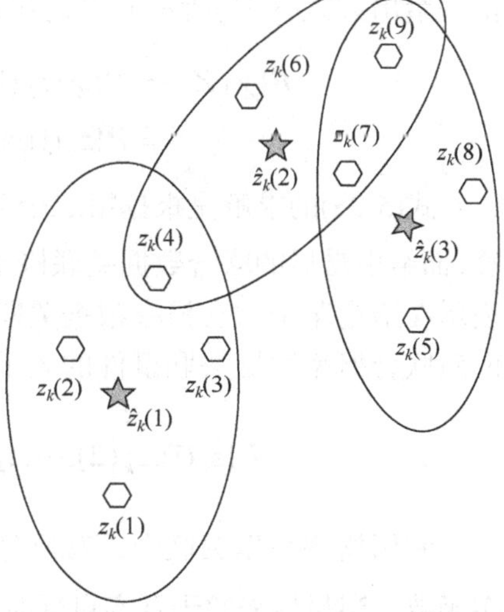

图 5-35　多目标有效区域示意图

矩阵 $\boldsymbol{\Omega}$ 中，$\omega_{ij} = 1$ 表示观测量 $z_k(i)$落在目标 $t(j)$

的有效区域内。$j=0$ 的情况可以用矩阵 $\boldsymbol{\Omega}$ 中的第一列来表示，即对于所有观测量来讲，都可能来源于背景杂波或者虚假目标。后续列用来表征观测量属于实际目标的情况。

基于以上关联逻辑矩阵的表示可以得出，对于每一个观测量与目标的分配事件，都可以有一个对应的 $\hat{\boldsymbol{\Omega}}(\chi)=\left[\hat{\omega}_{ij}(\chi)\right]$。基于该矩阵可以给出矩阵 $\boldsymbol{\Omega}$ 中各元素对应的关联事件，如下所示：

$$\hat{\omega}_{ij}(\chi)=\begin{cases}1, & \text{当}\chi_{ij}\text{发生时}\\ 0, & \text{其他}\end{cases} \tag{5-24}$$

同时，Thomas 基于以上表示，给出通过遍历矩阵 $\boldsymbol{\Omega}$，按照一定规则，枚举所有与关联事件相关的矩阵，有效的 $\hat{\boldsymbol{\Omega}}$ 矩阵，具体规则如下。

(1) 按行遍历矩阵 $\boldsymbol{\Omega}$，每行只取一个元素，这在“一一对应”规则中，表示一个观测量只属于一个来源，可能是背景杂波也可能是真实目标。

(2) 当 $j\geqslant 1$ 时，每列只能取一个元素，这在“一一对应”规则中，表示一个目标只产生一个观测量，可能检测到也可能淹没在背景杂波中未被检测到。对于 $j=0$ 的情况，则不限制元素的选取个数，这表示背景杂波是一组噪声或干扰项的集合，不由目标产生的观测量则成为背景杂波集合的一部分。

3. 联合概率数据关联事件的概率计算

有了前面对观测量和多目标之间的有效分配，即联合概率数据关联事件的数学表示。下面需要考虑如何计算各有效关联事件发生的概率，进而求出单个观测量和单个目标之间的关联概率，最后基于前面概率数据概率求解目标状态量后验概率的计算过程，最终能得到目标在当前时刻状态量和状态协方差阵的最优估计量。同样在计算基于历史观测量 $\boldsymbol{Z}^k=\{\boldsymbol{Z}^{k-1}\cup\boldsymbol{Z}_k\}$ 的联合概率数据关联事件发生的条件概率时，可以基于贝叶斯理论，给出如式(5-25)所示的表达式：

$$\begin{aligned}P\{\chi\,|\,\boldsymbol{Z}^k\}&=P\{\chi\,|\,z_k(1),z_k(2),\cdots,z_k(m),m,\boldsymbol{Z}^{k-1}\}\\&=P\{z_k(1),z_k(2),\cdots,z_k(m)\,|\,\chi,m,\boldsymbol{Z}^{k-1}\}P\{\chi\,|\,m,\boldsymbol{Z}^{k-1}\}/c\end{aligned} \tag{5-25}$$

式(5-25)的求解是根据第二个等式中，按照贝叶斯理论展开式中对各项因式的具体计算，而给出最后的联合数据关联概率的结果。对于第一项 $P\{z_k(1),z_k(2),\cdots,z_k(m)\,|\,\chi,m,\boldsymbol{Z}^{k-1}\}$ 表示在给定某个联合概率数据关联事件条件下 m 个观测量的联合概率密度分布。结合前面对联合概率数据关联事件的表示，可以得到以下表达方式：

$$P\{z_k(1),z_k(2),\cdots,z_k(m)\,|\,\chi,m,\boldsymbol{Z}^{k-1}\}=\prod_{i=1}^{m}P\{z_k(i)\,|\,\chi_{it_i},\boldsymbol{Z}^{k-1}\} \tag{5-26}$$

利用概率数据关联中，观测量来源于真实目标和背景杂波时得到的不同概率密度分布函数。当目标来源于真实目标时，对应的概率密度函数 $P\{z_k(i)\,|\,\chi_{it_i},\boldsymbol{Z}^{k-1}\}$，可以表示为

$$
\begin{aligned}
P\{z_k(i)\mid \chi_{it_i},\boldsymbol{Z}^{k-1}\} &= N(z_k(i);\hat{z}_k(t_i),\boldsymbol{S}_{t_i}) \\
&= \frac{1}{(2\pi)^{D/2}\,|\boldsymbol{S}_{t_i}|^{1/2}}\exp\left\{-\frac{1}{2}\left[z_k(i)-\hat{z}_k(t_i)\right]^{\mathrm{T}}\boldsymbol{S}_{t_i}^{-1}\left[z_k(i)-\hat{z}_k(t_i)\right]\right\}
\end{aligned} \tag{5-27}
$$

当观测量来源于背景杂波时，默认背景杂波是均匀分布的，可以给出对应的杂波观测量的概率密度函数：

$$
P\{z_k(i)\mid \chi_{it_i},\boldsymbol{Z}^{k-1}\} = V^{-1} \tag{5-28}
$$

$P\{\chi\mid m,\boldsymbol{Z}^{k-1}\}$ 表示联合概率数据关联事件 χ 的先验概率。该概率的计算过程和目标 t_i 被检测到的概率 $P_D^{t_i}$ 以及背景杂波观测量的数目 m 有关。前者在计算过程中会被赋予一个经验值，后者随着时间是服从泊松分布的：

$$
P\{\phi\mid m\} = \frac{e^{-CV}(CV)^{\phi}}{\phi!} \tag{5-29}
$$

其中，ϕ 表示实际从数据获得的背景杂波观测量的数目；C 表示背景杂波观测量的密度。最后联合概率数据关联事件 χ 的先验概率可以表示如下：

$$
P\{\chi\mid m,Z^{k-1}\} = \frac{\phi!}{m!}\prod_{j:\sum_{i=1}^{m}\hat{\omega}_{ij}(\chi)=1} P_D^{j}\prod_{j:\sum_{i=1}^{m}\hat{\omega}_{ij}(\chi)=0}(1-P_D^{j})^{k}P\{\phi\mid m\} \tag{5-30}
$$

将上述公式融合，可以得到联合概率数据关联事件发生的条件概率的计算形式如下：

$$
\begin{aligned}
P\{\chi\mid Z^{k}\} = \frac{V^{-\phi}}{c}&\prod_{i:\sum_{j=1}^{T}\hat{\omega}_{ij}(\chi)=1}\frac{1}{(2\pi)^{D/2}\,|\boldsymbol{S}_{t_i}|^{1/2}}\exp\left\{-\frac{1}{2}\left[z_k(i)-\hat{z}_k(t_i)\right]^{\mathrm{T}}\boldsymbol{S}_{t_i}^{-1}\left[z_k(i)-\hat{z}_k(t_i)\right]\right\} \\
&\times\frac{\phi!}{m!}\prod_{j:\sum_{i=1}^{m}\hat{\omega}_{ij}(\chi)=1} P_D^{j}\prod_{j:\sum_{i=1}^{m}\hat{\omega}_{ij}(\chi)=0}(1-P_D^{j})^{k}P\{\phi\mid m\}
\end{aligned} \tag{5-31}
$$

4. 数据关联概率计算

通过对联合概率数据关联事件的概率计算能获得各有效关联事件的概率，而观测量 $z(i)$ 与目标 $t(j)$ 的关联概率等价于所有有效分配方案中事件 χ_{ij} 发生的边缘概率 β_{ij}，可表示成如下形式：

$$
\begin{aligned}
&\beta_{ij} = \sum_{\chi}P\{\chi\mid \boldsymbol{Z}^{k}\}\hat{\omega}_{ij}(\chi),\quad i=1,\cdots,m,\quad j=1,\cdots,T \\
&\beta_{0j} = 1-\sum_{i=1}^{m}\beta_{ij},\quad j=1,\cdots,T
\end{aligned} \tag{5-32}
$$

实际的算法应用效果无法用文字和图像描述，请向任课教师申请领取实验数据，自行复现算法对关联效果进行直观对比。

5.5 实践练习

1. 图像分割算法实践

请自行查阅资料，使用 C++或 MATLAB 或 Python 语言实现全局阈值分割算法、局部自适应阈值分割算法、区域生长分割算法或其他分割算法，并对比至少三种不同分割算法在应用于星空图像时的优缺点。测试图像包请向任课教师申请领取。

2. 质心定位算法实践

请自行查阅资料，使用 C++或 MATLAB 或 Python 语言实现灰度质心法、平方加权质心法、带阈值质心法、抛物面拟合法、高斯曲面拟合法中的至少三种质心定位算法，分析不同质心定位算法应用于星空图像时的优缺点。测试图像包请向任课教师申请领取。

3. 星图识别算法实践

请自行查阅资料，使用 C++或 MATLAB 或 Python 语言实现三角形识别算法、最大公共子序列识别算法，对比两类方法的星图识别效果。测试图像包请向任课教师申请领取。

本章小结

天基目标探测，不同于自然图像目标检测，在许多方面存在显著差异。前者面临的主要难点在于空间目标的微弱信号和复杂星空背景。由于空间目标距离探测相机非常遥远，其信号非常微弱且极易被各类噪声淹没，此外，天基观测环境复杂，星空背景和杂散辐射等因素都会严重干扰空间目标的检测定位。相比之下，自然图像目标检测通常处理的是地面场景，目标特征丰富、与背景差异更加明显、信噪比相对较高，因此无法简单地将自然图像目标检测方法拿到天基目标探测场景中直接应用。

天基目标探测的研究意义十分重大。首先，它在天文学研究中起着关键作用，通过高分辨率的探测相机或空间望远镜，可以观测到更多的天体和天象，推动天文学的发展。其次，在国防和军事领域，天基探测技术为空间监视和预警提供了重要支持，有助于国家安全的维护。此外，在环境监测和灾害预警中，天基探测技术也发挥着不可替代的作用。

未来，随着技术的不断进步，天基目标探测的发展前景广阔。新型探测器和传感器的发展将提高探测灵敏度和精度，先进的数据处理算法和人工智能技术将增强空间目标检测、定位和跟踪能力。同时，更多国家和机构的参与和合作将进一步推动天基探测技术的创新和应用，为人类探索宇宙、维护地球安全和保护环境提供更加坚实的基础。

习　题

1. 调研在空间目标探测中常用的图像分割算法(如阈值分割、区域生长、分水岭算法、U-Net 等)，并选择至少两种算法从处理时效性、算法鲁棒性等角度比较其优缺点。

2. 针对 CCD 探测器或 CMOS 探测器至少一种，调研空间目标探测图像中可能产生的噪声类型，并分析上述噪声对质心定位精度可能造成的影响。

3. 在空间目标探测任务中，图像预处理(如去噪、增强对比度等)对处理结果的提升有重要作用。请调研常见的图像预处理技术，并分析不同预处理方法在空间目标检测流程中可能产生的影响。

4. 调研在空间目标序列图像中常用的目标跟踪技术(如光流法、卡尔曼滤波、粒子滤波、深度学习方法等)，并分析不同方法在不同目标运动模式(匀速、加速、复杂轨迹)下的适用性。

5. 请分析本书中所介绍的先检测后跟踪空间目标检测流程的优缺点，并论述对其中部分算法的改进思路。

参 考 文 献

蔡喆, 邓年茂, 2006. 单星星图细分定位算法的研究[J]. 计算机仿真, 23(3): 34-36, 57.

陈锐, 2011. 基于星敏感器的星图识别方法研究[D]. 哈尔滨: 哈尔滨工业大学.

李冰清, 2019. 探讨低空慢速目标检测、跟踪方法及数据处理[J]. 电子世界(8): 159-160.

李弘政, 2022. 空间目标电磁散射特性并行计算与在轨姿态估计方法研究[D]. 西安: 西安电子科技大学.

李孟锡, 2022. 基于天基光学成像的空间目标姿态估计技术研究[D]. 长沙: 国防科技大学.

李梦阳, 2020. 天基复杂背景下空间暗弱小目标检测方法研究[D]. 长春: 中国科学院大学(中国科学院长春光学精密机械与物理研究所).

李正炜, 2018. 基于地基光学望远镜的空间目标相对姿态分析方法研究[D]. 长春: 中国科学院大学(中国科学院长春光学精密机械与物理研究所).

刘丹, 2021. 天基广域监视系统中空间目标检测技术研究[D]. 长春: 中国科学院大学(中国科学院长春光学精密机械与物理研究所).

刘燕, 张健, 邹昕, 等, 2019. 小卫星 GLADOS 空间目标跟踪传感器姿态控制分析[J]. 信息技术, 43(1): 40-43.

刘洋, 万志强, 戴媛媛, 等, 2022. 面向智能应用的轻小型 Ku 波段 SAR 卫星[J]. 现代电子技术, 45(22): 8-14.

刘有海, 秦天翔, 王英策, 等, 2023. 简单光学成像技术及其研究进展[J]. 物理学报, 72(8): 084205-1-084205-26.

刘增文, 张政川, 2022. 国外地基空间目标监视雷达装备技术发展及其启示[J]. 现代雷达, 44(6): 87-92.

罗秀娟, 刘辉, 张羽, 等, 2019. 地球同步轨道暗弱目标地基光学成像技术综述[J]. 中国光学, 12(4): 753-766.

宋平, 杨小冈, 齐乃新, 等, 2020. 基于序列图像的空间目标姿态估计方法[J]. 仪器仪表学报, 41(11): 226-234.

王建立, 2015. 空间目标地基光电探测与识别技术的发展[J]. 飞行器测控学报, 34(6): 489-499.

吴飞燕, 2019. 基于光流法的运动图像目标检测[J]. 科技视界(21): 45-46, 58.

张靖鹏, 陈起行, 王妍卉, 等, 2023. 天基逆合成孔径激光雷达 LEO 目标成像模式设计[J]. 红外与激光工程, 52(5): 163-172.

张咏超, 2023. 基于星敏感器和陀螺组合的卫星姿态确定算法研究[D]. 太原: 中北大学.

郑珍珍, 朱振才, 康一舟, 2022. 天基空间碎片可见光观测系统与关键技术发展概述[J]. 光学学报, 42(17): 189-196.

邹润, 刘阳, 臧晴, 等, 2023. 国外天基空间目标监视系统发展综述[J]. 航天器工程, 32(5): 110-118.

AHARON M, ELAD M, BRUCKSTEIN A, 2006. K-SVD: an algorithm for designing overcomplete dictionaries for sparse representation[J]. IEEE transactions on signal processing, 54(11): 4311-4322.

ARANDJELOVIC R, GRONAT P, TORII A, et al., 2016. NetVLAD: CNN architecture for weakly supervised place recognition[C]//Proceedings of the IEEE conference on computer vision and pattern recognition. Las Vegas: 5297-5307.

CAO T, LUO F, FU Y P, et al., 2022. DGECN: a depth-guided edge convolutional network for end-to-end 6D pose estimation[C]//2022 IEEE/CVF conference on computer vision and pattern recognition (CVPR). New Orleans: 3773-3782.

FOTIADOU K, TSAGKATAKIS G, TSAKALIDES P, 2019. Spectral super resolution of hyperspectral images via coupled dictionary learning[J]. IEEE transactions on geoscience and remote sensing, 57(5): 2777-2797.

FU Y, ZHANG T, ZHENG Y Q, et al., 2022. Joint camera spectral response selection and hyperspectral image recovery[J]. IEEE transactions on pattern analysis and machine intelligence, 44(1): 256-272.

GAO L R, HONG D F, YAO J, et al., 2021. Spectral superresolution of multispectral imagery with joint sparse and low-rank learning[J]. IEEE transactions on geoscience and remote sensing, 59(3): 2269-2280.

HAN X H, SHI B X, ZHENG Y Q, 2018. SSF-CNN: spatial and spectral fusion with CNN for hyperspectral image super-resolution[C]//IEEE international conference on image processing. Athens: 2506-2510.

HAN X H, ZHENG Y Q, CHEN Y W, 2019. Multi-level and multi-scale spatial and spectral fusion CNN for hyperspectral image super-resolution[C]//Proceedings of the IEEE/CVF international conference on computer vision workshop. Seoul: 4330-4339.

HE X Y, SUN J M, WANG Y, et al., 2022. Onepose++: keypoint-free one-shot object pose estimation without CAD models[J]. Advances in neural information processing systems, 35: 35103-35115.

JEONG W, JUNG S W, 2022. RAWtoBit: a fully end-to-end camera ISP network[C]. European conference on computer vision. Cham: Springer Nature Switzerland.

JIN R Y, GENG Y H, CHEN X Q, 2021. Predefined-time control for free-floating space robots in task space[J]. Journal of the Franklin institute, 358(18): 9542-9560.

LEE J, CABON Y, BRÉGIER R, et al., 2024. MFOS: model-free & one-shot object pose estimation[J]. Proceedings of the AAAI conference on artificial intelligence, 38(4): 2911-2919.

LI F, VUTUKUR S R, YU H, et al., 2023. NeRF-pose: a first-reconstruct-then-regress approach for weakly-supervised 6D object pose estimation[C]//2023 IEEE/CVF international conference on computer vision workshops (ICCVW). Paris: 2115-2125.

LIU G Q, ZHANG K, LI B, 2022. Fully-actuated system approach based optimal attitude tracking control of rigid spacecraft with actuator saturation[J]. Journal of systems science & complexity, 35(2): 688-702.

LIU J, SUN W, YANG H, et al., 2024. Deep learning-based object pose estimation: a comprehensive survey[J]. Arxiv preprint arxiv, 2405: 07801.

LIU Y, WEN Y L, PENG S D, et al., 2022. Gen6D: generalizable model-free 6-DoF object pose estimation from RGB images[C]// Lecture notes in computer science. Cham: Springer Nature Switzerland: 298-315.

LOWE D G, 2004. Distinctive image features from scale-invariant keypoints[J]. International journal of computer vision, 60(2): 91-110.

MALACARA-HERNÁNDEZ D, MALACARA-HERNÁNDEZ Z, 2016. Handbook of optical design[M]. 3rd ed. Karanas: CRC Press .

NGUYEN V N, DU Y M, XIAO Y, et al., 2022. PIZZA: a powerful image-only zero-shot zero-CAD approach to 6 DoF tracking[C]// International conference on 3D vision (3DV). Prague: 515-525.

RUSU R B, BLODOW N, MARTON Z C, et al., 2008. Aligning point cloud views using persistent feature histograms[C]//2008 IEEE/RSJ international conference on intelligent robots and systems. Nice: 3384-3391.

SCHÖNBERGER J L, FRAHM J M, 2016. Structure-from-motion revisited[C]//2016 IEEE conference on computer vision and pattern recognition (CVPR). Las Vegas: 4104-4113.

SIPIRAN I, BUSTOS B, 2011. Harris 3D: a robust extension of the Harris operator for interest point detection on 3D meshes[J]. The visual computer, 27(11): 963-976.

THALHAMMER S, LEITNER M, PATTEN T, et al., 2021. PyraPose: feature pyramids for fast and accurate object pose estimation under domain shift[C]//2021 IEEE international conference on robotics and automation (ICRA). Xi'an: 13909-13915.

WANG H P, LIU Y, DONG Z, et al., 2023. Robust multiview point cloud registration with reliable pose graph initialization and history reweighting[C]//Proceedings of the IEEE/CVF conference on computer vision and pattern recognition. Vancouver: 9506-9515.

XU Q S, TAO W B, 2019. Multi-scale geometric consistency guided multi-view stereo[C]//2019 IEEE/CVF conference on computer vision and pattern recognition(CVPR). Long Beach: 5478-5487.

XUE J Z, ZHAO Y Q, BU Y Y, et al., 2021. Spatial-spectral structured sparse low-rank representation for hyperspectral image super-resolution[J]. IEEE transactions on image processing, 30: 3084-3097.

YAO Y, LUO Z X, LI S W, et al., 2018. MVSNet: depth inference for unstructured multi-view stereo[C]//Proceedings of the European conference on computer vision. Munich: 767-783.

YE W, CHENG J C, CHEN L, et al., 2021. Iterative noise estimation-based cubature Kalman filtering for distributed POS in aerial earth observation imaging[J]. IEEE sensors journal, 21(24): 27718-27727.

ZHANG S K, YANG J Q, QI Z S, et al., 2024. Toward meta-shape-based multi-view 3D point cloud registration: an evaluation[J]. IEEE transactions on circuits and systems for video technology, 34(7): 5361-5375.

ZHU J H, ZHU L, JIANG Z T, et al., 2017. Local to global registration of multi-view range scans using spanning tree[J]. Computers & electrical engineering, 58: 477-488.